XIAOFANG ANQUAN GUANLI 300WEN

消防安全管理 300问

戴明月　主编

化学工业出版社

·北京·

本书共分为6章，主要介绍了消防安全管理、建筑工程消防安全管理、特殊场所的消防安全管理、易燃易爆设备和危险品管理、消防系统管理、消防安全检查与火灾事故处置等内容。

　　本书内容简要明确，实用性强，可供消防管理人员以及其他相关人员参考使用。

图书在版编目（CIP）数据

消防安全管理300问/戴明月主编. —北京：化学工业出版社，2018.1（2024.1重印）
ISBN 978-7-122-31073-6

Ⅰ.①消…　Ⅱ.①戴…　Ⅲ.①消防-安全管理-问题解答　Ⅳ.①TU998.1-44

中国版本图书馆CIP数据核字（2017）第292220号

责任编辑：徐　娟　　　　　　　　装帧设计：韩　飞
责任校对：王　静

出版发行：化学工业出版社（北京市东城区青年湖南街13号　邮政编码100011）
印　　装：三河市延风印装有限公司
850mm×1168mm　1/32　印张12¼　字数346千字
2024年1月北京第1版第12次印刷

购书咨询：010-64518888　　　　　　售后服务：010-64518899
网　　址：http://www.cip.com.cn
凡购买本书，如有缺损质量问题，本社销售中心负责调换。

定　　价：49.00元　　　　　　　　版权所有　违者必究

前　言

　　火灾是严重危害人类生命财产安全、直接影响到社会发展和稳定的一种最为常见的灾害。虽然社会在进步，但预防火灾依然不可掉以轻心。所谓防范胜于救灾，对于消防安全而言，只有拿出一整套完善、合理、可行的防范措施，堵住漏洞，才能化解危机。消防安全工作是一项科学性、技术性、群众性和专业性都很强的工作，要求消防管理人员不仅要有较高的思想觉悟和修养，还必须具有较好的消防安全管理素质和技术水平。因为消防隐患无处不在，如果没有被发现，就会造成严重的后果。所以，为了消除隐患，我们就需要根据专业的消防管理知识来一一排查，将隐患消除。根据我国的消防安全水平，为了适应消防安全管理的需要，又能为提高我国消防安全水平做出一点努力，我们编写了本书。

　　本书共分为6章，主要介绍了消防安全管理，建筑工程消防安全管理，特殊场所的消防安全管理，易燃易爆设备和危险品管理，消防系统管理，消防安全检查与火灾事故处置等内容。本书简要明确，实用性强，可供消防管理人员以及其他相关人员参考使用。

　　本书由戴明月主编，由于涛、付那仁图雅、孙石春、王媛媛、张家翻、夏欣、孙丽娜、齐丽娜、刘艳君、王红微、董慧、张黎黎、孙丽娜、白雅君等共同协助完成。

　　由于编者的经验和学识有限，尽管尽心尽力编写，但内容难免有疏漏之处，敬请广大专家、学者批评指正。

编者

2017.7

目 录

1 消防安全管理

2　建筑工程消防安全管理　　95

3　特殊场所的消防安全管理　　137

4 易燃易爆设备和危险品管理 　198

5 消防系统管理   **221**

6 消防安全检查与火灾事故处置 **257**

参考文献 **373**

1　消防安全管理

1.1　消防设施、设备及器材

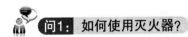

问1:　如何使用灭火器?

干粉灭火器的适用范围和使用方法如下。

酸碱氢钠干粉灭火器适用于易燃、可燃液体以及气体及带电设备的初起火灾;磷酸铵盐干粉灭火器除可用于以上几类火灾外,还可扑救固体类物质的初期火灾,但都不能扑救金属燃烧火灾。

灭火时,可手提或者肩扛灭火器迅速奔赴火场,在距燃烧处5m 左右,放下灭火器。如在室外,应选择在上风方向喷射。使用的干粉灭火器若是外挂式储压式的,操作者应一手紧握喷枪、另一手提起储气瓶上的开启提环。如果储气瓶的开启是手轮式的,则向逆时针方向旋开,并旋至最高位置,随即提起灭火器。当干粉喷出后,迅速对准火焰的根部扫射。使用的干粉灭火器如果是内置式储气瓶的或是储压式的,操作者应先拔下开启把上的保险销,然后握住喷射软管前段喷射嘴部,另一只手将开启压把压下,打开灭火器进行灭火。有喷射软管的灭火器或者储压式灭火器在使用时,一手应始终压下压把,不能将其放开,否则会中断喷射。

问2:　使用灭火器时有哪些注意事项?

扑救 A 类火灾可以选用水型灭火器、泡沫灭火器、磷酸铵盐

1

干粉灭火器、卤代烷灭火器；扑救 B 类火灾可以选择泡沫灭火器（化学泡沫灭火器只限于扑灭非极性溶剂）、卤代烷灭火器、干粉灭火器、二氧化碳灭火器；扑救 C 类火灾可选择干粉灭火器、卤代烷灭火器、二氧化碳灭火器等；扑救 D 类火灾可选择专用干粉灭火器、粉状石墨灭火器，也可用干砂或铸铁屑沫代替。扑救带电火灾可选择卤代烷灭火器、干粉灭火器、二氧化碳灭火器等；带电火灾是指家用电器、电子元件、电气设备（计算机、复印机、打印机、传真机、电动机、发电机、变压器等）以及电线电缆等燃烧时仍带电的火灾，而顶挂、壁挂的日常照明灯具及起火后可自行将电源切断的设备所发生的火灾则不应列入带电火灾范围。

 问3：日常如何来维护和管理灭火器？

（1）使用单位必须加强对灭火器的日常管理和维护。

（2）使用单位要对灭火器的维护情况至少每季度检查一次。

（3）使用单位应当至少每 12 个月自行组织或委托维修单位对所有灭火器进行一次功能性检查。

 问4：如何了解使用消火栓？

消防栓分为 301 型、302 型以及 303 型等不同种类，一般的使用方法是取出消防水带展开消防水带，接上消火栓口，并将消防水枪接上，开启阀门，对准火源即可。

 问5：消防设施和消防器材有什么区别？

（1）消防器材指的是用于灭火、防火以及火灾事故的器材，主要包括灭火器、消火栓、水带、水枪、破拆工具等。

其中，灭火器根据充装的灭火剂可分为五类。

① 干粉类的灭火器。

② 二氧化碳灭火器。

③ 水基型灭火器（包含清水灭火器、泡沫灭火器）。

④ 洁净气体灭火器（比如卤代烷型灭火器）。

灭火器根据驱动灭火器的压力型式可分为三类。

① 储气式灭火器，指灭火剂由灭火器上的储气瓶释放的压缩气体或者液化气体的压力驱动的灭火器。

② 储压式灭火器，指灭火剂由灭火器同一容器内的压缩气体或者灭火蒸气的压力驱动的灭火器。

③ 化学反应式灭火器，指灭火剂由灭火器内化学反应产生的气体压力驱动的灭火器。

（2）消防设施指的是火灾自动报警系统、消火栓系统、自动灭火系统、防烟排烟系统以及应急广播和应急照明、安全疏散设施等。

1.2　施工现场消防设施、器材配置原则及技术要求

问6：消防水系统如何配置？

（1）消防水管路必须独立设置，不得与施工、生活用水混用一条管路。同时，要建立临时消防泵房，确保管路的灭火水压。

（2）施工现场或其附近应设置稳定、可靠的水源，并应能够满足施工现场临时消防用水的需要。消防水源可采用市政给水管网或天然水源。当采用天然水源时，应采取措施保证冰冻季节、枯水期最低水位时顺利取水，并符合临时消防用水量的要求。

（3）临时用房建筑面积之和大于 $1000m^2$ 或者在建工程单体体积大于 $10000m^3$ 时，应设置临时室外消火栓。

（4）临时用房的临时室外消防用水量应不小于表 1-1 的规定。

表 1-1　临时用房的临时室外消防用水量

临时用房的建筑面积之和/m²	火灾延续时间/h	消防栓用水量/(L/s)	每只水枪最小流量/(L/s)
1000＜面积≤5000	1	10	5
面积＞5000		15	5

（5）在建工程的临时室外消防用水量应不小于表 1-2 的规定。

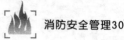

表 1-2　在建工程的临时室外消防用水量

在建工程（单体）体积/m³	火灾延续时间/h	消火栓用水量/(L/s)	每只水枪最小流量/(L/s)
10000＜体积≤30000	1	15	5
体积＞30000	1	20	5

（6）施工现场临时室外消防给水系统的设置应符合以下要求。

① 给水管网宜布置成环状。

② 临时室外消防给水干管的管径应依据施工现场临时消防用水量与干管内水流计算速度计算确定，并且不应小于 DN100mm。

③ 室外消火栓应沿在建工程、临时用房与可燃材料堆场及其加工场所均匀布置，与在建工程、临时用房和可燃材料堆场及其加工场所的外边线之间的距离不应小于 5m。

④ 消火栓之间的距离不应大于 120m。

⑤ 消火栓的最大保护半径应不大于 150m。

（7）建筑高度大于 24m 或者单体体积超过 30000m³ 的施工项目，应设置临时室内消火栓。

（8）在建工程的临时室内消防用水量不应小于表 1-3 的规定要求。

表 1-3　在建工程的临时室内消防用水量

建筑高度、在建工程体积（单体）	火灾延续时间/h	消火栓用水量/(L/s)	每只水枪最小流量/(L/s)
24m＜建筑高度≤50m或 30000m³＜体积≤50000m³	1	10	5
建筑高度＞50m或体积＞50000m³	1	15	5

（9）在建工程室内临时消防竖管的设置应符合以下要求。

① 消防竖管的设置位置应便于消防人员操作，并且其数量不应少于 2 根，当结构封顶时，应将消防竖管设置成为环状。

② 消防竖管的管径应根据在建工程临时消防用水量、竖管内水流计算速度进行计算确定，并且不应小于 DN100mm。

（10）设置临时室内消防给水系统的施工项目，各结构层均应设置室内消火栓，并应符合以下要求。

① 消火栓应设置于位置明显且易于操作的部位。

② 在消火栓接口的前端应设置截止阀。

③ 消火栓间距宜为30～50m。

（11）高度超过100m的施工项目，应于适当位置增设临时加压水泵。

（12）临时消防给水系统的给水压力应符合消防水枪充实水柱长度不小于10m的要求。

（13）当外部消防水源不能符合施工现场的临时消防用水量要求时，应在施工现场设置临时储水池。临时储水池宜设置在方便消防车取水的部位，其有效容积不应小于施工现场火灾延续时间之内一次灭火的全部消防用水量。

（14）施工现场临时消防给水系统应设置可把生产、生活用水转为消防用水的应急阀门。应急阀门不应超过2个，并且应设置在易于操作的场所，并设置明显标识。

（15）严寒及寒冷地区的现场临时消防给水系统应采取防冻措施。

问7： 消防水系统有哪些技术要求？

（1）一切需要喷涂防锈漆的金属器具都需要现行对金属表面进行除锈处理，以确保防锈漆的附着效果；防锈漆的浓度调配要合理，以确保附着效果，必须喷涂三遍以上，后道喷涂要在前道漆干燥后方可进行。绝不允许减少喷涂层数，除锈不净或未作除锈处理决不允许喷漆。

（2）管道的支吊架距离不允许大于表1-4。

表1-4　管道的支吊架距离

管道公称直径/mm	15	20	32	40	50	65	80	100	150	200
距离/m	1.5	1.8	2.1	2.7	3.4	3.5	3.7	4.3	5.2	6.0

管道末端喷嘴处应安装支架，支架和喷嘴距离不得大于500mm，同时不得小于300mm。管道与支吊架的敷设要做到横平竖直。

管道支吊架膨胀螺栓和 U 形卡的尺寸见表 1-5。

表 1-5　管道支吊架膨胀螺栓和 U 形卡的尺寸

管道公称直径/mm	25	32	40	50	65	80	100	150
膨胀螺栓/mm	$\phi6\times80$	$\phi8\times80$	$\phi8\times80$	$\phi8\times80$	$\phi10\times100$	$\phi10\times100$	$\phi12\times100$	$\phi12\times100$
U 形卡/mm	$\phi6$	$\phi6$	$\phi6$	$\phi8$	$\phi10$	$\phi10$	$\phi12$	$\phi12$

（3）管道横向安装宜设 0.002～0.005 的坡度（坡度方向是泄水方向）。

（4）焊接管道部应使用非镀锌钢管，若使用镀锌钢管要首先通过焊将焊接部分的镀锌层烧掉（重点是管道的内壁），以免影响焊接质量。

（5）钢管在焊接前要做到切口平直，对口处要均匀，留有足够的焊接距离与 60°的焊接坡口，焊接完成之后，要在自然冷却后打净焊药皮，检查合格后补刷防锈漆三遍。

（6）若发生钢管焊伤，要及时切割更换焊口。

（7）镀锌钢管压槽之前的切口必须使用切刀机具完成，不允许使用无齿锯切割完成压槽钢管接口。

（8）压槽的深度和宽度要同沟槽管件相匹配。

（9）机械三通、机械四通的开孔应符合表 1-6 的规定。

表 1-6　采用支管接头（机械三通、机械四通）时支管的最大允许管径

主管直径 DN/mm		50	65	80	100	125	150	200	250
支管直径 DN/mm	机械三通	25	40	40	65	80	100	100	100
	机械四通	—	25	40	50	65	80	100	100

（10）机械三通、机械四通的开孔要平直，切不可发生管控不在中心线和不在同一直线的情况。

（11）螺纹连接管道应采用机械切割，切割面不得有飞边、毛刺；管道螺纹密封面应当符合现行国家标准《普通螺纹基本尺寸要求》（GB/T 196—2003）、《普通螺纹公差与配合》（GB/T 197—2003）以及《管路旋入端用普通螺纹尺寸系列》（GB/T 1414—

2003）的有关规定。

（12）螺纹连接的密封填料应均匀附着在管道的螺纹部分；拧紧螺纹时，不得把填料挤入管道内；连接之后，应把连接处外部清理干净。

（13）当管道变径时，宜采用异径接头，在管道弯头处不宜采用补芯，若需要采用补芯，则三通上可用 1 个，四通上不应超过 2 个。

（14）法兰连接可借助焊接法兰或者螺纹法兰。焊接法兰焊接处应做防腐处理，特种管道应重新镀锌后再连接。螺纹法兰连接应当预测对接位置，清除外露密封填料后再紧固、连接。

（15）喷头安装应在系统试压、冲洗合格之后进行，不允许带喷头进行管道压力强度试验，安装有喷头的管道仅允许进行管道严密性试验。

（16）喷头安装应使用专用扳手，禁止利用喷头的框架施拧，喷头的框架、溅水盘产生变形或释放原件损伤时，应采用规格及型号相同的喷头更换。

（17）阀门、法兰以及沟槽件安装要尽可能接近支吊架。

（18）系统打压要满足规范和图纸的要求，稳压时间不可小于规范规定的最短时间，打压时首先要确保人员的安全，先灌水，后逐渐升压，打压负责人员要及时巡查，要保证在打压的时候每层一个人，每个地下防火分区一人，若房间较多，还需要增加巡查人员。

（19）消防水泵及报警阀的安装，气体灭火的安装要求会另行通告。

问8： 灭火器如何配置？

（1）施工现场具有火灾危险的场所均须配置灭火器，并且布置在醒目位置，便于拿取。

（2）施工现场灭火器配置应符合以下规定。

① 现场配备的灭火器应与可能发生的火灾类型相匹配。

② 灭火器的最低配置标准应符合表 1-7 的规定要求。

表 1-7 灭火器最低配置标准

项目	固体物质火灾		液体或可熔化固体物质火灾、气体火灾	
	单具灭火器最小灭火级别	单位灭火级别最大保护面积/（m²/A）	单具灭火器最小灭火级别	单位灭火级别最大保护面积/（m²/B）
易燃易爆危险品存放及使用场所	3A	50	89B	0.5
临时动火作业场	2A	50	55B	0.5
可燃材料存放、加工及使用场所	2A	75	55B	1.0
厨房操作间、锅炉房	2A	75	55B	1.0
自备发电机房	2A	75	55B	1.0
变、配电房	2A	75	55B	1.0
办公用房、宿舍	1A	100	—	—

注：最小灭火级别由数字和字母组成，其中数字代表灭火能力的高低，数字越高说明灭火能力越高，字母代表适用于扑救火灾的类型。

③ 灭火器的配置数量应按照《建筑灭火器配置设计规范》（GB 50140—2005）经计算确定，并且每个场所的灭火器数量不应少于2具。

④ 灭火器的最大保护距离应符合表 1-8 的规定要求。

表 1-8 灭火器的最大保护距离   单位：m

灭火器配置场所	固体物质火灾	液体或可熔化固体物质火灾、气体类火灾
易燃易爆危险品存放及使用场所	15	9
临时动火作业场	10	6
可燃材料存放、加工及使用场所	20	12
厨房操作间、锅炉房	20	12
变配电房	20	12
办公用房、宿舍等	25	—

注：灭火器保护距离指灭火器配置场所内任一着火点到最近灭火器设置点的行走距离。

问9： **灭火器有哪些技术要求？**

（1）质量。灭火器的总质量不超过 20kg，其中二氧化碳灭火器的总质量不超过 23kg。灭火器的灭火剂充装总量误差不应超过表 1-9 的要求。

表 1-9　灭火器灭火剂充装总量误差

灭火器类型	灭火剂量	允许误差	灭火器类型	灭火剂量	允许误差
水基型	充装量(L)	−5％～0	干粉	1kg	±5％
洁净气体	充装量(kg)	−5％～0		1～3kg	±5％
二氧化碳	充装量(kg)	−5％～0		＞3kg	±5％

（2）有效喷射时间。有效喷射时间指的是手提式灭火器（以下简称灭火器）在喷射控制阀完全开启状态下，自灭火剂从喷嘴开始喷出到喷射流的气态点出现的这段时间。气态点是指灭火器的喷射流由从主要喷射灭火剂转换到主要喷射驱动气体时的转换点。水基型与非水基型灭火器在 20℃ 时的最小有效喷射时间不应小于表 1-10 与表 1-11 的要求。

表 1-10　水基型灭火器在 20t 时的最小有效喷射时间

灭火剂量/L	最小有效喷射时间/s
1～3	15
3～6	30
＞6	40

表 1-11　非水基型灭火器在 20℃ 时灭火的最小有效喷射时间

所灭的火灾类别	灭火级别	最小有效喷射时间/s
A 类火灾	1A	8
	≥2A	13
B 类火灾	21B～34B	8
	55B～89B	9
	(113B)	12
	≥144B	15

（3）喷射距离。喷射距离指的是灭火器喷射了 50% 的灭火剂量时，喷射流的最远点至灭火器喷嘴之间的距离。不同灭火剂的喷射距离不应小于以下要求。

① 不同灭火级别灭火器在 20℃时灭 A 类火灾的最小有效喷射距离应满足表 1-12 的规定。

表 1-12　不同灭火级别灭火器在 20℃时灭 A 类火灾的最小有效喷射距离

灭火级别	最小有效喷射距离 /m	灭火级别	最小有效喷射距离 /m
1A~2A	3.0	4A	4.5
3A	3.5	6A	5.0

② 不同类型灭火器在 20℃时灭 B 类火灾的最小有效喷射距离不应小于表 1-13 的规定。

表 1-13　不同类型灭火器在 20℃时灭 B 类火灾的最小有效喷射距离

灭火器类型	灭火剂量	最小喷射距离/m	灭火器类型	灭火剂量	最小喷射距离/m
水基型	2L	3.0	干粉	5kg	2.5
	3L	3.0		7kg	2.5
	6L	3.5	二氧化碳	1kg	3.0
	9L	4.0		2kg	3.0
洁净气体	1kg	2.0		3kg	3.5
	2kg	2.0		4kg	3.5
	4kg	2.5		5kg	3.5
	6kg	3.0		6kg	4.0
二氧化碳	2kg	2.0		8kg	4.5
	3kg	2.0		≥9kg	5.0

（4）使用温度范围。灭火器的使用温度范围应当根据当地的最低和最高气温按下列温度范围选取：①＋5～＋55℃；②0～＋55℃；③－10～＋55℃；④－20～＋55℃；⑤－30～＋55℃；⑥－40～＋55℃；⑦－55～＋55℃。

（5）电绝缘性。当灭火器喷射到带电的金属板时，整个过程中，灭火器提压把或者喷嘴与大地之间，以及大地和灭火器之间的电流不应大于 0.5mA。

（6）喷射性能。喷射性能主要包括喷射滞后时间与喷射剩余率

10

两个方面。喷射滞后时间指的是灭火器的控制阀门开启或达到相应的开启状态时起，至灭火剂从喷嘴开始喷出的时间，以秒计；喷射剩余率指的是额定充装的灭火器在完全喷射后，内部剩余的灭火剂量相对于喷射前灭火器充装量的质量百分比。并且干粉灭火器的喷射滞后时间不应大于 5s，喷射剩余率不应大于 15%。

（7）密封性能。由灭火剂蒸气压力驱动的灭火器与二氧化碳储气瓶，应用称重法检验泄漏量。灭火器的年泄漏量不应大于灭火器额定充装量的 5% 或者 50g；储气瓶的年泄漏量不应大于额定充装量的 5% 或者 7g，均应取两者的最小值。

（8）机械强度。为确保灭火器的机械强度，必须进行振动试验、冲击试验和水压试验。冲击试验后不应出现灭火剂释放现象；水压试验，试验结果应没有泄漏、破裂等现象。

（9）抗腐蚀性能。为确保灭火器的抗腐蚀性，应按要求进行外部盐雾喷淋试验。试验后灭火器外表面不应有明显的腐蚀。水基型灭火器应按照要求进行内部腐蚀试验。试验后灭火器内部涂层不应有脱落、开裂以及气泡等现象；如内部没有涂层，其内壁表面不应有可见的锈斑；并且灭火剂应无明显的变色现象。灭火器上装有内部压力指示器的，指示器内表面应没有可见的水汽等现象。

问10： 区域配置有哪些要求？

（1）锅炉

① 火灾类型。主要为固体火灾、气体火灾，同时存在油类、电气以及粉尘等火灾。

② 配置原则。灭火器以干粉 ABC 灭火器为主（需一定量推车式灭火器），同时也配备二氧化碳灭火器，并必须设置消火栓。锅炉区域各层根据灭火器最大保护距离足量配备，设置点应保持在作业人员 30m 内使用。

（2）汽轮机

① 火灾类型。固体火灾、气体火灾、油类火灾以及电气火灾等。

② 配置原则。灭火器以干粉 ABC 灭火器为主（需一定量推车式灭火器），同时也配备二氧化碳灭火器，并必须设置消火栓。在原则上汽机房区域内每层按照灭火器最大保护距离足量配备，设置点应保持在作业人员 30m 内使用；汽机房油系统区域内须放置 2 辆干粉推车灭火器；汽轮机平台（车面）区域内需放置 2 箱二氧化碳灭火器。

（3）电气

① 火灾类型。固体火灾和电气火灾等。

② 配置原则。灭火器以二氧化碳为主（需一定量推车式灭火器），也可以配备干粉或泡沫灭火器。开关室，主、厂用变压器等电气区域应放置 1 箱二氧化碳灭火器与 1 辆二氧化碳推车灭火器；集控楼应放置 6 箱二氧化碳灭火器。

（4）油库

① 火灾类型。油类火灾。

② 配置原则。配备清水泡沫和干粉灭火器，依据实际情况配备推车式干粉 ABC 灭火器。

（5）外围。可根据现场施工情况和可能发生的火灾类型合理配置灭火器。通常临时设施区，每 100m² 配备 2 个 10L 灭火器；临时木工间、油漆间与木、机具间等，每 25m² 应配置 1 个种类合适的灭火器；油库、危险品仓库应配备足够数量灭火器；仓库或堆料场内，应按照灭火对象的特性，分组布置酸碱、泡沫、清水以及二氧化碳等灭火器，每组灭火器不应少于 4 个，每组灭火器之间的距离不应大于 30m。

问11：施工现场消防总平面如何布局？

（1）临时用房、临时设施的布置应满足现场防火、灭火及人员安全疏散的要求。

（2）下列项目应纳入施工现场总平面布局。

① 施工现场的出入口、围墙以及围挡。

② 场内临时道路。

③ 消防水管网或管路和配电线路敷设或者架设的走向、高度。

④ 施工现场办公用房、宿舍、配电房、发电机房、可燃材料、易燃易爆危险品及其他库房、可燃材料堆场及其加工场所等。

⑤ 施工消防车道、消防水源以及应急救援疏散场地。

（3）施工现场出入口的设置应符合消防车通行的要求，并宜布置在不同方向，其数量不宜少于2个；当确有困难只能设置1个出入口时，应在施工现场内设满足消防车通行的环形道路。

（4）施工现场临时办公、生活、生产以及物料存储等功能区宜相对独立布置，防火间距应符合《建设工程施工现场消防安全技术规范》（GB 50720—2011）第3.2.1条和第3.2.2条要求。

（5）施工现场相对集中的动火作业点应布置在远离可燃材料堆场及其加工场所、易燃易爆危险品库房、可燃材料库房、临时办公用房、宿舍等火灾危险性较大的场所。

（6）可燃材料堆场及其加工场所、易燃易爆危险品库房、可燃材料库房、临时办公用房、宿舍等火灾危险性较大的场所，应布置在全年最小频率风向的上风侧，并远离明火作业区、人员密集区以及建筑物相对集中区。

（7）架空电力线下方不应布置可燃材料堆场及其加工场所及易燃易爆危险品库房。

问12：施工现场防火间距如何设计？

（1）易燃易爆危险品库房和在建工程的防火间距不应小于15m，可燃材料堆场及其加工场所、其他临时用房、临时设施和在建工程的防火间距不应小于6m。

（2）施工现场主要临时用房、临时设施的防火间距不应小于表1-14的规定。当办公用房、宿舍成组布置时，其防火间距可以适当减小，但应符合下列要求。

① 组内临时用房之间的防火间距不应小于3.5m。

② 每组临时用房的栋数不应超过10栋，组与组之间的防火间距不应小于8m。

③ 当建筑构件燃烧性能等级为A级时，其防火间距可减少到3m。

表 1-14　施工现场主要临时用房、临时设施的防火间距

单位：m

名称＼间距	办公用房、宿舍	发电机房变配电房	可燃材料库房	厨房操作间、锅炉房	可燃材料堆场及其加工场所	易燃易爆危险品库房
办公用房、宿舍	4	4	5	5	7	10
变配电房	4	4	5	5	7	10
可燃材料库房	5	5	5	5	7	10
厨房操作间、锅炉房	5	5	5	5	7	10
可燃材料堆场及其加工场所	7	7	7	7	7	10
易燃易爆危险品库房	10	10	10	10	10	12

（3）消防车道应符合下列规定。

① 施工现场内应设置临时消防车道，临时消防车道与在建工程、临时用房、可燃材料堆场及其加工场所的距离，不宜小于5m，并且不宜大于40m；施工现场周边道路满足消防车通行及灭火救援要求时，施工现场内可不设置临时消防车道。

② 临时消防车道的设置应符合以下规定。

a. 临时消防车道宜为环形，若设置环形车道确有困难，应在消防车道尽端设置尺寸不小于12m×12m的回车场。

b. 临时消防车道的净宽度和净空高度都不应小于4m。

c. 临时消防车道的右侧应设置消防车行进路线指示标识。

d. 临时消防车道路基、路面及其下部设施应能承受消防车通行压力及工作荷载。

③ 高度大于24m的建筑物、构筑物以及单体建筑占地面积大于3000m² 的建设工程、超过10栋且集中布置的临时用房，应设置环形临时消防车道；设置环形临时消防车道确有困难时，应按照《建设工程施工现场消防安全技术规范》（GB 50720—2011）的要求设置回车场及临时消防救援场地。

④ 临时消防救援场地的设置应符合以下要求。

a. 应在工程开工之前规划、设置。

b. 应设置在集中布置的临时用房场地的长边一侧和在建工程的长边一侧。

c. 场地宽度应满足消防车正常操作要求并且不应小于 6m，与在建工程外脚手架的净距不宜小于 2m，并且不宜超过 6m。

问13： 施工现场建筑防火要求都有哪些？

（1）一般规定

① 在建工程防火设计应根据建筑高度、施工材料、建筑规模及结构特点等情况确定。

② 临时用房和在建工程应采取可靠的防火分隔及安全疏散等防火技术措施。

③ 临时用房的防火设计应依据其使用性质及火灾危险等级等情况进行确定。

④ 其他防火设计应符合以下规定：宿舍、办公用房不应与厨房操作间、锅炉房、变配电房等组合建造；会议室、文化娱乐室等人员密集的房间应设置于临时用房的第一层，其疏散门应向疏散方向开启。

（2）在建工程防火

① 在建工程作业场所的临时疏散通道应与在建工程结构施工同步设置，并充分借助在建工程施工完毕的水平结构、楼梯。

② 临时疏散通道原则上净宽度不应小于 1.5m，借助在建工程施工完毕的水平结构、楼梯作临时疏散通道，其净宽度不应小于 1.0m，用于疏散的爬梯及设置于脚手架上的临时疏散通道，其净宽度不应小于 0.6m；临时疏散通道为坡道时，并且坡度大于 25°时，应修建楼梯或者台阶踏步或设置防滑条；临时疏散通道不宜采用爬梯，确需采用爬梯时，应有可靠固定措施；临时疏散通道的侧面如为临空面，必须沿临空面设置不小于 1.2m 高度的防护栏杆；临时疏散通道设置在脚手架上时，脚手架应采用不燃材料搭设；临时疏散通道应设置比较明显的疏散指示标识；临时疏散通道应设置照明设施。

③ 既有建筑进行扩建、改建施工时，必须明确划分施工区与非施工区。施工区与非施工区之间应做好安全隔离，施工区的消防安全应配有专人来值守，发生火情应能立即处置。

④ 施工单位应告知临时消防设施、疏散通道的位置和使用方法。

⑤ 安全防护网和密目网应采用阻燃型安全防护网。

⑥ 作业场所应设置明显的疏散指示标志，其指示方向应指向于最近的临时疏散通道入口。

⑦ 人员比较集中的作业区域或者作业层应在醒目位置设置安全疏散示意图。

1.3 现场临时消防器材制作标准

 问14：现场临时消防器材应按照什么标准制作？

凡有国家标准的，现场临时消防器材必须按照标准制作；无国家标准的，按照实际情况设计制作。

（1）消防器材架如图 1-1 所示。

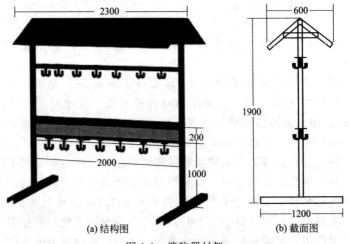

(a) 结构图　　(b) 截面图

图 1-1　消防器材架

注：材质为铁管、槽钢、铁板；色彩为蓝（C100M70K10）、橘红（M80Y100）。

（2）消防沙箱如图 1-2 所示。

图 1-2　消防沙箱

（3）氧气站或乙炔站如图 1-3 所示。

图 1-3　氧气（乙炔）站

（4）氧气、乙炔笼如图 1-4 所示。

（5）气瓶手推车如图 1-5 所示。

（6）灭火器牌如图 1-6 所示。

图 1-4　氧气、乙炔笼

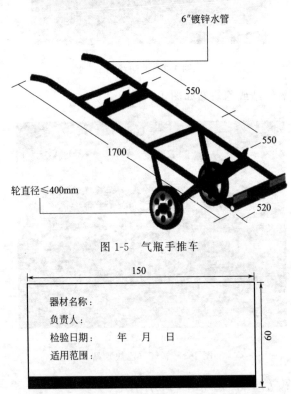

图 1-5　气瓶手推车

| 器材名称： |
| 负责人： |
| 检验日期：　　年　月　日 |
| 适用范围： |

图 1-6　灭火器牌

注：材质为铝塑板、镀锌板、工业 PVC 板；制作工艺为即时贴刻绘、丝网印、户外写真。

（7）安全防火责任区域标志牌如图 1-7 所示。

（8）应急救援电话牌如图 1-8 所示。

（9）消火栓指示标志如图 1-9 所示。

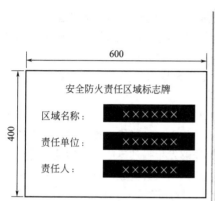

图 1-7 安全防火责任区域标志牌

图 1-8 应急救援电话牌

图 1-9 消火栓指示标志

1.4 常见易燃易爆危险品特性及储运技术要求

 问15： 常见的易燃易爆危险品有哪些特性？

（1）常见易燃易爆气体的特性

① 纯乙炔为无色无味的易燃、有毒气体，在液态和固态下或

者在气态和一定压力下有猛烈爆炸的危险，受热、振动、电火花等因素都可以引发爆炸，所以不能在加压液化后储存或运输；微溶于水，易溶于乙醇、苯以及丙酮等有机溶剂。

② 氧气为无色无味的气体，不易溶解于水，本身不燃烧，但是能助燃，在高温和猛烈撞击下，气瓶会产生爆炸，现场主要被用于气体焊接及切割。

③ 氩气为惰性气体，对人体无直接危害。但是若工业使用后，产生的废气则对人体危害很大，会造成矽肺、眼部损坏等情况，主要被用于焊接保护。

④ 氮气通常情况下是一种无色无味的气体，一般无毒。

（2）常见易燃易爆油类的特性

① 汽油为无色或者淡黄色、低闪点、易挥发、易燃液体，不溶于水，易溶于苯、二硫化碳等。其蒸气与空气可形成爆炸性混合物，遇明火、高热极易燃烧爆炸；与氧化剂能够发生强烈反应。汽油蒸气比空气重，能沿低处扩散到相当远的地方，遇明火会造成回燃。汽油闪点小于 −18℃，引燃温度介于 415~530℃，爆炸极限介于 1.58%~6.48%。

② 柴油为无色或者淡黄色易挥发可燃液体，不溶于水，与有机溶剂互溶。其蒸气和空气可形成爆炸性混合物，遇明火易燃烧爆炸。10 号、5 号、0 号、−10 号、−20 号柴油闪点不低于 55℃，−35 号、−50 号柴油闪点不低于 45℃，引燃温度在 350~380℃之间，爆炸极限介于 1.5%~6.5%。

③ 煤油为水白色至淡黄色流动性油状、易挥发、易燃液体，不溶于水，易溶于醇类及其他有机溶剂。挥发之后与空气混合形成爆炸性的混合气，遇明火易燃烧爆炸。煤油闪点在 38~72℃之间，引燃温度是 210℃左右，爆炸极限介于 0.7%~5%之间。

④ 变压器油俗称方棚油，浅黄色透明可燃液体。其蒸气和空气混合形成爆炸性气体，遇明火可以发生爆炸。变压器油闪点通常不低于 135℃。

 问16： 如何来存储易燃易爆危险品？

（1）易燃易爆危险品的存储，在原则上要建立危险品仓库，库房远离施工区域 25m 以上。库房应符合危险品库房的安全技术要求，应有避雷、防静电接地及排风设施，屋面应采用轻型结构，设置气窗、底窗，门和窗应向外开启，并配备满足防火防爆要求的电器具和消防器材，高温地区建议增加温度计以对室内温度进行实时监控，在必要时要采取降温措施；依据使用现场的实际情况可以建立临时存放点，临时存放点要满足防火防爆的要求，做到防曝晒、通风，并配备必要的消防器材；库房内乙炔瓶集中存储时，在原则上不超过 10 瓶。

（2）油品存放原则上要建立油化库房，库房远离施工区域 25m 以上。库房应满足危险品库房的安全技术要求，配备满足防火防爆要求的电器具和消防器材。现场使用后剩余油料要及时归库，临时摆放点应与动火点保持 10m 以上的安全距离，并配备满足要求的消防器材。

 问17： 易燃易爆危险品在运输时有哪些技术要求？

① 易燃易爆危险品场外运输由合格资质的供应商负责，车辆和驾驶员资质应符合危险品安全运输条件，场内运输要有防碰撞、倾覆以及泄漏措施，危险化学品运输车辆要加装专用灭火器。

② 气瓶禁止混装，气瓶防震圈、防护帽等保护装置要齐全；乙炔瓶运输一次不超过 5 瓶，人力运输不超过 1 瓶。

③ 施工现场通常不设置集中供气装置，但是大型锅炉施工可以设置管道集中供气，集中供气管路应和电缆、电气设备、易燃物等保持安全距离，同时应针对集中供气中所存在的管道漏气、关阀后管道中的残余气体及发生火灾导致的连带反应等危险因素，制订防火防爆安全措施和安全管理要求。

1.5 消防安全组织职能及其架构

问18： 消防安全管理由哪些组织机构组成？

（1）组长：项目经理。

（2）副组长：项目副经理、书记、总工、质量、安全总监及各分包项目经理。

（3）组员：总包消防部门、各部门经理；分包生产经理及消防监督负责人。

 问19： 消防监督管理的体系是什么？

消防监督管理体系如图 1-10 所示。

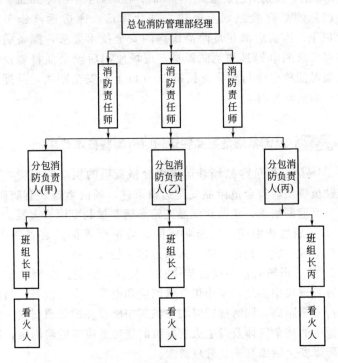

图 1-10　消防监督管理体系

1.6　消防安全管理的管辖与制度建设

 问20： 消防安全管理有哪些制度？

包括：①消防管理制度；②动用明火管理制度；③防水作业的

防火管理制度；④仓库防火制度；⑤宿舍防火制度；⑥食堂防火制度；⑦各级灭火职责及管理制度；⑧雨期施工防火制度；⑨施工现场消防管理规定；⑩木工车间（操作棚）防火规定；⑪冬季防火规定；⑫吸烟管理规定；⑬防火责任制。

问21： 为了加强内部消防工作，国务院制定了哪些消防管理制度？

为加强内部消防工作，保障施工安全，保护国家和人民的生命财产安全，根据国务院 421 号令、市政府××号令精神特制订本规定。

（1）施工现场禁止吸烟，现场重点防火部位按规定合理配备消防设施和消防器材。

（2）施工现场不得随意动用明火，凡施工用火作业必须在使用之前报消防部门批准，办理动火证手续并有看火人监视。

（3）物资仓库、木工车间、木料及易燃品堆放处、油库处、机械修理处、油漆房配料房等部位严禁烟火。

（4）职工宿舍、办公室、仓库、木工车间、机械车间、木工工具房不得违反下列规定。

① 严禁使用电炉取暖、做饭、烧水，禁止使用碘钨灯照明，宿舍内严禁卧床吸烟。

② 各类仓库、木工车间、油漆配料室冬季禁止使用火炉取暖。

③ 严禁乱拉电线，如需者必须由专职电工负责架设，除工具室、木工车间（棚）、机械修理车间、办公室、临时化验室使用照明灯泡不得超过 150W 外，其他不得超过 60W。

④ 施工现场禁止搭易燃临建和防晒棚，禁止冬季用易燃材料保温。

⑤ 不得阻塞消防道路，消火栓周围 3m 内不得堆放材料和其他物品，禁止动用各种消防器材，严禁损坏各种消防设施、标志牌等。

⑥ 现场消防竖管必须设专用高压泵、专用电源，室内消防竖管不得接生产、生活用水设施。

⑦ 施工现场易燃易爆材料，要分类堆放整齐，存放于安全可靠的地方，油棉纱与维修用油应妥善保管。

⑧ 施工和生活区冬季取暖设施的安装要求按有关冬施防火规定执行。

 问22：对动用明火，制定了哪些管理制度？

（1）项目部各部门、分包、班组及个人，凡由于施工需要在现场动用明火时，必须事先向项目部提出申请，经消防部门批准，办理用火手续之后方可用火。

（2）对各种用火的要求

① 电焊。操作者必须持有效电焊操作证，在操作之前必须向经理部消防部门提出申请，经批准并办理用火证后，方可按用火证批准栏内的规定进行操作。操作之前，操作者必须对现场及设备进行检查，严禁使用保险装置失灵、线路有缺陷及其他故障的焊机。

② 气焊（割）。操作者必须持有气焊操作证，在操作前首先向项目部提出申请，通过批准并办理用火证后，方可按用火证批准栏内的规定进行操作。在操作现场，乙炔瓶、氧气瓶以及焊枪应呈三角形分开，乙炔瓶与氧气瓶之间距离不得小于 5m，焊枪（着火点）同乙炔、氧气瓶之间的距离不得小于 10m。禁止将乙炔瓶卧倒使用。

③ 因工作需要在现场安装开水器，必须经相关部门同意方可安装使用，用电地点禁止堆放易燃物。

④ 在使用喷灯、电炉和搭烘炉时，必须通过消防部门批准，办理用火证方可按用火证上的具体要求使用。

⑤ 冬季取暖安装设施时，必须经消防部门检查批准之后方可进行安装，在投入使用前需经消防部门检查合格后方可使用。

⑥ 施工现场内严禁吸烟，吸烟可到指定的吸烟室内，烟头必须放入指定水桶内，禁止随地抛扔。

⑦ 施工现场内需进行其他动用火作业时，必须通过消防部门批准，在指定的时间、地点动火。

问23： 在防水作业中，应注意哪些防火管理制度？

（1）使用新型建筑防水材料进行施工之前，必须有书面防火安全交底。较大面积施工时，要制订防火方案或措施报上级消防部门审批之后方可作业。

（2）施工前应对施工人员进行培训教育，了解掌握防水材料的性能、特点及灭火常识、防火措施，做到"三落实"，即人员落实、责任落实、措施落实。

（3）施工时，应划定警戒区，悬挂明显防火标志，确定看火人员和值班人员，明确职责范围，警戒区域内严禁烟火，不准配料，不准存放使用数量以外的易燃材料。

（4）在室内作业时，要设置防爆、排风设备以及照明设备，电源线不得裸露，不得用铁器工具，并避免撞倒，防止产生火花。

（5）施工时应采取防静电设施，施工人员应穿防静电服装，作业后警戒区应有确保易燃气体散发的安全措施，避免静电产生火花。

问24： 仓库有哪些防火制度？

（1）认真贯彻执行公安部颁布的《仓库防火安全管理规则》与上级有关制度，制订本部门的防火措施，完善健全防火制度，做好材料物资运输和存放保管中的防火安全工作。

（2）对易燃、易爆等危险及有毒物品，必须按照规定保管，发放要落实专人保管，分类存放，防止爆炸及自燃起火。

（3）对所属仓库和存放的物资要定期开展安全防火检查，及时将安全隐患清除。

（4）仓库要按规定配备消防器材，定期检修保养，保证完好有效，库区要设明显的防火标志、责任人，严禁吸烟及明火作业。

（5）仓库保管员是本库的兼职防火员，对防火工作负直接责任，必须严格遵守仓库有关的防火规定，下班前对本库进行仔细检查，没有问题时，锁门断电方可离开。

问25： **食堂有哪些防火制度？**

（1）食堂的搭设应采用耐火材料，炉灶应同液化石油气罐分隔，隔断应用耐火材料。灶与气罐距离不小于2m，炉灶周围严禁堆放易燃、易爆、可燃物品。

（2）食堂内的煤气及液化气炉灶等各种火种的设备要有专人负责。

（3）一旦发现液化气泄漏应立即停止使用，将火源关灭，拧紧气瓶阀门，打开门窗进行通风，并立即报告有关领导，设立警戒，远离明火，立即维修或更换气瓶。

（4）炼油或油炸食品时，油温不得过高或泡油，设置立看火人，不得远离岗位。

（5）食堂内要保持所使用的电器设备清洁，应做防湿处理，必须保持良好绝缘，开关、闸刀应安装在安全地方，并设立专用电箱。

（6）炊事班长应在下班前负责安全检查，确认没有问题时，应熄火、关窗、锁门后方可下班。

问26： **宿舍有哪些防火制度？**

（1）宿舍内不得使用电炉和60W以上白炽灯及碘钨灯照明及取暖，不准私自拉接电源线。

（2）不准卧在床上吸烟，火柴、烟头、打火机不得随便乱扔。烟头要熄灭，放进烟灰缸里。

（3）宿舍区域内严禁存放易燃、易爆物品，宿舍内禁止用易燃物支搭小房或隔墙。

（4）冬季取暖需用炉火或电暖器时，必须经消防部门批准、备案后方可使用；禁止在宿舍内做饭或生明火。

（5）宿舍区应配备足够的灭火器材和应急消防设施。

问27： **各级负责人有哪些灭火职责？**

（1）灭火作战总指挥职责。接到报警后，迅速奔赴火灾现场，依据火场情况，组织指挥灭火，制订灭火措施，控制火势蔓延，并且对火场情况做出判断。

（2）物资抢救负责人的职责。带领义务消防队，组成物资抢救队伍，将现场物资材料及时运到安全地点，将损失降低到最低程度。

（3）灭火作战负责人的职责。积极组织义务消防队伍，动用现场消防器材和设施进行灭火作业。

（4）人员救护负责人的职责。率领义务人员、红十字协会成员及其他人员，负责伤员的救护及运送工作。

（5）宣传联络负责人的职责。及时传达总指挥的命令和各组的信息反馈工作，依据中心任务，对广大职工进行宣传教育，鼓舞斗志，并迅速打火警电话，并到路口迎接消防车辆，协助警卫人员维护火场秩序，疏导围困人员至安全地点。

（6）后勤供应负责人的职责。负责车辆、消防器材及各种必要物资的供应工作，确保灭火作战人员的茶水、食品、毛巾充足，做好后勤保障。

问28： 雨期施工时有哪些防火制度？

（1）施工现场禁止搭设易燃建筑，搭设防晒棚时，必须符合易燃建筑防火规定。

（2）施工现场、库房、料厂、油库区、木工棚、机修汽修车间、喷漆车间部位，未经批准，任何人不得使用电炉和明火作业。

（3）易燃易爆、化学、剧毒物品应设专人进行管理，使用过程中，应建立领用、退回登记制度。

（4）散装生石灰不要存放在露天及可燃物附近，袋装的生石灰粉，不得储存于木板房内，电石库房使用非易燃材料建筑，同用火处保持25m以上距离，对零星散落的电石，必须随时随地清除。

（5）高层建筑、高大机械（塔吊）、卷扬机和室外电梯、油罐及电器设备等必须采取防雷、防雨、防静电措施。

（6）室内外的临时电线，不得随地随便乱拉，应架空，并且接头必须牢固包好，临时电闸箱上必须搭棚，防止漏雨。

（7）加强各种消防器材的雨期保养，要做到防雨、防潮、防雨水倒灌。

（8）冬施保温不得采用易燃品。

问29：施工现场消防管理规定有哪些？

本办法适用于××建设工程参加施工所有的人员，除认真遵守《中华人民共和国消防法》（以下简称《消防法》）、《××市消防条例》以及市政府、市建委有关于施工现场消防安全管理规定，落实防火责任制外，还必须遵守项目《管理规定》，若擅自违反规定，导致事故或有可能造成事故，项目部将依据《××工程项目部施工现场消防管理处罚规定》进行处罚。

（1）施工人员入场前，必须持合法证件到经理部保卫部门登记注册，经入场教育，办理现场"出人证"之后方可进入现场施工。

（2）易燃易爆、有毒等危险材料进场，必须提前以书面形式报消防部门，报告要写明材料性质、数量及将要存放的地点，经保卫负责人确认安全之后方可限量进入现场。

（3）在施工现场不得随意使用明火，凡施工用火，必须经消防部门批准，办理动火手续，同时自备灭火器及设专职看火人员。

（4）施工现场严禁吸烟，现场各部位，按照责任区域划分，各单位自觉管理，自备足够消防器材和消防设施，并各自搞好灭火器材的维护、维修工作。

（5）未经项目部消防部批准，施工单位或者个人不得在施工现场、生活区以及办公区内使用电热器具。

（6）施工现场所设泵房、消火栓、灭火器具、消防水管、消防道路、安全通道防火间距以及消防标志等设施，禁止埋压、挪用、圈占、阻塞、破坏。

（7）工程内、现场内部由于施工需要支搭简易房屋时，应报请项目工程部、消防部，经批准后按要求搭设。

（8）现场内临时库房或者可燃材料堆放场所按规定分类码放整齐，并悬挂明显标志，配备相应消防器材。

（9）工程内严禁搭设库房，严禁存放大量可燃材料。

（10）工程内不准住人，确因施工需要，必须经项目部及安全部消防负责人同意、批准，按照要求进住。

（11）施工现场、宿舍、办公室、工具房、临时库房、木工棚等各类用电场所的电线，必须由电工敷设、安装，不得私自随意私拉乱接电线。

（12）冬施保温材料的购进，要符合××年建委颁发的（××）号文件精神，以达到防火、环保的要求。

（13）各分包、外协力量要确定一名专职或者兼职安全员，负责本单位的日常防火管理工作。

（14）遇有国家政治活动期间，各分包必须服从项目统一指挥、统一管理，并且严格遵守项目部制订的"应急准备和响应"方案。

问30：对木工车间（操作棚）防火有哪些规定？

（1）木工车间和工棚的建筑应耐火。

（2）木工车间、木工棚严禁吸烟及明火作业。车间内禁止使用电炉，不许安装取暖火炉。

（3）木工车间、木工棚的刨花、木屑、锯末、碎料，每天随时清理，集中堆放到指定的安全地点，做到工完场清。

（4）熬胶用的炉火，要设在安全地点，落实专人负责。使用的酒精、汽油、油漆、稀料等易燃物品，要定量领用，且必须专柜存放、专人管理，油棉丝、油抹布禁止随地乱扔，用完后应放在铁桶内，定期处理。

（5）必须保持车间内的电机、电闸等设备，干燥清洁。电机应采取封闭式，敞开式的应设防护罩。电闸应安装在铁皮箱内加锁。

（6）车间内必须设一名专人负责，下班前进行详细检查。确认安全时，断电、关窗以及锁门方可下班。

问31：对吸烟有哪些管理规定？

（1）施工现场禁止吸烟，禁止在施和未交工的建筑物内吸烟。

（2）吸烟者必须到允许吸烟的办公室或者指定的吸烟室吸烟，

允许吸烟的办公室要设置烟灰缸，吸烟室要设置存放烟头及烟灰盒火柴棍的用具。

（3）在宿舍或休息室内不准卧床吸烟，烟灰、火柴棍不得随地乱扔，禁止在木料堆放地、材料库、木工棚、电气焊车间、油漆库等部位吸烟。

 问32： 冬季防火规定是什么？

（1）施工现场生活区、办公室取暖用具，需经主管领导及消防部门检查合格，持《合格证》方准安装使用，并设专人负责，制订必要的防火措施。

（2）严禁用油棉纱生火，禁止在生火部位进行易燃液、气体操作，无人居住的部位要做到人走火灭。

（3）木工车间、材料库、清洗间、喷漆（料）配料间，禁止吸烟及明火作业。

（4）在施工程内一律不准暂设用房，不准使用炉火和电炉、碘钨灯取暖。若因施工需要用火，生产技术部门应制订消防技术措施，使用期限写入冬施方案，并且经消防部门检查同意后方可用火。

（5）各种取暖设施上严禁存放易燃物。

（6）施工中使用的易燃材料要控制使用，专人管理，不准积压，现场堆放的易燃材料必须满足防火规定，工程使用的木方、木质材料码放在安全地方。

（7）保温需用岩棉被等耐火材料，禁止使用草帘、草袋、棉毡保温。

（8）常温后，应立即停止保温和将生活取暖设施拆除。

 问33： 每个部门有哪些防火责任制？

（1）项目部主要负责人防火责任制。项目主要负责人为消防工作第一责任人、主要负责人，直接指导消防保卫工作。

① 组织施工和工程项目的消防安全工作，负责按照领导责任

指挥和组织施工，要遵守有关消防法规和内部规定，逐级落实防火责任制。

② 把消防工作纳入施工生产全过程，认真落实保卫方案。

③ 施工现场易燃暂设支架应符合要求，支搭前应经消防部门审批同意之后方可支搭。

④ 坚持周一防火安全教育，周末防火安全检查，及时整改隐患，难以整改的问题积极采取临时安全措施，及时汇报给上级，不准强令违章作业。

⑤ 加强对义务消防组织的领导，组织开展群防活动，并保护现场，协助事故调查。

(2) 项目部副经理防火责任制

① 对项目分管工作负直接领导责任，协助项目经理认真贯彻执行国家、市有关消防法律、法规，并落实各项责任制。

② 组织施工工程项目各项防火安全技术措施方案。

③ 组织施工现场定期的防火安全检查，对检查的问题要定时、定人、定措施予以解决。

④ 组织义务消防队的定期学习、演练。

⑤ 组织实施对职工的安全教育。

⑥ 协助事故的调查，发生事故时组织人员抢救，并且保护好现场。

(3) 项目部消防干部责任制

① 协助防火负责人制订施工现场防火安全方案及措施，并督促落实。

② 纠正违反法规、规章的行为，并报告给防火负责人，提出对违章人员的处理意见。

③ 对重大火险隐患及时提出消除措施的建议，填写《火险隐患通知单》，并且报消防监督机关备案。

④ 配备、管理消防器材、建立防火档案。

⑤ 组织义务消防队的业务学习及训练。

⑥ 组织扑救火灾、保护火灾现场。

(4) 项目部技术部防火责任制

① 依据有关消防安全规定，编制施工组织设计与施工平面布

置图，应有消防道路、消防水源，易燃易爆等危险材料堆放场，临建的建设要满足防火要求。

② 施工组织设计须有防火技术措施。对施工过程中的隐蔽项目及火灾危险性大的部位，要制订专项防火措施。

③ 讨论施工组织设计及平面图时，应通知消防部门参加会审。

④ 施工现场总平面图要注明消防泵、竖管以及消防器材设施位置及其他各种临建位置。

⑤ 设计消防竖管时，管径不小于100mm。

⑥ 施工现场道路需循环，宽度不小于3.5m。

⑦ 做防水工程时要有针对性地防火措施。

（5）项目土建工程部防火责任制

① 对负责组织施工的工程项目的消防安全负责，在组织施工中要遵守有关消防法规及规定。

② 在安排工作的同时要有书面的消防安全技术交底，并采取有效的防火措施，不准强令违章作业。

③ 坚持周一火安全教育，并且及时整改隐患。

④ 在施工、装修等不同阶段，要有书面的防火措施。

（6）项目综合办公室防火责任制

① 负责本部门本系统的安全工作，对食堂、生活用取暖设施及工人宿舍等要建立防火安全制度。

② 对所属人员要经常进行防火教育，建立记录，增强安全意识。

③ 定期开展防火检查，及时将安全隐患清除掉。

④ 生产区支搭易燃建筑，应满足防火规定。

⑤ 仓库的设置与各类物品的管理必须符合安全防火规定，并且配备足够的器材。

（7）电气维修人员防火责任制

① 电工作业必须遵守操作规范及安全规定，使用合格的电气材料，依据电气设备的电容量，正确选择同类导线，并且安装符合容量的保险丝。

② 所拉设的电线应符合要求，导线与墙壁、顶棚以及金属架之间保持一定距离，并加绝缘套管，设备与导线、导线与导线之间

接头要牢固绝缘，铅线接头要有铜铅过渡焊接。

③ 定期检查线路、设备，对老化及残缺线路要及时建议更新，通常情况下不准带电作业及维修电气设备，安装设备要接零线保护。

④ 架设动力线不乱拉、乱挂，经过通道时要加套管，通过易燃场所应设支点、加套塑料管。

⑤ 有权制止乱拉电线人员，电工有权制止非电工作业，有权禁止未经批准使用的电炉子。

(8) 油漆工防火责任制

① 油漆、调漆配料室内严禁吸烟，明火作业及使用电炉要经消防部门批准，并配备消防器材。

② 调漆配料室要有排风设备，保持良好通风，稀料与油漆分库存放。

③ 调漆应在单独房间进行，油漆库和休息室分开。

④ 室内电器设备要安装防爆装置，电闸安装在室之外，下班时随手拉闸断电。

⑤ 用过的油毡棉丝、油布以及纸等应放在金属容器内，并及时清理排风管道内外的油漆沉积物。

(9) 分包队伍及班、组消防工作责任制

① 对本班、组的消防工作负全面责任，自觉遵守相关消防工作法规制度，将消防工作落实到职工个人，实行分片包干。

② 消防工作纳入班组管理，分配任务要进行防火安全交底，并且坚持班前教育，下班检查活动，消防检查隐患做到不隔夜，杜绝违章冒险作业。

③ 支持义务消防队员和积极参加消防学习训练活动，发生火灾事故立即报告，并且组织力量扑救，保护现场，配合事故调查。

(10) 职工个人防火安全责任制

① 负责本岗位上的消防工作，学习消防法规和内部规章制度，提高法制观念，积极参加消防知识学习和训练活动，做到熟知本单位、本岗位消防制度，发生火灾事故会报警（电话119），并且会使用灭火器材，积极参加灭火工作。

② 工作生产中必须遵守本单位的安全操作规程及消防管理规

定，随时对自己的工作生产岗位周围进行检查，保证不发生火灾事故和留下火灾隐患。

③ 勇于制止和揭发违反消防管理的行为，遇有火灾事故要奋力扑救，并注意保护现场。

（11）易燃、易爆品和作业人员防火责任制

① 焊工必须经过专业培训掌握焊接安全技术，并经过考试合格之后持证操作，非电焊工不准操作。

② 焊割前应经本单位同意，消防负责人检查批准申请"动火证"，方可操作。

③ 焊割作业之前要选择安全地点，焊割前仔细检查上下左右情况及设备安全情况，必须将周围的易燃物清理掉，对不能清理的要用水浇湿或者用非燃材料遮挡，开始焊割时要配备灭火器材，有专人看火。

④ 乙炔瓶、氧气瓶不准存放在建筑工程内，在高空焊割时，不准放于焊接部位下面，并保持一定的水平距离，回火装置及胶皮管发生冻结时，只能用热水和蒸汽解冻，禁止用明火烤、用金属物敲打，检查漏气时严禁用明火试漏。

⑤ 气瓶要装压力表，搬运时严禁滚动、撞击，夏季不得暴晒。

⑥ 电焊机和电源符合用电安全负荷，严禁使用铜、铁、铝线代替保险丝。

⑦ 电焊机地线不准接在建筑物、机械设备及金属架上，必须设置接地线，不得借路。地线要接牢，在安装时要注意正负极不要接错。

⑧ 不准使用有毛病的焊割工具，电焊线不要接触有气体的气瓶，也不要与气焊软管或气体导管搭接，氧气瓶管、乙炔导管不得从生产、使用、储存易燃、易爆物品的场所或者部位经过，油脂或粘油的物品严禁与氧气瓶、乙炔气瓶导管等接触。氧气、乙炔管不能混用（红色气管为氧气专用；黑色气管为乙炔专用管）。

⑨ 焊割点火前要遵守操作规程，焊割结束或者离开现场前，必须切断气源、电源，并仔细检查现场，消除火险隐患，在屋顶隔墙的隐蔽场所焊接操作完毕半小时内要复查，避免自燃问题发生。

⑩ 焊接操作不准与油漆、喷漆等易燃物进行同部位、同时间、

上下交叉作业。

⑪ 当遇有 5 级以上大风时，应立即停止室外电气焊作业。

⑫ 施工现场用火证在一个部位焊割一次，申报一次，不得连续使用。

⑬ 禁止在下列场所及设备上进行电、气焊作业：

a. 生产使用、存放易燃、易爆、化学危险品的场所部位及其他禁火场所。

b. 密封容器未开盖的、盛过或者存放易燃、可燃气体、液体的化学危险品的容器及设备未经彻底清洗干净处理的。

c. 场地周围易燃物、可燃物太多不能清理或者未采取安全措施无人看火监视。

（12）看火人员（包括临时看火人员）防火责任制

① 动火需通过消防部门审批，办理用火证，看火人员要了解用火部位环境。

② 动火前要认真清理用火部位周围的易燃物，不能清理的要用水浇湿或者用不燃材料遮盖。

③ 高空焊接、夹缝焊接或者邻近脚手架上焊接，要敷设接火用具或用石棉布接火花。

④ 准备好消防器材及工具，做好灭火准备工作。

⑤ 使用碎木料明火作业时，炉灶要远离木料 1.5m 之外。

⑥ 焊接和明火过程中，要随时检查，不得擅离职守，用火完毕应认真检查，确认没有危险后，才可离去。

⑦ 看火人员严禁兼职，必须专人，一旦起火要立即呼救、报警并且及时扑救。

1.7 消防宣传教育

 问34： 为什么要进行消防宣传教育？

消防安全教育是以人为对象，研究及改进生产、生活中人的不安全因素与规律，预防火灾、爆炸事故的发生。它以一定的教育理论为指导，结合防火安全技术、法律、法规、工作制度的研究成果和防火安全教育实践经验，并且吸收其他相关学科基本原则和方法，揭示防火安全的规律性。

消防安全教育及培训包括消防法律法规教育、劳动纪律教育、安全工作流程教育、防火经验教育、火灾教训教育和防火安全技术培训教育。通过严格的消防安全教育及培训，使广大职工群众建立起合理的消防安全知识结构并具备熟练的防火灭火的专业性技能，在消防安全管理方面发挥积极的作用。

（1）消防宣传教育是消防安全管理的基本内容。在我国，消防安全管理的法律、法规都明确指出"必须广泛深入地开展群众性的防火宣传教育工作，提高广大群众的防火警惕性，普及消防知识"。各级公安机关应在各级党委和政府的领导下，将防火列为"四防"宣传的重要内容之一。消防管理部门要将防火宣传作为一项重要的群众工作，制订计划，广泛而经常地开展这项工作，并且主动取得宣传、教育以及共青团、工会以及民兵等组织的支持和帮助，以便做到家喻户晓、人人皆知。

（2）消防宣传教育是消防安全管理的重要措施。在一定意义上说，消防安全管理如何，取决于广大职工群众对消防安全管理的认识水平、事业心以及责任感，只有广大职工群众确实感到做好消防安全工作是他们利益所在，是他们自己义不容辞的责任，才能够积极行动起来，自觉地参加消防安全管理工作，防才有基础，消才有力量。各级消防监督管理部门必须将消防宣传作为一项重要的基础工作，抓出成效来。机关、团体、企业以及事业单位，必须结合本单位消防安全管理的特点，采取针对性的宣传教育及培训，预防火灾，减少灾害。

消防安全管理是一项社会性的工作，涉及各行各业与千家万户。消防工作的群众性和社会性，决定了必须首先做好消防宣传工作。消防宣传工作的重点，一是提高各级领导和职工群众对消防安全管理重要性的认识，增强消防安全的责任感，提高贯彻执行消防法律法规及各项消防安全规章制度的自觉性，最大限度地避免火灾的发生。做好消防宣传工作，对保障社会主义现代化建设和人民群众生命财产安全具有重要的意义。二是要不断地通过宣传教育唤起全体公民对火灾的防范意识，自觉地检查生产、生活中的火灾隐患，并及时将这些隐患消除，从根本上预防和减少火灾的发生。三是使广大职工群众掌握安全生产的科学知识，提高安全操作的技能，提高灭火的能力，减少和减轻火灾导致的损失。

在日常生产、生活中，火灾与人为因素有着密切的联系，尤其与人们缺乏防范意识、防范措施有直接的联系。只有通过经常不断的宣传，向人们灌输安全意识及安全措施，使人们在生产、生活中自觉地遵守各项防火安全制度，这样才会减少火灾的发生。而另一方面，通过广泛的普及消防知识和消防措施，提高广大群众自防及联防的能力，从而落实防火责任制。同时，要依法揭露及批评各种违章行为，并惩处各种违法行为，进一步使人们防火的警钟长鸣。

问35：消防教育都宣传哪些内容？

消防宣传要面向社会、面向基层以及面向职工群众，通过宣传提高广大干部、群众防火的警惕性及同火灾作斗争的自觉性，增强消防法制观念，提高基层单位及人民群众的自防、联防的能力。同时，借助消防宣传，使群众理解和支持消防工作。

消防宣传工作的内容主要是宣传我国有关消防工作的方针、政策及消防法规、技术规范与技术标准；宣传消防管理部门为适应改革、开放的新形势所采取的各项措施，宣传当前消防工作存在的主要问题及我们所要采取的基本对策，定期公布火灾情况，报道典型的火灾案例以及对有关责任者的处理结果，普及防火知识，介绍灭火的基本方法与消防器材的使用方法，表彰消防人员和基层单位以及广大人民群众抢险救灾的先进事迹。

消防宣传的具体内容如下。

（1）宣传消防安全管理的法律、法规和党、政府关于消防工作的政策、方针。消防安全管理法律法规和国家制订的消防工作的路线、方针是保障预防火灾减少火灾体制顺利建立及运行的根本出路。为了确保各项消防措施的实施，惩治故意或者过失的行为，必须制订相应的法律、法规，依法进行消防安全管理。建立消防安全管理各个环节的法律法规，进行全民消防法制教育，建立消防立法的执行与监督机构。只有这样，才能够从根本上建立起全国统一的消防体制，并做到有法可依，依法行事，更好地推动消防安全管理的进行。

国家制订的消防工作的法律、法规路线、方针以及政策，对国家的消防安全管理起着调整、保障、规范以及监督作用，体现了广大人民群众的意志，是社会长治久安，人民安居乐业的一种保障。所以，宣传消防工作的路线、方针、政策，使广大干部、群众了解、掌握消防安全管理的法律、法规和党、政府的路线、方针以及政策，这是贯彻、落实消防工作方针，实现消防任务的前提条件及保障。

（2）普及消防安全管理的科技知识。消防安全管理是一门跨学科的边缘性科学，也是一项综合性的工作，既有很强的专业性，又有很强的社会性。消防安全管理的社会化要求全体公民掌握消防的基础知识及危机应对措施。长期以来，在消防安全管理上，我们还缺乏系统、有效的教育和知识普及，公民的消防安全意识存在很大的偏颇及消防知识存在很大的缺陷，正是由于这些问题的严重存在，常常一而再地造成事故与灾难。人们有时会受到火灾的惩罚，这些惩罚有来自客观的，有的是因为自己无知，不懂消防知识，不会应用消防技术。消防是一门科学，是同火灾作斗争的科学。所以在宣传中，要系统地讲授消防工作的方针、政策、法律法规；灾害致灾机理及形成要素；消防安全管理的性质和任务；风险分析和危机控制；消防安全防范措施；抗灾与赈灾的知识。重点要结合机关、团体、企业以及事业单位的不同特点和实际，加强物质燃烧知识、电气防火知识、建筑防火知识、易燃易爆物品防火防爆知识的讲授，在充分调查研究的基础之上，针对存在的实际问题，做好宣传，应用技术以解决生产、生活中的实际防火问题。火灾的遏制和减少有赖于全体公民消防安全素质的提高，广大公民掌握了防火知识，才能提高同火灾作斗争的能力。同时要宣传火场紧急处置知识，一旦发生火灾，广大群众就能够及时进行抢救人命、保护现场、疏散财物，做到自救与互救，最大限度地减少火灾带来的损失。

（3）总结及公布消防安全管理的经验及教训。要及时总结和公布消防安全管理方面的经验及教训，这是消防宣传教育的重要内容和任务。消防管理部门及单位主管人员要善于从消防安全管理实际中总结经验及教训，这样才能促进消防工作的开展。所以要培养典型，总结经验，及时推广，以推动消防工作。在总结推广经验时，要通盘掌握它的时间性、实用性、地域性或适用范围，强调可取性、灵活性，突出创造性，并借助交流进一步动员群众积极参加同火灾的斗争，充分发挥各级消防人员的积极性，做好消防安全管理工作。同时，面对火灾的发生必须及时反思火灾事故机理及教训，切勿因抢险救灾行动的表彰，而忽略教训的分析研究及事故查处。只有认真总结和公布消防安全管理的经验及教训，才能切实实现预防和减少火灾发生，保障职工群众生命财产安全的目的。

 问36：消防宣传教育要采取什么样的形式？

消防宣传教育的形式要坚持从实际出发，因地制宜，灵活多样地采取各种形式，深入地开展宣传。我们进行消防宣传，担负着指导和帮助人们探索消防科学，认识消防工作的任务，教育、动员以及指导广大人民群众投入到同火灾作斗争的活动中去。因此，消防宣传活动，要有组织、有领导地进行，要从实际出发，讲究宣传形式，注意社会效果。在宣传内容上要有针对性、科学性、趣味性、准确性、广泛性，避免片面性，最大限度地获得社会效益。

（1）消防宣传形式的特征。良好的宣传形式可以吸引群众，扩大教育等，使宣传工作产生巨大力量。所以，要加强宣传工作，就必须下工夫研究宣传形式，使其向科学性、群众性以及艺术性的方面发展。

① 科学性。就是要将那些粗制滥造、华而不实、违悖情理的东西排除，坚持从实际出发，恰如其分地反映内容，增强教育效果。这即为消防宣传形式的科学性。

② 群众性。就是通过宣传教育采取灵活的方式方法，如讨论的、启发的方式及方法，把广大群众吸引到消防管理方面来，激发他们关心消防工作，积极参与消防管理活动，能够自觉主动地找出生产、生活中存在的消防隐患，以减少火灾的发生。

③ 艺术性。具有艺术性的宣传教育在导入真理的过程中，可以使宣传更加生动、形象、活泼、直接，为广大群众所喜闻乐见，

使群众在接受宣传教育的同时，了解、领会以及掌握消防知识和补救措施方法。

宣传工作的各种形式的运用要注意质、量、时间等因素；奖励与惩罚、批评与表扬要运用恰当，同时宣传教育活动选准对象、选择良好的时机及场合很重要。

（2）消防宣传教育的对象类型。机关、团体、企业以及事业单位在组织消防安全宣传教育时应按照所在单位人员的结构特征分类施教才能够使消防安全教育更加深入具体，收到事半功倍的效果。

① 各级领导干部的宣传教育。各级领导的重视及支持是内部单位搞好消防安全管理的关键，所以必须对领导层进行普遍的消防安全宣传教育。消防安全管理关系到单位和职工切身利益的系统工程必须要加强领导，统筹规划，精心组织，全面实施。消防安全管理有两个原动力，一是领导自上而下的规划推动力，二是职工自下而上的需求拉动力。这两个动力缺一不可，相互为用。若各级领导以及职工都能够从消防安全管理的作用、任务以及根本价值取向上取得共识，在实际工作中的分歧和矛盾仅仅是具体方法、路径、进度以及所涉及的利益关系上的调整。否则，我们不能完成对消防安全管理、尤其是各级领导不能完成消防安全意识及观念的转变，就不可能做好消防安全管理的各项工作。

a. 要充分借助一切条件进行消防安全教育，营造一个全体员工关心消防安全，维护安全环境的氛围。

b. 进行有针对性的消防安全教育，使每一个员工对本系统的安全要求、安全规范有全面的了解并且遵守执行。

c. 组织及协调本系统内各部门之间的消防安全管理中的职责、权限以及任务，使消防安全管理在机构、职责以及措施等方面都有切实的内容。

② 专、兼职消防干部的教育。凡是从事单位消防安全管理的专职或者兼职人员都应该具有系统的全面的消防专业知识和消防安全管理知识。借助对专、兼职消防干部的教育，使他们能够在其岗位上做好下列重点工作。

a. 健全系统科学的消防安全管理规章制度，限制单位人员的违法违规行为，指导单位人员的操作、管理行动。

b. 经常组织开展消防安全活动，增强本单位预防、减少火灾事故的意识，提高消防安全管理的能力。

c. 严格火灾事故管理，对已经发生的事故要分清责任、吸取教训总结经验、加强预防。

d. 加强危险场所火灾事故的预防和监控工作，消除危险源和事故隐患。

e. 建立健全消防安全管理档案，为安全教育、安全分析、评估以及系统的更新改造提供必要的原始资料。

③ 工程技术人员教育。工程技术人员与消防安全管理有着密切的关系，应组织他们学习及掌握消防安全管理知识。

a. 使工程技术人员能够在产品或工程设计、研制阶段和新技术、新材料、新工艺的研究试验阶段，在组织生产、制订操作规程中，找出存在火险隐患及因素，预先采取措施加以预防和控制，提高产品、工程以及工艺的安全可靠性。

b. 加强新技术的开发应用，将不适应安全管理的陈旧的技术手段淘汰。

c. 提高系统装备水平，适时对系统的组成要素进行技术更新改造。

d. 提高系统的监视、调控技术水平，使系统在工艺流程过程中，始终处在安全状态。

④ 对职工群众的教育。对职工群众，特别是特种作业人员以及新职工，均要进行消防安全管理的宣传教育。

a. 了解及掌握消防安全管理的性质、任务、法律、法规，以及消防安全规章制度和劳动纪律。

b. 熟悉本职工作的概况，生产、使用、储存物资的火险特点，危险场所及部位，以及消防安全管理制度和消防安全注意事项。

c. 熟悉本岗位工作流程和工作任务，岗位安全操作规程，重点防火部位和防火措施及紧急情况的应对措施和报警方法。

（3）消防宣传教育的形式

① 消防法制宣传。各级消防组织要结合消防工作的法律、法规的公布实施，采取各种方法，宣传讲解有关消防法律、法规以及消防安全制度的内容，使广大职工群众知法、守法，养成遵守消防

法律、法规以及消防安全制度的意识。

② 消防技术培训。消防监督部门要经常组织机关、团体、企业以及事业单位的广大职工和群众进行消防技术培训，使之能够正确掌握扑灭各种火灾的基本技能，在实践中能够充分发挥每一个参战人员的作用，最大限度地将灾害造成的损失减少。

③ 火灾现场会。火灾危害国家及人民群众的生命财产。一旦发生火灾，就要及时召开火灾现场会，向基层单位、广大职工群众进行具体生动的消防安全教育，使大家从火灾现场的严重性方面，认清火灾的严重危害性。若发生特大火灾，各级政府还要根据具体情况召开大规模的现场会或者召开新闻发布会，向社会发布火灾消息。电台、电视台以及报纸等新闻媒介要密切配合宣传报道，以引起广大职工群众对火灾的高度警惕性，使消防法制观念增强，提高做好消防工作的自觉性。

④ 公开处理火灾责任者。为了严明法纪，教育广大职工群众，在将火灾原因查明，分清责任事故，履行法律手续的同时，召开不同规模的火灾责任者处理大会，通过公开处理，惩办事故责任者，提高广大职工群众的遵纪守法的自觉性，以促使各方面做好消防工作。

⑤ 利用各种新闻媒体和宣传手段进行宣传教育。各级消防组织要充分发挥各种新闻媒体深入、及时、可视性强的特点，通过各种新闻媒体特别是电视、广播、报刊、网络等进行消防宣传教育。也可以充分运用印制宣传品，召开各种会议，举办展览等宣传手段进行消防宣传教育。

根据《消防法》《单位消防安全管理规定》以及公安部关于加强消防宣传工作的通知，各级公安消防管理部门和内部单位都要设立专门的宣传机构，采取丰富多彩的宣传教育的形式，并围绕每一时期的消防安全工作的重点与要求，做好消防宣传教育工作，争取收到良好的社会效果。

问37：消防咨询的目的是什么？

消防咨询的根本目的是利用消防安全管理维护社会主义经济秩

序和社会治安秩序，保证国家、集体、个人财产不遭受损害，通过向社会和公民及本单位的职工群众提供优质的消防安全咨询服务，使广大群众准确理解和把握国家政策及法律对消防工作的有关规定，维护国家合法的权益，更好地运用法律、加强各单位的安全防范工作，落实各项安全防范措施及安全规章制度，提高发现、控制以及制止各种火灾事故的能力，为国家经济建设及人民群众的生活提供一个良好的消防安全的环境。

（1）消防咨询可以提供消防准确的信息服务。消防咨询的主要内容是向广大单位及公民提供有关消防安全的建议、意见、信息以及方案。公安消防管理机关和机关团体、企业、事业单位要在开展消防宣传教育的活动中，针对不同的单位及个人及本系统的职工提出的不同安全防范问题，如有关安全防范措施问题、消防专用器材问题、安全规定制度问题及其他安全方面的问题，提供有关信息，或提出看法、见解以及工作方案，以便单位和公民在消防安全管理和防范、处理火灾事故时，做出正确的决策及采取相应的行为。

（2）消防咨询可以提供消防法律服务。消防咨询指的是消防管理人员向社会组织和公民提供的消防安全防范方面知识的服务活动，其服务的范围及内容主要是我国关于消防安全管理的法律、法规规定。在咨询过程中，消防安全管理人员必须遵守国家的其他政策与法律规定，做出准确的解答，使单位和职工群众通过运用法律、法规来解决问题，维护自身的合法权益，并且指导他们运用法律找出问题的症结所在，防止用非法手段解决问题。

消防咨询过程中，要根据单位与职工群众的需要，对公安机关管理的消防业务内容，尤其是事关公安机关审批的业务进行解释，告知群众及单位办理哪些事务需要哪些条件、手续，需要经过怎样的程序，多长的时间，并且指导他们到具体的公安机关去办理。

（3）消防咨询可以提供消防业务技能服务。任何一门科学知识，均具有完整的体系，人们认识事物，通常总是遵循由浅入深、由易而难的发展过程逐步深入、提高。公众学习消防业务技能大多是通过短训、讲座，所以有关知识消化不了，记不牢，甚至很不全面，在消防业务技能的咨询服务中，要利用消防业务技能咨询，使每一个公众比较全面地掌握消防业务技能，使他们能很好地完成各项消防安全管理工作。

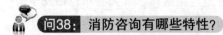

问38：消防咨询有哪些特性？

（1）针对性。消防咨询是消防管理机关和单位消防安全管理人员向社会组织、公民以及本单位职工群众提供的消防咨询服务，其目的是当好用户决策和行动的参谋。所以，进行消防咨询一定要针对询问者提出的问题，并根据单位和个人的周围环境及人力、物力以及财力等内在因素，经过综合分析，依照国家政策及法律的有关规定，告知社会组织及公民应当制订的安全规章制度和应该采取的安全防范措施及必须安装的技术防范设施。另外，消防管理机关和单位消防安全管理人员只有针对社会组织和公民现已制订的安全防范措施及技术防范设施提出建议和意见，才能使之形成非常有效的安全防范体系，避免或减少火灾事故的发生，发现、杜绝生产、生活中的火灾隐患、险情。

（2）广泛性。消防咨询的广泛性指的是来咨询的人员有机关、团体、企业、事业单位等社会组织的成员也有公民个人，所以，其成员具有一定的广泛性。同时，询问的问题也具有广泛性，询问的问题既可能涉及消防安全防范规章制度及国家的政策、法律、法规，又可能涉及消防专用设备的性能、规格、使用方法等问题，还可能有涉及防火的一般防范知识、关于扑灭火灾等问题，还要包括火灾事故的善后问题的解决程序及方法。

（3）复杂性。消防咨询的广泛性决定了消防咨询的复杂性。询问者问的问题既可能涉及消防器材的性能、种类和安全防范措施的方法，又可能涉及国家法律政策。而要准确回答这些问题，就需要消防安全管理人员根据单位及公民的需要，依照现行的政策、法律以及法规的有关精神，提出建设性的意见和方案。同时又要依据国内外的有关消防安全管理情况，对单位和公民提出的询问进行解答。

（4）指导性。消防咨询是消防管理人员对询问者提供的参考意见。虽然这些参考意见是消防安全管理人员依据国家的政策、法律以及法规而做出的解释，但是大多属于对法律的解释和被咨询者的意见。所以，这种解释和意见具有一定的指导性。尤其是对消防知识、防范措施方法与技巧，多属于咨询者的理解或者经验性总结，符合客观情况的解答和意见，对询问者的决策和行动同样具有很大的影响力及权威性。机关、团体、企业、事业单位及职工群众在运用这些知识时，要结合本单位的实际情况。只有这样，才能使理论和实践相结合，收到事半功倍的效果。

问39： 消防咨询采取什么样的形式？

消防咨询作为消防宣传的特殊形式，无论对于提高单位及公民的消防安全防范能力，还是对于检验消防宣传工作质量，均具有重要的意义。

消防咨询是提高单位及公民消防安全防范能力的重要途径。借助消防安全管理人员针对单位和公民个人工作生产生活中存在的问题或者漏洞，提出综合分析意见及建设性方案，可以进一步强化单位的安全防范意识，避免和减少由于消防安全防范问题上的决策失误而导致的危害的损失；通过咨询服务，可以使单位及公民个人发现火灾隐患、火灾险情的能力以及及时扑灭、减少火灾危害、减少人身财产损失的能力得到提高，提高单位和公民个人的消防安全指数。同时，通过介绍保安器材，可以使用户了解消防安全器材的特点、性能、使用方法、价格及注意事项等情况，准确选择并正确使用消防器材，使消防能力得到提高。

消防咨询是提高消防宣传质量的重要环节。借助消防咨询服务，公安消防管理机关可以了解到消防安全管理工作中存在的问题及用户对消防工作的各种反映和新的要求，便于消防安全管理机关改进工作，提高管理水平。同时，因为消防咨询活动接触社会、单位和公民，涉及的问题极为复杂，客观上要求消防机关团体、企业以及事业单位管理人员具有很高的政治、业务、法律素质以及说理水平，只有这样才能适应机关团体、企业以及事业单位消防安全管理工作。

问40：消防咨询的范围是什么？

依据消防咨询服务的实践，消防咨询的范围除解答消防安全管理的法律、法规和消防行政管理的许可、程序、方法外，主要是下列几个方面。

（1）消防器材咨询。消防器材咨询，主要指的是消防管理人员向询问者提供有关消防器材的种类、性能、价格、使用规则及注意事项等方面的信息和情况，便于询问者能够准确无误地选择和正确有效地使用消防器材，得以将火灾损害减少和及时扑灭火灾。

提供消防器材的种类、价格、性能、使用规则及注意事项。消防器材的种类不同，其性能、用途不同，使用过程中应注意的问题也会不相同。消防管理人员只有详细、准确地向询问者介绍消防器材的种类与性能，才能够使广大用户了解消防器材的基本特点、工作原则，掌握消防器材的使用方法，准确选择与实际情况相符的消防器材。

详细介绍各类消防器材的适用范围。不同种类的消防器材，有不同的适应范围与工作环境，即消防器材不能随意乱用。否则，很容易导致严重后果，给国家和个人带来巨大损失。

提供消防器材与其他安全防范措施配套使用的办法。通常来说，要使消防安全防范工作得以顺利进行并富有成效，消防器材必须和各种消防安全防范措施配套使用，并且使之形成系统或网络。不能单纯依靠某种消防器材或者某项消防措施来完成消防安全防范任务。要注意多种消防器材的综合使用，并把单位的保卫人员的值勤、守护、巡查等日常安全防范与各种消防器材的使用相结合。

（2）消防防范咨询。消防防范咨询，指的是公安消防管理机关及消防安全管理人员为了保障单位的生产、科研的安全和居民生活的安全，维护正常的工作秩序及生活秩序，在各级各类消防管理机构、安全规章制度、防范计划、防范技术措施等方面提出建议及意见，以将单位内部及居民生活中的不安全因素消除、减少潜在危险。

消防组织机构包括单位的保卫组织、义务消防队、安全检查组织、消防小组及联络组织。

消防安全规章制度包括：安全保卫责任制，也就是安全保卫工作的登记制度、交接班制度、门卫制度、守护制度、巡查制度、要害出入管理制度、安检制度、值班制度、报警制度等；安全管理责任制，即对易爆、易燃、剧毒、放射性物质等危险物品的出入、登记和管理制度；用电、用火和用气的管理制度；重要仓库、贵重仪器以及重要物品与要害的管理制度等。

消防计划包括：单位、街道内部的自然情况，也就是单位建筑措施情况、周围环境情况、生产情况及要害分布情况等；治安情况，也就是职工群众的基本情况、灾害事故隐患情况等；消防防范情况，也就是义务消防人员的分布情况、防范措施和紧急工作预案等。

消防技术措施，主要是消防器材的安装及使用消防器材。

（3）消防安全常识咨询。消防咨询通常以口头解答为主，以书面解答为辅。在听取询问者叙述的过程中，弄清询问者所问问题的情节和细节，明确询问者的目的和要求，以及与此相关的各种情况，然后进行咨询。

对询问者提出的问题，要依据国家的政策及法律的有关规定进行综合分析，确定问题的答案及解决方案。同时，要根据社会组织和公民个人的实际情况，做出准确的、切实可行的回答或者提出建设性意见和修改方案。

根据《消防法》与《单位消防安全管理规定》的要求，在没有建立专职消防队的大、中型企事业单位和乡、镇，必须配备专职或者兼职消防人员，在本单位、本地区行政负责人和保卫组织或公、安派出所的领导下，具体负责本单位、本地区的消防管理工作，并在业务上接受当地消防监督部门的指导。

问41： 消防业务培训的重要性是什么？

依据《单位消防安全管理规定》第三十六条规定："单位应当通过多种形式开展经常性的消防安全宣传教育，消防安全重点单位对每名员工应当至少每年进行一次消防安全培训。"消防管理人员直接担任着维护治安秩序，预防、查处或者协助查处消防事故，保护人民合法权益、保卫社会主义现代化建设的重任。特别在改革开放的新时期，客观形势对消防人员提出了更高的要求，必须具备较高的素质，才能够胜任消防安全管理的各项任务。而目前我们的消防管理人员还有一部分没有受过正规的、系统的政治、业务和科学技术培训，政治水平还需要进一步提高，尤其是大多数兼职和义务消防人员的政治、业务水平较低，与所面临的任务不相适应。因此，必须通过培训这一有效途径，迅速使消防安全管理人员的业务水平得到提高，开发消防安全管理人才，调动消防安全管理人员的创造性、积极性，使消防安全管理队伍逐步成为一支年轻化、知识化、专业化的队伍，一支有道德、有理想、有文化、有纪律的队伍，一支有战斗力的适应社会主义市场经济发展的、为保卫国家、集体和人民利益奋斗的队伍。有了这样一支由专业人员、兼职人员和义务人员组成的队伍，才能高质量地完成消防安全管理任务。

 问42：什么样的人员要接受消防业务培训？

根据《单位消防安全管理规定》，以下人员应当接受消防安全专门培训：

① 单位的消防安全责任人、消防安全管理人；

② 专、兼职消防管理人员；

③ 消防控制室的值班、操作人员；

④ 其他依照规定应当接受消防安全专门培训的人员。

单位应当组织新上岗和进入新岗位的员工进行上岗前的消防安全培训。

 问43：消防业务培训有哪些原则？

（1）理论联系实际。这是我国消防安全管理人员教育的一条成功经验及行之有效的方法。其主要要求是，在教学中将理论学习和案例分析相结合，加强实践性教学环节，使学员自觉地将理论付诸实践，指导消防安全管理实践。

（2）学用一致。培训的目的，是为了提高消防安全管理人员的政治、法律以及专业素质，充分发挥其聪明才智。只有教育培训和使用合一，才能够使消防安全管理人员教育培训的效果充分发挥出来。反之，学用脱节，学非所用，与本系统本单位的实际不符，不仅会造成人力、物力以及财力上的浪费，而且也失去了教育培训的实际意义。特别是对兼职和义务消防队员的短期岗位培训，由于时间短，必须精炼教育的内容，做到学以致用。

（3）按需施教。消防教育培训工作，必须依据社会、经济发展对消防安全管理的需要和各个实际岗位的不同情况确定教育培训内容。其主要的要求就是从不同行业、部门的人员以及实际需要出发，本着缺什么补什么、干什么学什么的原则，精心组织，力求节约、讲求实效，避免克服单纯追求培训指标、培训数量的现象。

（4）严格科学。提高消防安全管理人员的政治及业务素质是教育培训的根本目的，在教育培训工作中，应严格执行培训规划、计划，使教育培训循序渐进，逐步提高。所以要保证教学规定的任务、内容，确保训练质量。要实现这个目标，确保取得实效，重要的是：一要制订周密的教学计划，采取灵活方法，选择切合实际的内容，将培训效果与使用挂钩；二是要注重培训场所和师资选定，严格培训纪律，严格考核制度，将考核结果作为使用消防安全管理人员和职工上岗的重要依据之一。

问44： 消防安全管理人员需要经过哪些培训？

培训消防安全管理人员，必须坚持"面向现代化、面向世界、面向未来"。面向现代化，就是制订培训规划、安排培训内容的时候，要着眼于保卫国家现代化建设的需要，着眼于提高消防安全管理素质的需要。面向世界指的是在培训消防安全管理人员时，要吸收借鉴世界各国消防安全管理的经验及先进的警用科学技术，开拓消防安全管理人员的眼界，敢于迎接挑战。面向未来，就是在培训消防安全管理人员时，要有战略眼光，不仅要看到目前消防安全管理工作的要求，还要看到将来的社会发展和变革对消防安全管理人员的需要。

消防管理人员的培训内容，必须遵循上述的培训目的及方向来安排，主要是：马列主义的基本理论，党的路线、方针、政策，以及消防管理工作的有关专业知识、管理知识及科学技术知识等，要做到学用一致，讲究实效。依据《单位消防安全管理规定》，宣传教育与培训内容应当包括：

① 有关消防法规、消防安全制度以及保障消防安全的操作规程；

② 本单位、本岗位的火灾危险性及防火措施；

③ 有关消防设施的性能、灭火器材的使用方法；

④ 报火警、扑救初起火灾以及自救逃生的知识与技能。

公众聚集场所应当至少每半年进行一次对员工的消防安全培训，培训的内容还应当包括组织、引导在场群众疏散的知识及技能。

（1）政治思想教育培训。加强政治思想教育，就是要提高消防管理人员的政治素质与思想素质。包括：

① 马列主义毛泽东思想的基本理论、邓小平建设有中国特色社会主义理论与"三个代表"重要思想教育；

② 党和国家关于消防安全管理的方针及政策的教育；

③ 消防管理科学的理论教育；

④ 为人民服务宗旨及为消防安全管理事业的奉献教育；

⑤ 组织纪律及职业道德教育。

（2）法制教育培训。法制教育是使消防安全管理人员牢固树立社会主义法制观念和增强遵纪守法的自觉性。

① 传授法律知识。使消防安全管理人员全面并且系统地了解有关消防安全管理的法律、法规，在消防安全管理中能够自觉地、主动地去宣传消防安全管理的法律与法规。

② 增强法律意识，使消防安全管理人员在理解法律知识的基础上，针对于本系统、本单位员工的思想状况、工作实际，开展消防管理，检查执行消防安全管理执法情况，整改火险隐患，模范执行国家的法律法规，力争做到有法必依、执法必严、违法必究。

（3）消防业务培训。消防业务培训的目的就是提高消防安全管理人员的业务素质和执法水平。

① 要全面掌握国家关于消防安全管理的法律、法规以及各项

消防规章制度，同时，要兼学有关公安业务中的刑事侦查、治安管理、内保以及文保等专业知识，为做好消防安全管理奠定良好的基础。

② 要全力推进全员实践技能，通过现代消防科学技术培训，掌握各种现代化的消防设施的使用和操作。尤其要通过培训解决培训人员知识能力脱离消防实际，综合技战术水平和处置紧急、复杂消防局面的能力与现实工作不适应等问题，做到"向教育训练要素质、向实战技能培训要战斗力"的指导思想，利用培训，使消防安全管理人员的宗旨意识、服务意识得到强化，应变处置能力和实战本领得以增强，专、兼职消防人员和员工整体作战能力进一步提高，为完成消防管理任务提供强有力的保障。

（4）知识更新培训。知识更新培训就是要对全体消防安全管理人员进行知识更新的教育，利用培训，使消防安全管理人员不断掌握、补充新的理论、方法以及技术，以适应本岗位工作的需要。培训的重点要结合消防安全管理人员的实际岗位所需新技术、新知识、新方法及本职工作应知应会的内容。

问45：如何来考核消防管理人员？

（1）考核的重要性。对消防管理人员的考核，是机关、团体、企业以及事业单位人事工作的重要内容，是提拔任用干部的基础工作。实践证明，实行严格的考核制度是十分必要的。考核的重要性具体是：

① 有利于鼓励先进，激励、鞭策后进；

② 有利于提高消防管理人员的素质；

③ 有利于消防安全管理人员各尽所能、尽职尽责。

考核应当同消防安全管理人员的任用、升迁、晋级联系起来，形成制度，定期考核、晋级，将竞争机制引入消防安全管理队伍中来，使消防安全管理人员的工作及学习都经常处于竞争之中。

（2）考核的内容

① 考核的要求。考核要坚持客观、全面、公平以及合理，以求正确地反映消防管理人员的实际情况，切忌主观片面性及感情用

事。在全面综合考核中既要看完成任务的情况，又要看执行政策、法规以及遵守纪律的情况。既要看数量，又要看质量。既看本人的总结，又要听其他人和有关部门的意见。既要看工作热情，又要看思想作风。既要看不足，又要看成绩。在学业知识考核中，既要看所学知识和技能的掌握的情况，做到每学必考，又要看所学知识的运用和综合解决问题的能力考核。通过多样化的考核，来调动消防安全管理人员的学习训练的积极性，使他们在培训中丝毫不能懈怠，又能由死记硬背的考试模式中解脱出来。

② 考核的内容。考核的主要内容是：依据各自的岗位责任制进行德、能、勤、绩全面考核，但应以考绩为主。考德主要是考核工作态度与思想品质，以及执行法规、政策和有关守则、纪律的情况。考能主要是考核是否具备本职工作要求的业务知识和技能、创造性思维能力、处理实际问题的工作能力、研究问题的能力、组织指挥能力等。考勤主要是考查出勤的情况和工作态度。考绩主要考核工作效能，包括完成任务的数量、质量和效果。由于工作实绩能综合反映消防管理人员的品德、能力和贡献的大小，因此考核应以考绩为中心。对于综合考核不合格的消防安全管理人员以及专、兼职消防队员都要待岗培训，经过培训考核之后上岗工作。对于不能胜任本岗位工作的要做调离处理。

对于消防安全重点单位每名员工每年一次的培训，以及新上岗及进入新岗位的员工进行上岗前的消防安全培训，必须严格培训内容，杜绝形式主义，严肃考场风纪，经考核而不合格的员工不得上岗作业。

③ 考核的方法。考核的方法多种多样，考核的方法见表1-15。

表 1-15　考核的方法

类　别	考核的方法
消防安全管理工作中的综合考核	消防安全管理工作中的综合考核主要是根据执行岗位责任制的情况，按照所制订的考核内容和标准，采取平时考核与定期考核相结合、个人总结、群众评议与组织审定相结合的方法，有组织、有领导、有计划、有步骤地进行，做出实事求是、恰如其分的评价。消防安全管理人员不服考核结果的可在规定的期限内提出复议，复议结论为最终考核结果，并以此作为奖励与惩罚，纠正与淘汰的依据

续表

类　别	考核的方法
对于消防管理人员及其他员工业务知识的考核	对于消防管理人员及其他员工业务知识的考核要根据讲授内容、案例分析情况,突出重点、求解难点、答析疑点确定考核试题,按百分制进行考核。对于考核不合格的员工,可进行补考一次,仍不合格的员工不得从事与消防安全相关的重点工种,以确保教训培训的严肃性和规范性

1.8　消防档案管理

 问46: **消防档案起到什么作用?**

　　消防档案是记述及反映消防安全管理过程及消防情况,具有保存价值,并按照一定的归档制度集中保管起来的文件材料。消防档案是消防安全管理部门全面考察、了解及正确进行消防管理的依据。

　　消防档案是消防安全管理部门有组织、有目的开展消防工作的结果,并且在其工作中不断地得到补充。只有这样,消防档案才能够客观地反映消防安全管理的全貌,有效地为消防安全管理提供服务。

　　(1) 消防档案是考察了解单位消防安全管理的基本依据。消防档案不仅记录了消防安全管理历史活动的事实及经过,而且记录了单位消防安全管理活动的阶段和过程,为消防安全管理工作与此相关的探索性和准备性活动提供借鉴。由此可见,消防档案对人们查考以往情况,掌握相关历史资料,研究有关事物现象发展趋势,具有很广泛的参考作用。所以,加强消防档案管理,便于全面系统地掌握消防安全管理基本情况,深入、细致以及具体开展消防安全宣传教育、安全检查等各项专业服务。

　　(2) 消防档案是记载单位消防安全管理,且内容翔实及时间准确的资料。归入消防档案的各种资料,均是经过消防安全管理人员审核,有些资料还要经过规定程序和手续获得的真实可靠的材料。所以,加强消防安全管理的档案工作,就可以为有关部门提供依据,确定与管理有关的历史活动情况。

（3）消防档案单位消防安全的历史记录，在平时，可以利用它考查单位对消防工作的重视程度。发生火灾时，它可以追查火灾原因、分清事故责任并为处理责任者提供佐证材料。

（4）消防档案是考核消防安全管理人员的工作情况、业务水平以及工作能力的一种凭证。一方面，通过查阅档案，消防安全管理人员可以很快地熟悉情况并开展工作。另一方面，利用查阅消防档案，了解和掌握消防安全管理人员的业务水平。

为了充分发挥消防档案的作用，建立和做好消防档案管理工作应做好下列几项工作。

① 培训消防安全管理人员。使他们熟悉消防档案的内容，学会建档方法，并明确建档要求。

② 建立消防档案。深入实际，调查研究，按档案的内容和要求逐项填写，进行建档工作。

③ 领导组织检查验收。消防档案建好后，主管部门领导要对档案进行验收，以确保档案的质量。

问47： 消防档案应当包括的内容有哪些？

对消防档案材料进行科学分类能揭示它们之间的逻辑关系，有条理地反映消防安全管理的状况。根据《单位消防安全管理规定》及消防档案工作的实际需要，对消防档案材料，按照其内容进行分类立卷，按材料形成时间顺序装订成册，才能更好地发挥消防档案的作用。

（1）消防档案分类要求。类，是一组具有共同性质及特征的事物组合。它所反映的每个对象，都必须具有共同的基本属性。类的形成应以事物属性的相同性及同等性为条件。分类就是按照事物本质特征性的异同，把事故区别为不同的类别。消防档案内容分类，是依据消防档案内容的不同属性区分为若干类，使其构成一个有机的整体，内容条理分明、排列有序，便于查找及利用。

（2）消防档案的分类内容

① 消防安全基本情况。按照相关规定，消防安全基本情况应

当包括以下内容。

　　a. 单位基本概况和消防安全重点部位情况。

　　b. 建筑物或者场所施工、使用或者开业前的消防设计审核、消防验收以及消防安全检查的文件、资料。

　　c. 消防管理组织机构和各级消防安全责任人。

　　d. 消防安全制度。

　　e. 消防设施、灭火器材情况。

　　f. 专职消防队、义务消防队人员及其消防装备配备情况。

　　g. 与消防安全有关的重点工种人员情况。

　　h. 新增消防产品、防火材料的合格证明材料。

　　i. 灭火和应急疏散预案。

　　② 消防安全管理情况。根据规定，消防安全管理情况应当包括下列内容。

　　a. 公安消防机构填发的各种法律文本。

　　b. 消防设施定期检查记录、自动消防设施全面检查测试的报告以及维修保养的记录。

　　c. 火灾隐患及其整改情况记录。

　　d. 防火检查、巡查记录。

　　e. 有关燃气、电气设备检测（包括防雷、防静电）等记录资料。

　　f. 消防安全培训记录。

　　g. 灭火和应急疏散预案的演练记录。

　　h. 消防奖惩情况记录。

　　规定中的第 b～e 项记录，应当记明检查的人员、时间、部位、内容、发现的火灾隐患以及处理措施等；第 f 项记录，应当记明培训的时间、参加人员、内容等；第 g 项记录，应当记明演练的时间、地点、内容、参加部门以及人员等。

　　③ 消防档案的具体内容

　　a. 基本情况。主要包括单位地址、单位性质、总平面图以及建筑耐火等级，生产工艺流程、生产原材料以及成品、商品的数量、性质等，可参见表 1-16～表 1-18。

表 1-16　基本情况

单位名称			
地址			
上级主管部门			
行政负责人			
防火负责人			
保卫部门负责人			
安技部门负责人			
专职消防队	负责人		义务消防队	队数
	人数			人数
	车辆数			车辆数
	电话			电话
职工总人数		厂(库)面积/m²	
建筑面积/m²		违章建筑面积/m²	
车间数		库房数	
重点部位数		重点工种人数	

表 1-17　厂(库)区平面布置图

表 1-18　生产工艺流程图

　　b. 消防组织。主要包括单位防火负责人、防火委员会(小组)、保卫组织、专职和义务消防队以及专(兼)职消防队员名单等。见表 1-19～表 1-23。

表 1-19　防火安全委员会（或领导小组）成员名单

委员会内职务	姓名	部门	行政职务	备注

表 1-20　专、兼职防火干部名单

姓名	性别	年龄	职务或职称	工作时间	备注

表 1-21　各级各部门防火负责人名单

部门	姓名	性别	年龄	职务或职称	备注

表 1-22　企业专职消防人员名单

姓名	性别	年龄	参加工作时间	职务	消防培训情况

表 1-23　义务消防组织情况

单位名称	人数	组织形式及消防培训情况	负责人

　　c.各种消防安全制度和贯彻落实情况，见表 1-24。

　　d.各种登记表。主要包括重点工种人员、产品原料及性质、车间情况，重点部位固定火源、火险隐患登记表等，可参见表 1-25～表 1-27。

表1-24　消防安全管理制度情况

制度名称	建立、修改日期	执行情况

表1-25　重点工种人员登记表

工种	姓名	性别	年龄	消防培训情况	技术级别	备注

表1-26　产品原料及其火险性质

主要产品及其火险性质
主要原料及其火险性质

表1-27　车间情况

名称	产品	人数	建筑耐火等级	面积/m²	负责人
生产工艺 火灾危险性 预防措施					

e. 各种登记表。主要包括重点部位、仓库、固定火源、消防器材设施、火险隐患登记历次火灾登记等，可参见表1-28～表1-33。

表1-28　重点部位情况

名称	建筑耐火等级	面积/m²	职工人数	负责人
火灾危险性及预防措施				

表1-29 仓库情况

名称	建筑耐火等级	储存物资	库房面积/m²	常储价值/万元	火灾危险性预防措施	负责人

表1-30 固定火源情况

名称	部位	用途	燃料种类	消防措施	负责人

表1-31 消防器材设施情况

名称	规格	数量	设置位置及时间	运行维护情况

表1-32 火灾隐患登记

部位	隐患类别和内容	发现时间	通知形式及整改意见	确定整改时间	已整改时间及复查意见

表1-33 历次火灾登记

起火时间	起火部位	起火原因	直接财产损失/元	间接财产损失/元	死伤人数 死	死伤人数 伤	处理情况

　　f. 经常性消防安全活动情况。主要包括工作计划、情况报告、重大火险隐患通知书以及消防安全检查笔录等。

　　g. 火警火灾登记、火灾事故情况以及追查处理的有关文件资料。

h. 其他有关消防安全情况的文献资料。

（3）消防档案的立卷。各类消防信息资料通过分类之后各个类内都有相当数量的文件及各种信息资料，还要进一步系统化，将若干文件资料组成案卷，叫做立卷。

案卷是有密切联系的若干文件及信息资料的组合体，它是消防档案的保管单位。立卷的具体方法，主要是依据文件、资料综合在一起组成一个案卷。一些具有不同性质、特点以及联系不紧密的文件、资料，可以分别整理归类，纳入同一案卷，以适应不同检索途径及日常管理的需要。目前比较常见的立卷方法主要如下。

① 按问题立卷。是按照文件、资料内容记述以及反映的某方面的工作问题或涉及人、事、物等组卷。同一问题的文件、资料可以组成案卷，不同问题的文件、资料分别整理，按照类别组成案卷的单位内容。将相同问题的文件资料组合在一起，可以保持档案内容方面的历史联系，反映出一个问题的处理全貌，方便也适应利用者检索档案。消防档案是以单位消防安全管理为内容而立卷的，必须集中反映出消防安全管理的全部经历和表现。不能把不同的人、不同的事件等材料相互混杂，或分散在不同时期的材料里。要真实、全面地反映消防安全管理活动的全貌，发挥其应有的作用。

② 按时间立卷。是按照文件、资料形成的时间或者文件、资料内容针对的时间，将属于同一时期的文件、资料组合为案卷。按时间立卷，常适用于文件、资料内容针对的时间性比较强，针对的时间比较分明的文件、资料；同一类文件、资料数量较多，为了进一步组合案卷，也可采用时间立卷方法。消防档案材料归档后，消防安全管理活动仍在继续，各种文件和资料不可能一次就终止，而是随着管理的变化和管理活动的不断进行而收集补充。所以，消防档案的内容不能有时间上的断层，以保证消防档案资料内容的完整。

③ 按文种立卷。是按照文件、资料的种类，把相同的文件、资料分类组合建档。文件、资料的种类反映了文件、资料的效能和作用。按照文种立卷，较好地反映了消防安全管理的工作情况，也可以适当地区分文件、资料的重要程度及保存价值，是一种不可缺少的立卷方法。

在立卷的实际工作中，只采用一种方法立卷的单一特征的案卷一般较少，多是几种特征结合使用。立卷时还应考虑文件、资料的重要程度、保存价值和文件、资料的数量。对记录和反映消防安全管理主要职能活动及有重要查考研究价值的文件、资料应单独组卷，以便于划定保管期限以及日后的保管、移交和鉴定工作。

问48：消防档案如何管理？

消防档案管理要用科学的原则及方法进行，建立和完善管理过程的工作制度，才能使其最大限度地发挥服务作用。

（1）统一保管、备查。根据《单位消防安全管理规定》第 41 条的规定："单位应当对消防档案统一保管、备查。"单位的消防档案，采用集中统一保管、备查的方法管理。这样管理，便于材料集中，有利于维护消防档案的完整及安全，有利于保密，方便查阅，也有利于使消防档案更好地发挥作用。

在日常的管理中要做好下列几个方面的工作：

① 经常收集档案材料，并加以整理，保管档案；

② 建立消防档案登记簿或者档案索引；

③ 认真办理消防档案材料的收发、转递以及借阅登记工作；

④ 填写、排列和变动消防档案登记簿及卡片。

（2）材料收集制度。消防档案材料，就是要求消防安全管理人员把通过日常的消防安全管理已经形成的分散的档案材料收集起来，汇集成为消防档案。

收集工作同消防档案工作的其他环节有着密切的关系。消防档案材料的整理、补充、保管以及利用等工作都必须在收集工作的基础上进行。若消防档案材料收集不齐全或者不完整，就会给整理、补充工作带来很大的困难，影响到集中统一保管、备查工作的正常开展。需要的档案查阅不到，从而使消防档案工作失去了根本意义。

收集工作是一项艰苦细致的工作，不将消防档案材料收集的途径搞清，不将收集工作的方法问题解决，收集工作是难以做好的。

① 收集工作的途径

a. 建立经常性档案材料的收集制度。建立制度，强化管理，对加强消防档案管理，确保收集工作的正常开展具有重要意义。

　　b. 建立专人负责的涉及消防安全管理的各种文件、资料的收发、转递以及借阅制度。

　　c. 定期做好布置填写、整理、报送档案材料的工作，补充消防档案的内容，保证消防档案内容的完整。

　　d. 广辟档案材料来源。与本单位所有能够形成消防档案材料的有关部门建立起报送档案材料的关系，使所有的部门在日常的消防检查、巡查时形成的材料及时地报送至单位消防安全管理部门。

　　② 消防档案材料的收集方法

　　a. 定向收集。所谓定向收集，就是向一定的单位、部门收集。具体说，就是依据形成消防档案材料的特点和搜集的途径，与本单位涉及办公、党务、行政、治安、消防、安全生产等重要部门联系，收集可能形成的档案材料。为了不遗漏，可以根据本单位的实际情况进行调查了解，列出有关单位、部门的名单，逐一收集。

　　b. 按时收集。档案工作就是一项经常性的工作。收集消防档案材料不是一次、两次突击便可了事的。按时收集，是对收集时间的总要求。它包括随时收集、定期收集以及不定期收集等多种形式。随时收集是根据形成消防档案材料的时间性特点及所掌握的信息，及时收集。定期收集是按照实际情况，确定一个固定时间、收集一定阶段形成的消防档案材料。不定期收集是依据实际工作需要而进行的不定时间的收集，它有比较大的灵活性，但是时间不能相隔太久。

　　c. 追踪收集。追踪收集是依据形成消防档案材料相互联系的特点，沿着在清理、核对档案材料中或者从其他消防安全管理等方面发现的线索、踪迹进行收集的一种方法。

　　消防档案材料的收集方法多种多样，为了使各种方法行之有效，必须通过制度加以固定，使之制度化、经常化，保证消防档案材料的收集工作经常有效地开展。

　　③ 收集工作的要求。收集工作是细致繁琐的，消防安全管理人员必须有积极主动的态度及吃苦耐劳的精神，不能坐等有关单位或有关员工送材料上门，而是要做到手勤、腿勤、嘴勤、主动工

作。如果没有这种态度和精神，收集工作就不能做好。

a. 准确。准确，是指消防档案材料收集的范围、内容要准确。从数量上，要严格按归档范围去收集材料；从质量上，收集的材料内容必须真实可靠，不得收集无中生有、虚假不实或弄虚造假的材料。

b. 及时。及时指的是消防档案材料的收集要有时间观念，及时收集归档，使消防档案的内容经常保持完整状态。若收集工作拖拖拉拉，就会使档案经常处理老化及短缺的状态，从而影响对消防安全管理的全面了解。

c. 细致。要细致，必须认真。不认真，就难以细致。认真细致是一个工作态度及工作作风问题，它要求消防安全管理人员在收集工作中要认真负责，一丝不苟，不允许粗枝大叶、马马虎虎，否则，就会造成消防档案的错漏和混杂，使收集工作不准确，从而影响整个消防档案工作。

（3）材料鉴定制度。消防档案材料的鉴定，是对收集上来的档案材料进行归档之前的最后一次检查、判断，从而做出取舍的决定，或转递有关部门处理。

鉴别消防档案材料是决定材料取舍的关键。收集到消防档案的材料有些是零散而复杂的，有些属于有保存使用价值的档案材料内容，有的无保存使用价值。而对这些材料，只有通过认真细致的审查及鉴别，才能了解每份材料的真伪、价值和内容，知道哪些材料应该归档，哪些材料应当销毁。同时，通过鉴别，使归档材料更加精练、真实，便于保管及利用。若忽视了这个环节，把所有文件、材料统统归档，不仅使消防档案内容庞杂，还会给保管及备查带来不便。为了确保消防档案的精练和实用，认真细致地进行材料鉴别是十分重要的。

① 鉴别材料的原则。鉴别消防档案材料是一项复杂的、政策性很强的工作，应遵循下列原则。

a. 坚持实事求是的原则。在消防档案材料鉴别工作中，坚持这一原则，要求判定材料的价值，确定材料的取舍，要以消防管理的法律、法规以及各种规章制度为依据。要充分体现出对消防安全管理高度负责的精神，确定材料的取舍，均有充分的依据、理由，不得随心所欲，任意杜撰。

b. 坚持具体情况具体分析的原则。为了客观地评价及鉴别消防档案材料，消防安全管理人员要对收集到的文件资料做出符合实际的分析和评价。尤其是在不同时期、不同环境、不同人员的条件下，记述和反映的情况，会有很大的差别。所以，在材料的鉴别工作中，必须坚持具体情况具体分析的原则，客观地分析及评价材料的内容。

② 鉴别消防档案材料的方法

a. 判断材料是否属于消防档案内容。在消防档案工作中，因为制度不健全和其他原因，收集到的消防档案的内容材料，有的属于消防档案材料，有的不属于消防档案材料。鉴别工作的任务之一，就是将二者加以区别，属于消防档案的材料及时归档；不属于消防档案的材料及时剔除，或者转有关部门处理。

b. 核对材料是否属于同一类的档案材料。消防档案要分类进行立卷归档，归档的每一份材料都必须是同类，必须是一个独立的个案，防止发生张冠李戴的错误，属于同类，但时间不相同的都应分别立卷，不能并卷，尤其是涉及人员的材料，不能与人事档案相混淆。

c. 查明材料是否应归档。凡是归入档案的材料，应该是处理完毕的。涉及重大问题和其他正在工作中的文件材料以及待查材料，均应视为不应归档材料，应在工作完毕之后或转有关部门查清后再行归档。一些问题很难查清的，应从消防档案中撤出，并立待查问题专卷，以备查考。

d. 检查材料是否完整。归入档案的材料应该是完整的，否则即会降低消防档案的使用价值。检查材料完整与否的目的，是为了发现问题，及时补救，以维护消防档案的完整性。

在检查过程中，要注重材料之间的内在联系，不能割裂。若在鉴别中发现材料不全，应及时补齐，以确保档案材料的完整。对每一份单行文件材料，要注重其完整性。发现内容不全、缺页以及残页等情况，要及时处置。

e. 判定材料是否有保存价值。归入档案的材料一定要真实地反映本单位消防安全管理的基本情况及现实表现，对没有价值的材料以及不准确的不能说明问题，起不到证明作用的材料，应及时予以剔除，不予归档。

（4）材料整理制度。消防档案材料的整理，就是把收集到的并经过鉴别的档案材料，按一定的规则、方法和程序，以独立的单位进行分类、排列、登记目录、技术加工以及装订，使之转化为消防档案。

① 档案材料整理的意义

a. 它是使消防档案材料化为消防档案的重要条件之一。没有经过整理的、零散的消防档案材料，只能为构成消防档案的因素，而不是科学意义的档案。

b. 收集到消防档案材料，经过鉴别加以整理，在利用、取放、查阅以及传递过程中，才不易搞乱和丢失。

c. 经过整理立卷，才能为保管及利用档案创造方便的条件。

d. 经过整理，可以了解和检查收集工作有无遗漏和重复，鉴别工作准确与否，从而促进收集工作，提高鉴别工作的质量。

e. 经过整理，才能适应消防档案现代化科学管理的要求。消防档案不进行科学的分类及排列，就难以编制各种检索工具，也不利于计算机的存储及检索。

② 档案材料整理工作的程序

a. 鉴别。是对收集上来的档案材料，进行归档之前的最后一次检查及判断，从而做出取舍决定。鉴别时，首先要看材料是否属于消防档案材料，是否对今后工作有参考使用价值。其次是判断是否完整及准确，符合归档条件。对于材料不完整，或者手续、证据不齐全的都要重新进行收集，确保消防档案材料的完整及准确。

b. 分类。是将消防档案的全部材料有条理地划分成统一的若干类别，并且系统地组织起来，从而能够全面地反映消防安全管理的情况。类别划分后，还要把各类中的材料按一定的顺序排列起来，以便有条理、系统地反映各类内容。排列可以按照时间顺序排列，也就是以材料形成的时间先后顺序排列；还可以按问题结合时间排列。在一个类中有几个问题的材料，按照不同的问题类别分别排列。

c. 登记目录和复核。登记目录及复核是归档前的最后一个程序。登记时，首先应填写类属号，也就是按这些目录属于哪一类内容，并按照档案材料顺序，编出序号。然后填写材料名称，在必要时，还可以选择材料标题，也可概括出材料的内容文字要简练。最后要写上材料的形成时间、页数以及份数。

目录登记完后，还必须进行一次全面的复查及审核。复核时主要检查项目包括：鉴别材料是否准确；有无各种佐证材料；归档材料是否符合有关立卷归档要求；材料分类、排列合理与否；目录登记等工作是否符合规范要求。

③ 档案整理工作的要求。整理工作的要求，总的说就是使档案达到完整、真实、精练以及实用。

a. 完整。完整包括三层意思：一是要反映消防安全管理的基本情况材料，要完整无缺地归入消防档案；二是每项材料要求完整，不能缺项、漏项以及出现差错；三是所有档案材料要完好无损。

b. 真实。真实指的是消防档案材料的内容符合消防安全管理工作的实际情况，不得弄虚作假。

c. 精练。精练是指在完整真实的基础上剔除那些没有归档价值或者与消防安全管理工作无关的材料，力求内容精干、简洁以及集中。

d. 实用。实用是指档案材料的分类、排列以及目录登记等应该科学、规范，方便使用，能够提高查准率和查找速度。

（5）档案的保管制度。消防档案保管为消防档案工作的重要任务之一。档案是物质的东西，任何物质的东西，都有产生、发展、变化以及消亡的过程。消防档案随着时间的推移和各种不利因素的影响，也会不断地损毁，做好消防档案保管工作，可以防止及限制档案的损坏、丢失，最大限度地延长档案的寿命。

① 消防档案保管工作的内容

a. 根据有关部门规定的范围及原则，进行消防档案保管，并编号、排列、存放以及建立底账。

b. 负责档案的收转和登记。

c. 经常或定期对消防档案进行检查，根据检查中发现的问题，及时进行整改，保证档案完整安全。

d. 根据消防档案的保护要求，将消防档案置放在一个安全可靠有保障的环境中，避免人为因素和自然因素的损害。

e. 严格执行保管、保密，制止、防止丢失、泄密，保证消防档案的机密安全。

f. 编制各种类检索工具，为及时有效地使用消防档案提供方便。

② 消防档案保管工作的要求。消防档案出现损毁的原因主要有人为因素与自然因素两个方面。人为因素指的是由于消防档案工作制度不健全，消防档案管理人员的疏忽以及有关使用者的不爱护等原因，造成消防档案材料丢失、沾污以及撕裂。对这种人为因素造成的损害要采取措施加以杜绝。

a. 要建立健全各项规章制度，明确消防档案管理人员的职责，凡保管的消防档案，均应在登记册上逐个进行登记。

b. 档案管理人员每半年要核对一次本单位所管辖的消防档案，发现损毁，及时修补；发现缺少，及时查找。

对于由自然因素导致的损毁也应采取相应的措施控制温度、湿度，经常检查防火、防晒、防潮的设施及安全措施。

（6）档案的使用制度。消防档案工作的宗旨，就是开发消防档案的信息资源，提供档案信息为消防安全管理服务。

① 查阅。查阅就是使用者在消防档案管理机关或者指定的地点查阅所需要了解、消防档案内容。查阅前，要注意审核借阅者的身份情况，询问阅档的理由，从而确定该不该提供或提供消防档案的哪一部分内容。查阅后，要把使用完毕的消防档案收回、清点以及检查后送回原存放处。同时，做好借阅登记工作。

② 借用。在特殊情况，消防管理部门或上级主管部门，可借出消防档案查阅。凡属以下情况之一，按规定办理借阅手续后，可借出使用。

a. 消防安全管理部门对于本单位消防安全管理的某些活动进行审核时需要借用消防档案的。

b. 公安机关对火灾事故查处过程需要了解消防档案内容，借用消防档案的。

c. 上级主管部门或分管治安及消防工作的职能部门，需要借用消防档案的。

d. 本单位的组织或者部门，需要借用消防档案的。

e. 其他一些特殊情况，需要借用消防档案的。消防档案的使用，是一项政策性很强的工作，在使用过程中要遵守以下要求。

第一，查阅或借阅消防档案的单位或个人应按单位查阅档案的办法及规定，办理借阅手续。

第二，查阅或借阅档案时，要严禁涂改、圈点以及撤换档案材料。

第三，查阅或借阅档案，要遵守查阅制度和保密制度，查阅人员不得向无关人员传播或者向外公布消防档案的内容。

第四，查阅者必须在消防档案室或者指定的地方查阅，确保档案材料不受损坏。

1.9　消防安全责任

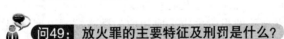

问49：　放火罪的主要特征及刑罚是什么？

放火罪，是指行为人故意放火焚烧公私财物，危害公共安全的行为。

（1）放火罪的主要特征

① 本罪的主体是一般主体。年满14周岁、具有刑事责任能力的自然人都可成为本罪的主体。

② 本罪的客体是公共安全。只要行为人实施了放火行为，足以危害公共安全，即使没有造成严重后果，也构成本罪。

③ 主观方面是故意。行为人希望或放任自己的行为可能发生危害社会的结果。从主观意愿来看，行为人是希望火灾发生的，或对火灾的发生持放任态度。

④ 客观方面表现为行为人直接实施了放火行为。放火罪是行为犯，不以产生严重后果为要件。

（2）放火罪的刑罚。根据《刑法》第114条、第115条第1款，对放火罪的处刑是：尚未造成严重后果的，处3年以上10年以下有期徒刑；致人重伤、死亡或者使公私财产遭受重大损失的，处 10 年以上有期徒刑、无期徒刑或者死刑。

 问50： **失火罪的主要特征及刑罚是什么？**

失火罪，是指行为人过失引起火灾，造成严重后果，危害公共安全的行为。

（1）失火罪的主要特征

① 本罪的主体是一般主体。年满 16 周岁、具有刑事责任能力的自然人均可成为本罪的主体。

② 本罪的客体是公共安全。

③ 主观方面是过失。行为人应当预见自己的行为可能发生危害社会的结果，但由于疏忽大意没有预见或已经预见而轻信能够避免，以致造成严重后果。从主观意愿来看，行为人是不愿意火灾发生的，若对火灾的发生持放任态度，则属于间接故意的范畴，就构成了放火罪。

④ 客观方面表现为行为人的行为直接导致了火灾的发生，并且造成了严重后果。

（2）失火罪的刑罚。根据《刑法》第 115 条第 2 款规定，对失火的处刑是：处 3 年以上 7 年以下有期徒刑；情节较轻的，处 3 年以下有期徒刑或者拘役。

 问51： **消防责任事故罪的主要特征及刑罚是什么？**

消防责任事故罪，指的是违反消防管理法规，经公安机关消防监督机构通知采取改正措施而拒绝执行，造成严重后果的行为。

（1）消防责任事故罪的主要特征

① 本罪的主体为一般主体。年满 16 周岁、具有刑事责任能力的自然人均可成为本罪的主体。

② 本罪的客体为公共安全。

③ 主观方面为过失。行为人对火灾发生存在过失，由于疏忽大意没有预见或已经预见而轻信能够避免，但对于违反消防管理法规，经消防监督机构通知采取改正措施而拒绝执行则是明知的。

④ 客观方面表现为违反消防管理法规，经公安机关消防监督机构通知采取改正措施而拒绝执行，造成严重后果。此处的"消防管理法规"包括法律、行政法规、地方性法规、国务院部门规章以及地方政府规章。"严重后果"指的是造成人员伤亡或者使公私财物遭受严重损失。

（2）消防责任事故罪的刑罚。根据《刑法》第139条规定，对消防责任事故罪的处刑是：造成严重后果的，对直接责任人员处3年以下有期徒刑或者拘役；后果特别严重的，处3年以上7年以下有期徒刑。

问52: 哪些犯罪与消防管理有关？

除放火罪、失火罪以及消防责任事故罪以外，《刑法》中规定的下列几种犯罪也与消防管理有关。

（1）重大责任事故罪

① 概念：在生产、作业中违反有关安全管理的规定，因而发生重大伤亡事故或者造成其他严重后果的行为。

② 刑罚：处3年以下有期徒刑或者拘役；情节特别恶劣的，处3年以上7年以下有期徒刑。

（2）强令违章冒险作业罪

① 概念：在生产、作业中违反有关安全管理的规定，因而发生重大伤亡事故或者造成其他严重后果的行为。

② 刑罚：处3年以下有期徒刑或者拘役；情节特别恶劣的，处3年以上7年以下有期徒刑。

（3）重大劳动安全事故罪

① 概念：安全生产设施或者安全生产条件不符合国家规定，因而发生重大伤亡事故或者造成其他严重后果的行为。

② 刑罚：对直接负责的主管人员和其他直接责任人员，处3年以下有期徒刑或者拘役；情节特别恶劣的，处3年以上7年以下有期徒刑。

（4）大型群众性活动重大安全事故罪

① 概念：举办大型群众性活动违反安全管理规定，因而发生

重大伤亡事故或者造成其他严重后果的行为。

② 刑罚：对直接负责的主管人员和其他直接责任人员，处 3 年以下有期徒刑或者拘役；情节特别恶劣的，处 3 年以上 7 年以下有期徒刑。

（5）危险物品肇事罪

① 概念：违反爆炸性、易燃性、放射性、毒害性、腐蚀性物品的管理规定，在生产、储存、运输、使用中发生重大事故，造成严重后果的行为。

② 刑罚：造成严重后果的，处 3 年以下有期徒刑或者拘役；后果特别严重的，处 3 年以上 7 年以下有期徒刑。

（6）不报、谎报安全事故罪

① 概念：负有报告职责的人员在安全事故发生后，不报或者谎报事故情况，贻误事故抢救，情节严重的行为。

② 刑罚：情节严重的，处 3 年以下有期徒刑或者拘役；情节特别严重的，处 3 年以上 7 年以下有期徒刑。

（7）生产、销售假冒伪劣产品罪

① 概念：生产者、销售者在产品中掺杂、掺假，以假充真，以次充好或者以不合格产品冒充合格产品，销售金额较大的行为。

② 刑罚：销售金额 5 万元以上不满 20 万元的，处 2 年以下有期徒刑或者拘役，并处或者单处销售金额 50％以上 2 倍以下罚金；销售金额 20 万元以上不满 50 万元的，处 2 年以上 7 年以下有期徒刑，并处销售金额 50％以上 2 倍以下罚金；销售金额 50 万元以上不满 200 万元的，处 7 年以上有期徒刑，并处销售金额 50％以上 2 倍以下罚金；销售金额 200 万元以上的，处 15 年以上有期徒刑或者无期徒刑，并处销售金额 50％以上 2 倍以下罚金或者没收财产。

（8）生产销售不符合安全标准的产品罪

① 概念：生产不符合保障人身、财产安全的国家标准、行业标准的电器、压力容器、易燃易爆产品或者其他不符合保障人身、财产安全的国家标准、行业标准的产品，或者销售明知是以上不符合保障人身、财产安全的国家标准、行业标准的产品，造成严重后果的行为。

② 刑罚：造成严重后果的，处 5 年以下有期徒刑，并处销售

金额 50% 以上 2 倍以下罚金；后果特别严重的，处 5 年以上有期徒刑，并处销售金额 50% 以上 2 倍以下罚金。

（9）妨碍公务罪

① 概念：以暴力、威胁方法阻碍国家机关工作人员依法执行职务的行为。

② 刑罚：处 3 年以下有期徒刑、拘役、管制或者罚金。

（10）滥用职权、玩忽职守罪

① 概念：国家机关工作人员滥用职权或者玩忽职守，致使公共财产、国家和人民利益遭受重大损失的行为。

② 刑罚：处 3 年以下有期徒刑或者拘役；情节特别严重的，处 3 年以上 7 年以下有期徒刑。

 问53： **消防行政设定了哪些处罚？**

2008 年新修订的《消防法》设定了警告、罚款、拘留、责令停产停业（停止施工、停止使用）、没收违法所得、责令停止执业（吊销相应资质、资格）6 类行政处罚。同 1998 年《消防法》相比，增加了责令停止执业（吊销相应资质、资格）行政处罚，对一些严重违反消防法规的行为尤其是危害公共安全的行为增设了拘留处罚，增强了法律威慑力。

 问54： **消防行政处罚主体有哪些？**

（1）《消防法》规定的行政处罚，除另有规定外，由公安机关消防机构决定。

（2）拘留处罚由县级以上公安机关依照《中华人民共和国治安管理处罚法》（以下简称《治安管理处罚法》）的有关规定决定。

（3）责令停产停业，对经济和社会生活影响较大的，由公安机火消防机构提出意见，并由公安机关报请当地人民政府依法决定。

（4）生产、销售不合格消防产品或者国家明令淘汰消防产品的，由产品质量监督部门或者工商行政管理部门依照《中华人民共和国产品质量法》的规定从重处罚。

（5）消防技术服务机构出具虚假文件的，责令改正，处 5 万元以上 10 万元以下罚款，并对直接负责的主管人员和其他直接责任人员处 1 万元以上 5 万元以下罚款；有违法所得的，并处没收违法所得；给他人造成损失的，依法承担赔偿责任；情节严重的，由原许可机关依法责令停止执业或者吊销相应资质、资格。

 问55：消防行政处罚的一般规定有哪些？

（1）公安机关消防机构依法做出行政处罚决定时，应当告知当事人履行行政处罚决定的期限和方式，当事人应当在规定期限内予以履行。

（2）当事人逾期不履行行政处罚决定的，做出行政处罚决定的公安机关消防机构可以采取下列措施：

① 到期不缴纳罚款的，每日按罚款数额的 3% 加处罚款；

② 根据法律规定，将查封、扣押的财物拍卖或者将冻结的存款划拨抵缴罚款；

③ 申请人民法院强制执行。

问56：消防行政如何执行处罚罚款？

（1）公安消防机构做出罚款决定，被处罚人应当自收到行政处罚决定书之日起 15 日内，到指定的银行缴纳罚款。

（2）当事人确有经济困难，需要延期或者分期缴纳罚款的，经当事人申请和行政机关批准，可以暂缓或者分期缴纳。

（3）当场收缴罚款的法定情形

① 对违法行为人当场处 20 元以下罚款的。

② 在边远、水上、交通不便地区，被处罚人向指定银行缴纳罚款确有困难，经被处罚人提出的；此情形，办案人员应要求被处罚人签名确认。

③ 被处罚人在当地没有固定住所，不当场收缴事后难以执行的。

问57：消防行政处罚行政拘留如何执行？

（1）对被决定行政拘留人，由做出决定的公安机关送达拘留所执行，对抗拒执行的，可以使用约束性警械。

（2）被处罚人不服行政拘留决定，申请行政复议、提起行政诉讼的，可以向公安机关提出暂缓执行行政拘留的申请。公安机关认为暂缓执行行政拘留不致发生社会危险的，由被处罚人或者其近亲属提出符合法定条件的担保人，或者按每日行政拘留200元的标准交纳保证金，行政拘留处罚决定可以依法暂缓执行。

 问58：违反消防法律法规的具体行为类型有哪些？

当事人违反法律设定的消防义务或工作职责应当承担相应的法律后果，《消防法》专章规定了违反消防法律法规的具体行为及应受处罚类型，主要有以下9类。

（1）建设工程及公众聚集场所程序类

① 未经消防设计审核或者审核不合格擅自施工。《消防法》第11条规定："国务院公安部门规定的大型的人员密集场所和其他特殊建设工程，建设单位应当将消防设计文件报送公安机关消防机构审核。"对大型人员密集场所及一些特殊建设工程的消防设计进行审核，目的是在建筑设计中采取各种消防技术措施，保证此类建设工程的消防安全，严把消防设计源头关，消除先天性火灾隐患。此类建设工程未依法审核或者经审核不合格，擅自施工，根据《消防法》第58条第1款第1项，应当依法责令停止施工，并处3万元以上30万元以下罚款。

② 消防设计抽查不合格不停止施工。除大型人员密集场所及其他特殊建设工程外，按照国家工程建设消防技术标准需要进行消防设计的建设工程，应当把消防设计文件报公安机关消防机构备案。对报备案的消防设计文件，公安机关消防机构抽取一部分建设工程进行消防设计审查。经抽查不合格的，应当停止施工。建设单位和施工单位可及时改正不合格的消防设计，不需要进行处罚。但是对经抽查不合格仍不停止施工，不进行整改，无视消防安全的行

为，应依据《消防法》第 58 条第 1 款第 2 项，责令停止施工，并处 3 万元以上 30 万元以下罚款。

③ 未经消防验收或者消防验收不合格擅自投入使用。《消防法》第 13 条规定，对于国务院公安部门规定的大型人员密集场所及其他特殊建设工程竣工后，建设单位应当向公安机关消防机构申请消防验收，未经消防验收或者消防验收不合格的，禁止投入使用。消防验收是为了确保建设工程的消防设计得以落实，保证建设工程投入使用前符合消防安全条件。未经消防验收或者验收不合格，擅自使用的，根据《消防法》第 58 条第 1 款第 3 项，应当责令停止使用，并处 3 万元以上 30 万元以下罚款。

④ 投入使用后抽查不合格不停止使用。对于报竣工验收备案的建设工程，公安机关消防机构抽查发现消防施工不合格的，应先通知建设单位停用，对拒不停止使用的，依据《消防法》第 58 条第 1 款第 4 项，依法责令停止使用，并处 3 万元以上 30 万元以下罚款。

⑤ 未经消防安全检查或者检查不合格擅自投入使用和营业。公众聚集场所面向社会公众开放，人员众多，一旦发生火灾，易导致重大人员伤亡或者财产损失，影响社会稳定，所以《消防法》规定公众聚集场所在投入使用、营业前，建设单位或者使用单位应当向场所所在地的县级以上地方人民政府公安机关消防机构申请消防安全检查。未经消防安全检查或者经检查不符合消防安全要求的，不得投入使用、营业。违反本规定的，依据《消防法》第 58 条第 1 款第 5 项，责令停止使用或者停产停业，并处 3 万元以上 30 万元以下罚款。

⑥ 未进行消防设计备案或者竣工验收消防备案。根据《消防法》第 10 条、第 12 条、第 13 条规定，按照国家工程建设消防技术标准需要进行消防设计的建设工程，除大型人员密集场所及其他特殊建设工程外，建设单位均应当自取得施工许可之日起 7 个工作日内，上报消防设计文件公安机关消防机构备案，并在竣工验收后将验收结果报公安机关消防机构备案。未依法进行备案的，依据《消防法》第 58 条第 2 款，责令限期改正，并处 5000 元以下罚款。

（2）建设工程质量类

① 违法要求降低消防技术标准设计与施工。消防技术标准属于国家强制性标准，任何单位及人员都不得降低消防技术标准进行设计、施工。建设单位违法要求设计单位或施工企业降低消防技术标准设计、施工的，依据《消防法》第59条第1项，责令改正或者停止施工，并处1万元以上10万元以下罚款。

② 不按照消防技术标准强制性要求进行消防设计。建设工程的设计单位应对其设计质量负责，不能出于市场竞争的目的或为了经济利益，或按照建设单位的非法要求，不依照消防技术标准的强制性要求进行设计，有此违法行为者，依据《消防法》第59条第2项，应责令改正，处1万元以上10万元以下罚款。

③ 违法施工降低消防施工质量。建筑施工企业应当对建设工程施工质量负责。一些施工企业往往迫于建设单位压力，或出于获取更多经济利益的考虑，在施工过程中不按照设计文件或者消防技术标准施工，使用不合格材料，甚至偷工减料，给建设工程质量安全带来诸多隐患，对此违法行为，依据《消防法》第59条第3项，应当责令改正或责令停止施工，并处1万元以上10万元以下罚款。

④ 违法监理降低消防施工质量。建设工程监理单位代表建设单位对施工质量进行监理，对施工质量承担监理责任，如果监理单位与建设单位、建筑施工企业串通，弄虚作假，建设工程施工质量就难以保证，会导致先天性隐患，依据《消防法》第59条第4项，对此应当责令改正，处1万元以上10万元以下罚款。

（3）消防设施、器材、标志类

① 消防设施、器材及消防安全标志配置、设置不符合标准。消防设施、器材以及消防安全标志是单位预防火灾和扑救初起火灾的重要工具，必须符合国家标准、行业标准，才能保证消防设施、器材及消防安全标志发挥应有的作用。违反本规定的，依据《消防法》第60条第1款第1项，责令改正，并处以5000元以上5万元以下罚款。

② 消防设施、器材及消防安全标志未保持完好有效。消防设施、器材以及消防安全标志按照国家标准、行业标准配置、设置后，单位还应当建立维护保养制度，确定专人负责，保证完好有效。未保持完好有效的，依据《消防法》第60条第1款第1项，

责令改正，处 5000 元以上 5 万元以下罚款。

③ 损坏、挪用、擅自停用、拆除消防设施及器材。消防设施、器材在预防火灾及初起火灾扑救、控制火灾蔓延以及保护人员疏散方面发挥着关键作用，消防设施与器材被人为损坏、挪用、擅自停用以及拆除现象目前还相当普遍，一旦发生火灾，就失去了应有的效用，影响到火灾扑救，导致火灾蔓延。对此，依据《消防法》第 60 条第 1 款第 2 项和第 2 款，单位违反本规定，应当责令改正，处 5000 元以上 5 万元以下罚款，个人违反本规定，应当责令改正，处警告或者 500 元以下罚款。

（4）通道、出口、消火栓、分区以及防火间距类。疏散通道、安全出口等疏散设施是火灾发生时人员疏散逃生的"生命之门"，消防车通道是供消防人员与消防装备到达建筑物的必要设施，防火间距是阻止建筑火灾蔓延扩大的重要保障，消火栓是扑救火灾时的重要供水装置，既包括室内消火栓，也包括室外消火栓。这些设施、装置被堵塞、占用或埋压、圈占、遮挡，以及人员密集场所门窗设置影响逃生、救援的铁栅栏、广告牌等障碍物，必将危及其原有功能，在火灾发生时极易造成重大人员伤亡和财产损失。《消防法》将此类行为列为社会单位及个人的基本消防义务，依据《消防法》第 60 条第 1 款第 3～6 项和第 2 款，单位违反本义务的，责令改正，处 5000 元以上 5 万元以下罚款，个人违反本规定的，处警告或者 500 元以下罚款。经责令改正拒不改正的，由公安机关消防机构组织强制执行，所需费用由违法行为人承担。此类行为主要包括下列几种：

① 损坏、挪用或者擅自拆除、停用消防设施、器材的；

② 占用、堵塞、封闭疏散通道、安全出口或有其他妨碍安全疏散行为的；

③ 埋压、圈占、遮挡消火栓或者占用防火间距的；

④ 占用、堵塞、封闭消防车通道，妨碍消防车通行的；

⑤ 人员密集场所在门窗上设置影响逃生和灭火救援的障碍物的。

（5）易燃易爆、"三合一"场所管理类。近年来，随着我国经济社会的快速发展，"三合一"场所也大量涌现，这类场所的消防安全条件同建筑使用性质不相适应，具有较高火灾危险性，火灾事故易发、多发，导致了大量人员伤亡。为有效预防"三合一"场所火灾发生，公安部制定了公共安全行业标准《住宿与生产储存经营合用场所消防安全技术要求》（GA 703—2007），易燃易爆危险品场所、其他场所与居住场所设置必须符合消防技术标准的特定要求。违反相关规定的，依据《消防法》第61条，责令停产停业，并处 5000 元以上 5 万元以下罚款。此类行为主要有下列几种：

① 生产、储存、经营易燃易爆危险品的场所与居住场所设置在同一建筑物内，或者未与居住场所保持安全距离的；

② 生产、储存、经营其他物品的场所与居住场所设置在同一建筑物内，不符合消防技术标准的。

（6）违反社会管理类。此类规定是自然人违反相关消防安全管理规定，应当给予行政处罚的行为，有的属于《治安管理处罚法》中已经涵盖了一些消防安全管理的违法行为，有的属于《消防法》规定的违法行为。依据《消防法》与《治安管理处罚法》的规定，对下列行为，应当给予警告、罚款或者拘留的处罚：

① 违法生产、储存、运输、销售、使用以及销毁易燃易爆危险品；

② 非法携带易燃易爆危险品；

③ 虚构事实扰乱公共秩序（谎报火警）；

④ 阻碍特种车辆通行（消防车及消防艇）；

⑤ 阻碍执行职务；

⑥ 违反规定进入生产、储存易燃易爆危险品场所；

⑦ 违反规定明火作业；

⑧ 指使、强令他人冒险作业；

⑨ 在具有火灾、爆炸危险场所吸烟、使用明火；

⑩ 过失引起火灾；

⑪ 阻拦、不及时报告火警；

⑫ 拒不执行火灾现场指挥员指挥；

⑬ 扰乱火灾现场秩序；

⑭ 故意破坏、伪造火灾现场；

⑮ 擅自拆封、使用被查封场所、部位。

（7）消防产品、电气、燃气用具类

① 人员密集场所使用不合格及国家明令淘汰的消防产品逾期未改。人员密集场所是消防工作重点，关系到公共消防安全。人员密集场所使用的消防产品质量符合要求与否，在发生火灾时能否发挥应有的功效，对于有效扑救初起火灾，降低火灾危害以及保护人民群众生命财产安全至关重要。《消防法》修订时将人员密集场所使用不合格消防产品或国家明令淘汰的消防产品，列为公安机关消防机构责令限期改正内容，对于逾期不改正的，依据《消防法》第 65 条第 2 款，处 5000 元以上 5 万元以下罚款，并对其直接负责的主管人员和其他直接责任人员处 500 元以上 2000 元以下罚款；情节严重的，责令停产停业。

② 电器产品、燃气用具的安装、使用及其线路、管路的设计、敷设、维护保养以及检测不符合规定。在生活中，由于电器产品、燃气用具引发的火灾占据火灾总数一定比例，且呈不断上升趋势，这些火灾的发生大多与电器产品、燃气用具的安装、使用及其线路、管路的设计、维护保养、敷设、检测不符合规定密切相关。近年来，国家有关部门制订发布了一系列有关电器产品、燃气用具的安装、使用及其线路、管路的设计、敷设、维护保养以及检测的消防技术标准和管理规定，不符合消防技术标准和管理规定的，公安机关消防机构应当责令违法单位或个人限期改正，逾期不改正的，依据《消防法》第 66 条，对该电器产品、燃气用具责令停止使用，可以并处 1000 元以上 5000 元以下罚款。

（8）制度和责任制类

① 不及时消除火灾隐患。单位应对自身消防安全工作全面负责，做到"安全自查、隐患自除、责任自负"，定期组织防火检查巡查，及时发现及消除火灾隐患，做好自身消防安全管理工作。公安机关消防机构作为监督部门，在消防监督检查过程中发现火灾隐患，应通知有关单位立即采取措施消除，对不及时消除火灾隐患的，根据《消防法》第 60 条第 1 款第 7 项的规定，责令改正，处 5000 元以上 5 万元以下罚款。

② 不履行消防安全职责逾期未改。《消防法》第 16 条、第 17

条、第 18 条分别规定了机关、团体、企事业单位、消防安全重点单位、共用建筑物单位以及住宅区的物业服务企业必须履行的消防安全职责，第 21 条第 2 款是关于单位特殊工种和自动消防系统操作人员必须持证上岗并且遵守消防安全操作规程的规定。单位是社会消防管理的基本单元，单位消防安全责任的落实，就是社会火灾形势稳定的关键。单位消防安全责任制落实情况，同时也是公安机关消防机构监督检查的主要内容，对不履行法定消防安全职责的，应责令限期改正，逾期不改正的，依据《消防法》第 67 条，对单位直接负责的主管人员和其他直接责任人员依法给予处分或者警告处罚。

③ 不履行组织、引导在场人员疏散义务。人员密集场所的现场工作人员对于场所内部结构、疏散通道、安全出口、消防设施以及器材的设置与管理状况十分熟悉，在火灾发生时，由现场工作人员指引在场人员疏散逃生，能有效地减少火灾中人员伤亡。近年来发生的几起重特大火灾事故中，如吉林中百商厦火灾、广东深圳舞王俱乐部火灾导致大量人员伤亡，也与现场工作人员没有履行其组织、引导在场人员疏散的义务有着直接关系。所以，法律将此列为人员密集场所现场工作人员的法定义务。人员密集场所现场工作人员在火灾发生时未履行此义务，情节严重，尚不构成犯罪的，依据《消防法》第 68 条，处 5 日以上 10 日以下拘留，构成犯罪的，依法追究刑事责任。

（9）中介管理类。修订后的《消防法》首次规定了消防技术服务机构的职责及地位，为消防中介组织健康、有序发展提供了法律保障。消防技术服务机构提供消防安全技术服务，并且应对此服务质量负责。

① 消防技术服务机构出具虚假文件。消防技术服务机构在消防安全技术服务过程中，应当本着科学、严谨以及客观的要求履行自己的职责，如果违反法律规定和执业规则，故意提供与事实不符的相关证明文件，依据《消防法》第 69 条第 1 款的规定，责令改正，处 5 万元以上 10 万元以下罚款，并对其直接负责的主管人员和其他直接责任人员处 1 万元以上 5 万元以下罚款；有违法所得的，并处没收违法所得；情节严重的，由原许可机关责令停止执业

或者吊销相应资质、资格。

② 消防技术服务机构出具失实文件。消防技术服务机构在消防安全技术服务过程中，如果严重不负责任，疏忽大意而出具了不符合实际情况的证明文件，则应承担相应法律责任。依据《消防法》第69条第2款，给他人造成损失的，依法承担赔偿责任；造成重大损失的，由原许可机关责令停止执业或者吊销相应资质、资格。

 问59： 消防行政复议有哪些特点？

（1）复议以消防具体行政行为引起的行政争议为处理对象。行政争议，指的是发生在行政机关与公民、法人或其他组织之间的，由于行政机关的行政行为而引起的争执或异议。一般情况下，消防行政争议就发生在公安消防机构及由其作出的具体行为的承受者即行政相对人（公民、法人或其他组织）之间，但根据消防法与行政诉讼法的规定，有时也会发生在公安机关或地方人民政府与公民、法人或其他组织之间。但依据《行政复议法》第7条、第26条和第27条的规定，有时行政复议也以抽象行政行为作为审查处理对象。

（2）消防行政复议的复议机关是法定的。由于《消防法》《行政处罚法》以及公安部《消防监督检查规定》规定，公安消防机构、公安机关、公安派出所和地方各级人民政府都有权做出消防具体行政行为，但依据具体情况和有关规定，当以上所述机关做出消防具体行政行为时其法定的复议机关也有不同，现分述如下。

① 当公安消防机构或者当地公安派出所以公安消防机构的名义做出消防具体行政行为时，署名的公安消防机构的主管公安机关是法定的复议机关。

② 当公安机关做出消防具体行政行为时，其上一级公安机关为法定复议机关。

③ 当公安部消防局做出消防具体行政行为时，公安部与消防局为法定的复议机关。

④ 当地方人民政府做出消防具体行政行为时，其上一级人民

政府为法定的复议机关。

⑤ 当县级以上地方人民政府的派出机关做出消防具体行政行为时，设立该派出机关的人民政府为法定的复议机关。

⑥ 当省、自治区人民政府依法设立的派出机关所属的县级地方人民政府做出消防具体行政行为时，该派出机关为法定的复议机关。

⑦ 当省、自治区以及直辖市人民政府做出消防具体行政行为时，该人民政府为法定的复议机关。

⑧ 当两个或者两个以上行政机关以共同的名义做出消防具体行政行为时，其共同上一级行政机关为法定的复议机关。

⑨ 当被撤销的行政机关在撤销之前做出消防具体行政行为时，继续行使其职权的行政机关的上一级行政机关为法定的复议机关。

（3）消防行政复议以书面复议为主要复议方式。消防行政复议原则上采取书面审查的办法，但是申请人提出要求或行政复议机关负责法制工作的机构认为有必要时，可向有关组织及人员了解情况，听取申请人、被申请人以及第三人的意见。

（4）消防行政复议与消防行政诉讼相衔接。除法律、行政法规另有规定外，当事人如果不服行政复议决定，可依法向人民法院提起行政诉讼。

问60：申请消防行政复议应具备哪些条件？

（1）申请人必须是认为消防具体行政行为侵害其合法权益的公民、法人或者其他组织在理解申请人资格时，应注意以下问题。

① 当事人要引起消防行政复议发生，必须明确表示不服某具体行政行为，并且提出申请。如当事人认为行政机关的消防具体行政行为错误或者是不公正，侵犯其合法权益，但并未明确表示不服，也未提出复议申请，或者虽表示不服但未提出复议申请的，则消防行政复议不会发生。

② 申请人与本案有直接利害关系，也就是自己的权利义务受到了某消防具体行为的直接影响或本人的合法权益受到侵害。这有两种情况：一是行政机关直接针对本人做出了消防具体行政行为，

侵犯了本人的合法权益；二是行政机关虽未直接对本人实施行为，但是该行为的结果却损害了或者即将损害自己的合法权益。只有在这两种情况下，有关的公民、法人或者其他组织才能成为申请人。非影响本人权利义务的，不具备申请人资格。

③ 申请人申请消防行政复议并不以消防具体行政行为确已侵害其合法权益作为前提。只在申请人认为消防具体行政行为侵害了本人的合法权益，并且符合上述两个方面的条件，就可以提出复议申请。至于被申请之消防具体行为是否合法、是否适当，是否确实侵害了申请人的合法权益，只有在复议活动结束之后，才能够做出判断。

④ 有权申请消防行政复议的公民死亡的，其近亲属可申请行政复议，有权申请消防行政复议的公民为无民事行为能力人或者限制民事行为能力人的，其法定代理人可以代为申请行政复议。有权申请消防行政复议的法人或其他组织终止的，承受其权利的法人或者其他组织可以申请行政复议。

同申请行政复议的具体行政行为有利害关系的其他公民、法人或者其他组织，可以作为第三人参加行政复议。

申请人、第三人可以委托代理人代为参加行政复议。

（2）有明确的被申请人。复议申请人提出复议申请，必须要提出明确的被申请人。一般而言，在消防行政复议中，被申请人就是做出消防具体行政行为的行政机关，但是当公安派出所以所属公安机关设立之消防机关名义做出消防具体行政行为时，由其所署名称所指的公安消防机构为被申请人。另外，在两个或者两个以上行政机关以共同名义做出消防具体行为时，共同署名的行政机关是共同被申请人。

（3）复议申请有具体的复议请求、理由及事实根据。行政复议解决的就是行政争议，若申请人不提出争议事实及解决该争议的请求或者办法，以及这些请求或办法所依据的事实、理由和依据，到复议机关对具体行政行为无从审查。因此复议申请应有具体的复议请求、理由及事实根据。

（4）消防行政复议的范围。根据《行政复议法》第 6 规定，有下列情形之一的，公民、法人或其他组织可依法申请行政复议。

① 对行政机关做出的警告、罚款、没收违法所得，没收非法财物、责令停产停业、暂扣或者吊销许可证、暂扣或者吊销执照、行政拘留等行政处罚决定不服的。

② 对行政机关做出的限制人身自由或者查封、扣押、冻结财产等行政强制措施决定不服的。

③ 对行政机关做出的有关许可证、执照、资质证、资格证等证书变更、中止、撤销的决定不服的。

④ 对行政机关做出的关于确认土地、矿藏、水流森林、山岭、草原、荒地、沙滩、海域等自然资源的所有权或者使用权的决定不服的。

⑤ 认为行政机关侵犯合法的经营自主权的。

⑥ 认为行政机关变更或者废止农业承包合同，侵犯其合法权益的。

⑦ 认为行政机关违法集资、征收财物、摊派费用或者违法要求履行其他义务的。

⑧ 认为符合法定条件，申请行政机关颁发许可证、执照、资质证、资格证等证书，或者申请行政机关审批、登记有关事项，行政机关没有依法办理的。

⑨ 申请行政机关履行保护人身权利、财产权利、受教育权利的法定职责，行政机关没有依法履行的。

⑩ 申请行政机关依法发放抚恤金、社会保险金或者最低生活保障费，行政机关没有依法发放的。

⑪ 认为行政机关的其他具体行政行为侵犯其合法权益的。

根据公安部公通字（1994）7号《关于对火灾原因鉴定或认定和火灾事故责任认定不服不属于申请复议范围的通知》的通知规定，当事人对火灾原因鉴定或认定和火灾事故责任认定不服的，不得申请行政复议。当事人以对火灾原因鉴定或认定和火灾事故责任认定不服的，可向当地主管公安机关或上一级公安消防机构申请重新鉴定或认定；当地主管公安机关或上一级公安消防机构的重新鉴定或认定为最终鉴定或认定。

（5）属于复议机关和辖。如上所述，消防行政复议的复议机关是法定的，同理，复议机关的管辖范围也是法定的，申请人不得向非法定复议机关申请行政复议，复议机关也不得受理不属于自己管辖范围的行政复议案件。

 问61： **消防行政复议的提出及复议期限有哪些要求？**

公民、法人或其他组织认为消防具体行政行为侵犯其合法权益的，可以自知道具体行政行为之日起 60 日内提出行政复议申请；但法律法规规定的申请期限超过 60 日的除外。

申请人提出行政复议申请因不可抗力或者其他正当理由耽误法定申请期限的，申请期限自障碍消除之日起继续计算。

申请人申请行政复议，可以书面申请，也可以口头申请；口头申请的，行政复议机关应当当场记录申请人的基本情况、行政复议请求、申请行政复议的主要事实、理由和时间。

公民、法人或其他组织向人民法院提起行政诉讼，人民法院已经依法受理的，不得申请行政复议。

行政复议机关应当自受理申请之日起 60 日内做出行政复议决定；但是法律法规规定的期限少于 60 日的除外（如《治安管理处罚条例》第 39 条规定，公安机关复议治安管理处罚案件的复议期限为 5 日）。情况复杂，不能在规定期限内做出行政复议决定的，经复议机关的负责人批准，可适当延长，并告知申请人和被申请人；但延长期限最多不超过 30 日。

行政复议机关做出行政复议决定，应当制作行政复议决定书，并加盖公章。

行政复议决定书一经送达即发生法律效力。

 问62： **消防行政复议决定的法律效力指的是什么？**

行政复议决定于行政复议决定书送达之时起发生法律效力。

行政复议决定生效后，被申请人应当履行行政复议决定。若行政复议机关责令被申请人重新做出具体行政行为的，被申请人不得以同一的事实和理由作为与原具体行政行为相同或基本相同的具体行政行为。被申请人不履行或者无正当理由拖延履行行政复议决定的，行政复议机关或者上级行政机关应当责令限期履行。

公民、法人或者其他组织对行政复议决定不服的，可以根据行政诉讼法的规定向人民法院提起行政诉讼，但是法律规定行政复议决定为最终裁决的除外。申请人逾期不起诉又不履行行政复议决定的，或者不履行最终裁决的行政复议决定的，按照以下规定分别处理。

（1）维持具体行政行为的行政复议决定，由做出具体行政行为的行政机关依法强制执行，或者申请人民法院强制执行。

（2）变更具体行政行为的行政复议决定，由复议机关依法强制执行，或者申请人民法院强制执行。

问63： 消防行政诉讼的特点有哪些？

（1）消防行政诉讼的原告是法定的。原告只能是消防具体行政行为承受者或者与之有直接利害关系的公民、法人或其他组织。另外，依照行政诉讼法的规定，有权提起诉讼的公民死亡，其近亲属可以提起诉讼。

（2）消防行政诉讼的被告是法定的。当公民、法人或者其他组织直接向人民法院提起诉讼时，做出消防具体行政行为的行政机关是被告；经过复议的案件，复议机关决定维持原具体行政行为的，做出原具体行政行为的行政机关是被告；复议机关改变原具体行政行为的，复议机关是被告；两个或两个以上行政机关做出同一具体行政行为的，共同做出具体行政行为的行政机关是被告；由法律、法规授权的组织做出具体行政行为的，该组织是被告；由行政机关委托的组织做出具体行政行为的，委托的行政机关是被告；做出具体行政行为的行政机关被撤销的，继续行使其职权的行政机关是被告。

（3）在消防行政诉讼中，当事人对给予行政拘留的行政处罚不服的，必须先复议，然后诉讼。一般消防行政争议案件，公民、法人或者其他组织可以先向法定的复议机关申请复议，对行政复议决定不服的，还可以向人民法院提起诉讼；也可以不经复议直接向人民法院起诉，但根据《消防法》《行政处罚法》《治安管理处罚条例》以及《行政诉讼法》的有关规定，当事人对给予行政拘留的行政处罚不服的，应先申请行政复议，对行政复议决定不服时，再提起诉讼。未申请行政复议而直接起诉的，人民法院不予受理；逾期未申请复议的，在行政复议申请权消失的同时丧失行政起诉权。

（4）消防行政诉讼是一种司法活动。消防行政诉讼不同于消防行政复议。消防行政复议是以国家行政权为基础，以行政机关系统内部上级对下级的行政领导权及行政监督权为前提而建立起来的一种由行政机关解决行政争议的法律制度，应遵从《行政复议法》的规定。行政复议是国家行政机关系统内部解决行政争议，加强自我监督机制的有效方法及重要制度，其本身也是一种行政活动，一种具体行政行为。而消防行政诉讼则不同，它是一种以国家审判权为基础确立的·以人民法院为指挥者和裁判者的司法活动，任何参与行政诉讼活动的人都必须在《行政诉讼法》规定的范围之内服从人民法院的指挥和裁判。

 问64：提起行政诉讼应具备的条件有哪些？

在我国，行政诉讼采取"不告不理原则"，也就是只有当事人主动行使行政诉讼起诉权，提起行政诉讼，人民法院受理之后行政诉讼活动才会开始，人民法院不主动启动行政诉讼程序。但是这并不意味着只要当事人起诉，人民法院就必须受理。当事人要提起消防行政诉讼，还应具备以下条件。

（1）原告必须是认为消防具体行政行为侵犯了合法权益的公民、法人或者其他组织。

（2）起诉应有具体的诉讼请求和事实根据。

（3）起诉应有明确的被告。

（4）属于人民法院受理范围及受诉人民法院管辖。

只有当上述条件全部具备后，当事人的起诉方能为人民法院受理。另外，原告不能就同一事件、同一理由向几个人民法院起诉；原告的起诉不得超过诉讼时效。而当事人对消防产品生产许可证、维修许可证的颁发、注销有异议，应向发证部门申请复议，对复议决定仍不服的，由上级公安机关仲裁，公安部的仲裁为最终裁决，当事人不得起诉。

公民、法人或者其他组织直接向人民法院提起行政诉讼的，应当在知道做出具体行政行为之日起3个月内提出。法律另有规定的除外。申请人不服行政复议决定的，可以在收到行政复议决定书之日15日内向人民法院提起诉讼。复议机关逾期不做决定，申请人可以在复议期满（60日）之日起15日内向人民法院提起诉讼。法律另有规定的除外。

问65：提起行政诉讼后，人民法院如何进行判决？

人民法院受理消防行政诉讼案件并经审理后，在立案之日起3个月内，根据不同情况，可分别做出如下判决。

（1）具体行政行为证据确凿，适用法律、法规正确，符合法定程序的，判决维持。

（2）具体行政行为有下列情形之一的，判决撤销或部分撤销：

① 主要证据不足的；

② 适用法律、法规错误的；

③ 违反法定程序的；

④ 超越职权的；

⑤ 滥用职权的。

（3）被告不履行或者拖延履行法定职责的，判决在规定期限内履行。

（4）行政处罚显失公正的，可以判决变更。

人民法院判决被告重新做出具体行政行为的，被告不得以同一的事实和理由做出与原具体行政行为基本相同的具体行政行为。

当事人不服人民法院第一审判决的，有权在判决书送达之日起15日内向上一级人民法院提起上诉；当事人不服人民法院第一审裁定的，有权在裁定书送达之日起10日内向上一级人民法院提起上诉。逾期不提起上诉的，人民法院的第一审判决或裁定发生法律效力。

人民法院审理上诉案件，按照下列情形，分别处理。

（1）原判决认定事实清楚，适用法律、法规正确的，判决驳回上诉，维持原判。

（2）原判决认定事实清楚，但适用法律、法规错误的，依法改判。

（3）原判决认定事实不清，证据不足，或者由于违反法定程序可能影响案件正确判决的，裁定撤销原判，发回原审人民法院重审，也可以查清事实后改判。当事人对重审案件的判决、裁定，可以上诉。

当事人对已经发生法律效力的判决、裁定，认为确有错误的，可以向原审人民法院或者上一级人民法院提出申诉，但判决、裁定不停止执行。

 问66： **行政赔偿这一概念具有哪些特点？**

行政赔偿这一概念，具有下列特点。

（1）行政赔偿是一种国家责任，承担赔偿责任的主体为国家。

（2）行政赔偿因行政机关或其工作人员的具体侵权行为而发生，并且这一侵权行为发生在公务活动中并与行为者和行政职权或行政职务相联系。

（3）行政赔偿是行政侵权责任之一种，其责任形式在一般情况下为金钱赔偿及恢复原状。行政侵权责任除赔偿责任外还有赔礼道歉、恢复名誉以及消除影响等责任形式。

（4）行政侵权主体与责任主体相分离。在民事赔偿责任中，侵权主体和责任主体在通常情况下是合一的，而在行政赔偿中，实施侵权行为的主体是行政机关或者其工作人员，而承担赔偿责任的主体则是行政机关。行政机关只有在履行了赔偿责任之后，才能责令对侵权行为的发生有故意或者重大过失的工作人员承担赔偿金额的一部分或全部。

 问67： **行政赔偿与行政补偿有哪些不同？**

行政赔偿与行政补偿不同。行政补偿是国家行政机关及其工作人员为了公共利益的需要，依法行使公共权力而造成相对人人身或者财产损失，为此依法对受害人实施财产上的弥补的法律责任。

二者的区别在于：

（1）行政补偿基于国家行政机关和其工作人员的合法行为而发生，而行政赔偿则由于行政主体及其工作人员的违法行为引起；

（2）行政补偿受害人的财产损失，不补偿精神损失，行政赔偿则在一定条件之下包括精神损害赔偿；

（3）行政补偿不属于国家责任，而是国家机关基于"积极义务而实施的补偿性行为"，行政赔偿则是国家责任的一种形式。

问68： 行政赔偿的构成要件有哪些？

任何主体承担任何一种法律责任，首先必须就具备一定的法定条件。行政赔偿是否成立，关键要看构成行政赔偿的以下法定要件是否成立并齐备。

（1）相对人合法权益受到损害的事实已发生或者必然会发生。行政赔偿因行政侵权行为而发生，但国家赔偿责任的承担必须以损害的存在为前提。无损害也就是无赔偿是国家承担赔偿责任的基本原则。这里损害是指已经发生并客观存在的或者未来一定时期内会发生的损害，而非假想的或者非现实的损害，对后者，国家不承担赔偿责任，相对人也不得请求赔偿。

（2）损害事实必须是由具体行政行为造成的。这包含以下含义。

① 致害主体是行政机关或其工作人员（包括法律、法规授权或者受行政机关委托行使国家公共权力的组织及其工作人员）。在法律上，国家行政机关是具有双重法律身份的主体：当国家行政机关作为国家法、行政法上的权利及义务主体，从事国家管理活动，做出的行为是国家公职行为；而当行政机关及其工作人员作为民事主体，以机关法人或者自然人的身份出现，参与民事活动，做出的行为就是民事行为。公职行为与民事行为因其主体身份性质不同，导致其各自的法律后果也就不同。国家对行政侵权承担的是国家赔偿责任，而由民事行为引起的人身及财产损害，则只属于一般民事赔偿责任。

② 致害行为必须是具体行政行为。按照《国家赔偿法》第 3 条的规定，行政机关及其工作人员在行使职权时有下列侵犯人身权情形之一的，受害人有取得到赔偿的权利：

a. 违法拘留或者违法采取强制公民人身自由的行政强制措施的；

b. 非法拘禁或者其他方法非法剥夺公民人身自由的；

c. 以殴打等暴力行为或者唆使他人以殴打等暴力行为造成公民身体伤害或者死亡的；

d. 违法使用武器、警械造成公民身体伤害或者死亡的；

e. 造成公民身体伤害或者死亡的其他违法行为。

根据《国家赔偿法》第 4 条的规定，行政机关及其工作人员在行使行政职权时有下列侵犯权情形之一的，受害者有取得赔偿的权利：

a. 违法实施罚款，吊销许可证和执照、责令停产停业、没收财物等行政处罚的；

b. 违法对财产采取查封、扣押、冻结等行政强制措施；

c. 违反国家规定征收财物、摊派费用的；

d. 造成财产损害的其他违法行为。

根据以上规定可知，并不是所有的行政行为引起的损害事实都能构成行政赔偿责任，而只能是由法律、法规规定的具体行政行为引起的公民、法人及其他组织的合法权益的损害事实才有可能引起行政赔偿责任的发生。

③ 损害事实必须与具体行政行为之间具有因果关系。也即是某种损害的发生，是由具体行政行为导致的，二者存在着不可分割的前因后果关系，如果无直接因果关系，不能构成行政赔偿责任。

④ 侵权行为必须是发生在执行公务的过程中。行政侵权行为必须是在行政机关或者其工作人员在行使行政权力的过程中发生的，而且是因执行公务而导致的。若完全属于行政机关工作人员的私人行为，则即使是在其执行职务期间所为的行为，其所造成的损失，也不能构成行政侵权责任，只能属于一般民事侵权行为。只有行政机关和其工作人员在执行职务期间，违法行使职务而发生的侵权行为，才能构成行政侵权赔偿责任。

（3）致害行为在性质上属于违法行为。只有行政行为违法的情况之下，该行为导致公民、法人或其他组织合法权益的损害，才能发生行政赔偿责任。这里所指违法，不仅包括形式上、程序上的违法，也包括性质上、实体上的违法。

（4）致害行为必须是法律法规定应当由行政机关负责侵权赔偿的行为。通常情况下，只要是由行政侵权所造成的损害，国家即负赔偿责任，但是，根据《行政赔偿法》第5条规定，属于下列情形之一的，国家不承担赔偿责任：

① 行政机关工作人员与行使职务无关的个人行为；

② 因公民、法人和其他组织自己的行为致损害发生的；

③ 法律法规的其他情形，如因不可抗力、正当防卫、紧急避险等所造成的损害，国家不承担赔偿责任。

上述四个条件是行政赔偿的必备条件，我国公民、法人或者其他组织只有在完全具备了以上条件的前提下，才有权请求行政赔偿。同样，当以上条件具备后，对侵权行为负责的行政机关应积极履行赔偿义务。

（5）赔偿请求人。根据《国家赔偿法》第6条规定的，受害的公民、法人或其他组织有权要求赔偿。受害的公民死亡，其继承人或其他有抚养关系的亲属有权要求赔偿。受害的法人或者其他组织终止，承受其权利的法人或者其他组织有权要求赔偿。

 问69：赔偿义务机关如何规定？

根据《国家赔偿法》第7条、第8条规定，行政机关及其工作人员行使行政职权侵犯公民，法人或其他组织的合法权益造成损害的，该行政机关为赔偿义务机关。两个或两个以上行政机关共同行使职权时侵犯公民、法人或其他组织的合法权益造成损害的，共同行使职权的行政机关的为共同赔偿义务机关。法律、法规授权的组织在行使授予的行政职权时侵犯公民、法人或其他组织的合法权益造成损害的，被授权的组织为赔偿义务机关。受行政机关委托的组织在行使委托的行政职权时侵犯公民、法人其他组织的合法权益造成损害的，委托的行政机关为赔偿义务机关。赔偿义务机关被撤销的，继续行使其职权的行政机关为赔偿义务机关；没有继续行使其职权的行政机关的，撤销该赔偿义务机关的行政机关的为赔偿义务机关。经行政复议时，最初造成侵权行为的行政机关为赔偿义务机关，但复议机关的复议决定加重损害的，复议时加重的部分履行的部分履行赔偿义务。

 问70： **行政赔偿程序有哪些规定？**

（1）行政机关及其工作人员的违法行为致使公民、法人或者其他组织遭受损害时，行政机关可以不经行政复议和行政诉讼，直接与受害人协商，主动进行赔偿。尤其是对数额不大、事实清楚、情节轻微的行政侵权行为，行政机关应自觉履行赔偿责任，以减少诉累，提高行政效率。

（2）行政复议附带损害赔偿。公民、法人或者其他组织在针对行政机关的具体行政行为提出行政复议的同时，可以一并向复议机关提出损害赔偿的要求，复议机关在审查后认为符合国家赔偿法规定应予赔偿的，应责令被申请人按照有关法律和法规规定负责赔偿。

（3）行政诉讼附带损害赔偿。当事人在向人民法院提起行政诉讼的同时或者在诉讼过程中，也可以附带提出损害赔偿的请求，由人民法院一并裁决。

（4）单独损害赔偿的提出。受害的公民、法人或者其他组织，也可不涉及具体行政行为的合法与否的问题，单独就损害赔偿向行政机关提出请求。

（5）赔偿请求人根据受到的不同损害，可同时提出数项赔偿请求。赔偿请求人可向共同赔偿义务机关中的任何一个赔偿义务机关要求赔偿，该赔偿义务机关应当先予赔偿。

赔偿义务机关应当自收到申请之日起2个月内按规定给予赔偿，逾期不赔偿或者赔偿请求人对赔偿数额有异议的，赔偿请求可以自期满之日起3个月内向人民法院提起诉讼。

（6）赔偿义务机关赔偿损失后，应当责令对致害行为有故意或重大过失的工作人员或者受委托的组织或个人承担部分或者全部赔偿费用，对有故意或者重大过失的工作人员，有关机关应当依法给予行政处分；构成犯罪的，应当依法追究刑事责任。

（7）根据《国家赔偿法》第 29 条规定和《行政诉讼法》第 69 条规定，行政赔偿费用，列入各级财政预算，从各级财政列支。

行政机关履行行政赔偿义务遵从《国家赔偿费用管理办法》及《司法行政机关行政赔偿、刑事赔偿办法》的规定执行。

2 建筑工程消防安全管理

2.1 城乡建设消防安全规划管理

 问71： 城乡建设消防安全规划如何组织和实施？

城乡建设消防安全规划应当由各城市、乡镇人民政府负责组织本行政区域内城乡、镇、乡以及村庄进行编制和实施。发展改革、建设、财政、规划、国土资源、公安消防、市政以及通信等行政主管部门应当按照各自职能具体负责实施。

城乡建设消防安全规划的编制，应当遵循有关法律、行政法规，同城乡经济建设和社会发展相适应，并分别纳入城乡总体规划、镇总体规划、乡规划以及村庄规划。城乡消防安全规划不符合城乡经济建设和社会发展需要的，应当及时修订调整。建设经济开发区、保税区以及工业区，应当编制专项消防安全规划，并满足城乡建设消防安全规划的要求。

城乡建设消防安全规划是城乡建设规划的重要组成部分，为城乡消防建设的重要依据，应当纳入城乡规划中。城乡消防设施的建设，应在城乡消防安全规划的指导下和城乡其他基础设施同步建设、同步发展。

城乡建设消防安全规划的编制，要在全面收集研究有关基础资料的基础上，根据总体规划，与城乡给水工程、道路交通、电信工程、供电工程、燃气工程等其他专业规划相协调，从实际出发，正确处理城乡建设与消防安全的关系，统一进行规划，合理布局，注重操作性，建立满足城乡消防安全需要的城乡消防体系，规划不仅要有总体长远的考虑，更重要的是要有近期建设的计划安排，为消防安全布局与消防设施的建设提供合理的建设依据。

城乡消防安全规划涉及城乡用地、市政、供水、电信、交通、电力以及燃气等内容，要编制好城乡消防安全规划，必须要由政府统一领导及协调，由城乡公安消防机构会同城乡规划主管部门及其他有关部门共同组织，并委托具有国家规定的相应城乡规划设计资格的设计单位具体进行编制。

问72：城乡总体布局的消防安全如何规划？

城乡总体布局为城乡总体规划的重要工作内容，是一项为城乡长远合理发展奠定基础的全局性工作，也是用来指导城乡建设的百年大计。城乡总体布局中的消防安全要求是为了使城乡布局更合理、更科学。如下为在城乡总体布局下的消防安全规划基本要求。

（1）在城乡总体布局中，必须把生产、储存易燃易爆危险品的工厂、仓库设在城乡边缘的独立安全地区，并同人员密集的公共建筑保持规定的防火安全距离。位于旧城区严重影响城乡消防安全的工厂、仓库，必须纳入改造规划，采取限期迁移或者改变生产使用性质等措施，消除不安全因素。

（2）在城乡规划中，应合理选择燃气供应站的储罐、瓶库，汽车加油加气站与煤气、天然气调压站的位置，并采取有效的消防措施，保证安全。合理选择城乡输送可燃的气体、液体管道的位置，严禁在其干管上修建任何建筑物、构筑物或者堆放物资。输送可燃的气体、液体管道阀门井盖应有标志。

（3）装运易燃易爆危险品的专用车站、码头，必须布置在城乡或者港区的独立安全地段。

（4）城区内新建的各种建筑，应建造一级和二级耐火等级的建筑，控制三级耐火等级建筑，严格限制四级耐火等级建筑。

（5）城乡中原有耐火等级低、相互毗连的建筑密集区或者大面积棚户区，必须纳入城乡近期改造规划，积极采取防火分隔，提高耐火性能，开辟防火间距和消防车通等措施，逐步将消防安全条件改善。

（6）地下铁道、地下公路交通隧道、地下街以及地下停车场的规划建设与城乡其他建设，应有机地结合起来，合理设置防火分隔、疏散通道、安全出口和报警、灭火以及排烟等设施。

（7）在城乡设置集市、贸易市场或营业摊点时，城乡规划部门应会同公安交通管理部门、公安消防监督部门以及工商行政管理部门，确定其设置地点和范围，不得堵塞消防车通道与影响消火栓的使用。

 问73： **城乡工厂、仓库规划布局的消防安全要求有哪些？**

工厂、仓库是城乡形成与发展的主要因素，在布置上满足运输、水源、劳动力、动力、环境和工程地质等条件的同时，还应依据工厂、仓库的火灾危险程度和卫生类别、对外交通、货运量及用地规模等，合理地进行布局，以确保其消防安全。

① 按照经济、消防安全、卫生的要求，应将石油化工、化学肥料、钢铁、水泥以及石灰等污染较大的工厂、仓库以及易燃易爆的工厂、仓库远离城乡布置；或者将同类型工厂、仓库布置在城乡郊区；或依托旧城区，在其郊区以新建大型企业为基础，建立新的工业城镇。将占地多、协作密切、货运量大、火灾危险性大、有一定污染的工厂、仓库，按照其不同性质组成工业区，布置于城乡的边缘、毗邻其居住区。

② 对于占地面积不大、不需要铁路运输、生产过程中的火灾危险性不大、基本上没有污染的工厂、仓库，可组成独立的街坊，布置在城乡内单独地段、居住区的边缘以及交通干道的一侧。

③ 对于运输量少、用地少、对建筑物无特殊要求、生产过程中火灾危险性小、基本上无污染的工厂、仓库，可散置在居住街坊内，或者与城乡绿化组合，组成前店后厂。

④ 工厂、仓库在城乡中的布置要综合考虑风向、地形以及周边环境等多方面的影响因素。火灾危险性大的石油库、化学危险品库应布置在城乡郊区的独立地段，并应布置于该市常年主导风向的下风向或侧风向。靠近河岸的石油库应布置在港口码头、船舶所、

水利工程、水电站、船厂以及桥的下游，若必须布置在上游时，则距离要增大。

⑤ 要设置必要的防护带。工厂、仓库与居民区要有一定的安全距离构成防护带，防护带内应当加以绿化，能够起到阻止火灾蔓延的分隔作用。

⑥ 布置工厂、仓库应注意靠近水源并能够满足消防用水量的需要，应注意交通便捷，消防车沿途必须经过的公路及桥涵应能满足其通过的可能，并且尽量避免公路与铁路交叉。

问74：消防分区的隔离带的消防安全要求有哪些？

大型公共建筑、公园、广场以及绿地是消防分区的隔离带，在消防灭火、抢险救援、疏散人员以及物资有着重要的实际意义，其布置应考虑分期建设，远近结合，留有发展余地的要求。对于旧城区原有布置不均衡、消防条件差的大型建筑、绿地、公园、广场，应结合规划作适当调整，并考虑对原有设施充分利用及逐步改善消防安全条件的可能性，以满足消防安全抢险救灾疏散的要求。

城乡中对大型公共建筑应按照《建筑设计防火规范》（GB 50016—2014）、《建筑内部装修设计防火规范》（GB 50222—2017）的规定，规划设计建筑物。提高居住区边缘或者临街建筑物的耐火等级，控制可燃建筑，以此形成城乡防火阻燃隔离带。

经验教训证明，当市区内发生大火，为防止辐射热造成人员伤亡，疏散避难场所（公园、绿地、广场）至少要在 10ha（1ha＝10^4 m^2 下同）以上（国外标准为 25ha 以上），最远疏散距离不应大于 3km（国外标准为 2km 以内），也可结合城乡及河川、道路等设置防火绿地网。防火绿地网是城乡构成中连续而系统化的空间，即以公园和绿地为核心，将河川道路、阻燃树林、广场以及不燃化建筑布置成防火上的有效空间，在受灾时成为防火的网络，能够起到市区内切断火势、疏散避难的作用。防火绿地网的技术条件是疏散距离要控制在 2km 以内。为了将火势切断，防火绿地网的宽度应考虑为 100～300m，防火绿地网核心问题是公园和绿地及广场组成的避难场所，同时这些场所应具有信息收集、传递、指挥以及急救等职能。

 问75： 旧城区的改造应注意哪些消防管理工作？

城乡旧城区的改造，应当根据程度不同、耐火性能各异、规模不等、水源道路条件判别等情况，进行改造规划。

（1）在旧城区改造时，应本着"充分利用，逐步改造"的原则把消防安全纳入城乡改造规划之内，并与旧城区改造同步规划、同步设计以及同步使用，积极改善防火条件。

（2）对于长条形棚户区或者临街的易燃建筑，宜每隔 80～100m 采用防火分隔措施。有条件的城乡可每隔 100～120m 开辟或拓宽防火通道，其宽度不宜小于 6m，既可阻止火势蔓延，又可以作为消防车通道，并且方便居民生活。

（3）对于大面积的方形或长方形的易燃棚户区，一时不易成片改造的，可以划分防火分区。每个防火分区的占地面积不宜超过 $200m^2$。各分区之间应留出不小于 6m 的防火通道，或每个分区的四周，建造三级及三级以上耐火等级的建筑，并且每隔 150m 留出一消防车通道和每隔 80m 留出人行通道，使之成为相似于防火墙的立体防火带。

（4）对于消防给水缺乏或者不足的旧城区，一方面要结合区域内生活、生产给水管道的改造，积极改善消防给水设施，比如加大供水管道管径，增设消火栓和消防加压点等；而另一方面要进一步解决消防用水量。对于无市政消火栓或者消防给水不足，无消防车通道的，城乡建设部门应依据具体条件修建容量为 $100～200m^3$ 的消防蓄水池。

（5）消除火险因素。针对于旧城区电气线路年久失修等情况，加强维护管理，有计划地对棚户区旧电线逐步进行改造，防止养患成灾。

（6）禁止在人口稠密的旧城区建设火灾危险性大、易燃易爆的工厂、仓库。现有在人口稠密旧城区火灾危险性大的易燃易爆工厂、仓库必须纳进搬迁计划，限期解决。

问76: 城乡居住小区消防安全规划包括哪几方面的内容?

城乡居住小区消防安全规划一般包括下列几方面的内容。

（1）城乡居住小区总体布局中的防火间距城乡居住小区总体布局应依据城乡规划的要求进行合理布局，各种功能不同的建筑物群之间要有明确的功能分区。根根据居住小区建筑物的性质及特点，各类建筑物之间应有必要的防火间距，具体应按照《建筑设计防火规范》（GB 50016—2014）中的有关规定执行。

在城乡居住小区内设置的煤气调压站和液化石油气瓶库等生活服务设施，与民用建筑的防火间距必须符合现行国家标准《建筑设计防火规范》（GB 50016—2014）的有关规定。

（2）城乡居住小区消防给水居住小区消防给水规划总的原则是：城镇、居住区，企事业单位规划以及建筑设计时，必须同时设计消防给水系统。消防用水可以由给水管网、天然水源或消防水池供给，也可采用独立的消防给水管道系统供给。当利用天然水源时，应确定枯水期最低水位时消防用水的可靠性，并且应设置可靠的取水设施；采用独立的消防给水管道系统供给时，消防给水宜与生产、生活给水管道系统合用，如果合用不经济或技术上不可能，则可分别供给。

（3）城乡居住小区消防道路城乡居住小区道路系统规划设计，要根据其建筑布局、车流以及人流的数量等因素按功能分区，力求达到短捷畅通。道路的走向、坡度、交叉、宽度、拐弯等，要根据自然地形和现状条件，按现行国家标准《建筑设计防火规范》（GB 50016—2014）的规定进行合理设计。

在高层建筑和规模较大的会堂、体育馆以及剧院等建筑物周围，应设环形消防车道（可利用交通道路），如设环形车道有困难时，可以沿建筑物的两个长边设置消防车道；当建筑物的总长度大于220m时，应设置穿过建筑物的消防车道；消防车道的宽度不应小于3.5m，其路边距建筑物外墙宜超过5m，道路上空如遇有障碍物或穿过建筑物时，其净高不应小于4m；比如穿过门垛时，其净宽不应小于3.5m。消防车道下面的管道和暗沟，应能够承受大型消防车辆压力。

对居住小区不能通行车辆的道路，要结合城乡改造，依据具体情况，采取裁弯取直、扩宽延伸以及开辟新路的办法，逐步改善道路网，使之满足消防道路的要求。

（4）城乡居住小区消防队（站）。城乡居住小区要依照公安部和住房和城乡建设部颁布的《城市消防站建设标准》的规定，结合居住小区的工业、商业、人口密度、建筑现状以及水源、道路、地形等情况，合理地设置消防站。消防站的保护半径是以接到火警后5min之内消防队可以到达责任区边缘为原则。

（5）城乡居住小区消防通信。消防通信装备指的是城乡火灾报警、受理火警、调度指挥灭火力量、把火灾损失降到最低限度的必需装备，随着科技的发展，现代电子通信产品及技术已在消防通信设备中得到广泛的应用，居住小区规划的消防报警形式应多样化、现代化，但必须符合火灾发现及时、报警及时的要求。

问77：　应如何规划城乡消防站？

城乡消防站担负着扑救城乡火灾和抢险救援的重要任务，为城乡消防基础设施的重要组成部分。城乡消防站的建设应满足《城市消防站建设标准》的要求。

（1）消防站责任区面积要求。以接警后5min之内消防队到达责任区内任意单位为标准计算，标准普通消防站的责任区面积不应大于7km^2，小型普通消防站的责任区面积不应超过4km^2，特勤消防站兼有责任区面积要求的，其责任区面积与标准型普通消防站相同。

（2）消防站的选址。消防站的选址，应以便于消防车迅速出动扑救火灾与保障消防站自身安全为原则。设在责任区内适中位置及便于车辆迅速出动的临街地段。消防站的主体建筑距医院、学校、幼儿园、托儿所、影剧院以及商场等容纳人员较多的公共建筑的主要疏散出口的距离不应小于50m。责任区内有生产、储存易燃易爆危险品单位的，消防站应设置于其常年主导风向的上风或侧风处，其边界距上述部位通常不应小于200m。消防站车库门应朝向城乡道路，到城镇规划道路红线的距离宜为10～15m。

（3）消防站的通信消防站应当建设比较先进的有线、无线火灾报警以及消防通信指挥系统。有条件的消防站，应当建成由计算机控制的火灾报警与消防通信指挥中心，由指挥中心集中受理火警，使消防通信系统的接警、通信、调度、信息传送及力量出动等程序实现自动化。

大城乡的电话局或小城乡的电话局以及建制镇、独立工矿区到城乡消防指挥中心或者火警接警中队的119火灾报警线路不应少于2对，以符合同时受理一个地区两起火灾的需要。

消防指挥中心或火警接警中队与城乡供水、供电、供气、交通、急救、环保等部门以及消防重点单位，应当设置专线通信，以确保报警、灭火等抢险救援工作的顺利进行。

问78： 应如何设计城乡消防给水设施？

（1）消防水源。城乡消防用水量，应当按照《建筑设计防火规范》（GB 50016—2014）等消防技术规范的规定，并结合城乡的实际情况综合确定。城乡供水能力应能同时满足生产、生活以及消防用水量的要求，当市政水源不能满足消防给水要求时，可采取对现有水厂进行更新、扩建，或者增建新的水厂，提高城乡水厂供水能力；或依据城乡的具体条件，建设合用或者单独的消防给水管道、消防水池、水井或者加水点等措施。

大面积棚户区或建筑耐火等级低的建筑密集区，无市政消火栓或者消防给水不足、无消防车道通道的，应由城建部门根据具体条件修建 $100\sim200m^3$ 的消防蓄水池。

有天然水源的城乡，应当充分利用江河、湖泊以及水塘等作为消防水源，并修建通向天然水源的消防车通道或取水设施。

（2）消防给水管网。市政消防给水管网宜布置成为环状管网。管道的最小管径不应小于100mm，最不利点市政消火栓的压力不应小于0.1MPa；对于给水管道陈旧，管径、水量以及水压不能满足消防要求的现有给水管网，供水部门应密切结合市政给水管网的更新、改造，使城乡给水管网满足消防给水要求；对于给水管网压力低的地区和高层建筑集中地区，应增建给水加压站，保证给水管网的压力达到消防要求。

（3）市政消火栓应沿道路设置，间距不应大于 120m；当道路宽度超过 60m 时，宜在道路两边设置消火栓，并且宜靠近十字路口。

地上式消火栓应有一个直径为 150mm 或者 100mm 和两个直径为 65mm 的栓口；地下式消火栓应有直径为 100mm 与 65mm 的栓口各一个，并有明显的标志。

 问79：城乡消防通道的规划要求有哪些？

城乡消防通道主要指的是能供消防车行驶的道路。消防通道同城乡交通道路合用，城乡消防通道一并随着城乡道路规划建设。

（1）消防通道的宽度、间距和限高。为确保火灾时消防车的顺利通行，城乡道路应考虑消防车的通行要求，其宽度不应小于 4m。因为消火栓的保护半径为 150m 左右，所以为便于消防车使用消火栓灭火，城乡道路中心线间距不宜大于 160m，当建筑物沿街部分长度超过 220m 时，应在适中位置设穿过建筑物的消防通道。考虑到常用消防车的高度，消防通道上空 4m 范围之内不应有障碍物。

（2）环行消防通道。对于高层建筑、占地面积超过 3000m² 的甲、乙、丙类厂房，占地面积大于的 1500m² 乙、丙类库房、大型堆场、大型公共建筑、储罐区等较为重要的建筑物和场所，为了便于及时扑救火灾，其周围应当设置环行消防通道。

环行消防通道至少应有两处与其他车道连通，尽头式消防车道应设回车道或者回车场。考虑到目前几种常用消防车的转弯半径的情况，消防车回车场的面积不小于 12m×12m 或者 15m×15m 或者 18m×18m 三种形式。

（3）消防车道的其他要求。供消防车取水的天然水源与消防水池，应当设置消防车道。对于有内院或天井的建筑物，当其短边长度超过 24m 时，可设置进入内院或天井的消防车道。有河流、铁路通过的城乡，可以采取增设桥梁等措施，确保消防车道的畅通。

问80：城乡消防通信有什么作用？

城乡消防通信对于传递消防信息，将队伍执勤备战搞好，完成火灾扑救任务，具有重要的保证作用。为了使我国城乡消防通信高度指挥日趋系统化、科学化以及现代化，实现报警快、接警迅速、高度准确、通信畅通，适应灭火战斗的需要，必须要逐步建立完善的消防通信指挥系统。

 问81：城乡建设消防安全规划的审批程序有哪些？

城乡建设消防安全规划在编制过程中，需要协调处理好各种问题，为了实现消防安全规划的目的，编制规划时可提出多种方案，进行方案论证及比较，并征求有关部门的意见。

城乡消防安全规划审批前，当地人民政府可以邀请上一级人民政府规划行政主管部门和公安消防机构以及有关专家进行评审，其评审意见为审批规划的重要依据。

城乡消防安全规划应当报人民政府批准。经批准的城乡消防安全规划为城乡消防工程建设的依据，当地人民政府应纳入城乡总体规划并且按计划分步实施。

 问82：城乡建设消防安全规划的编制和实施经费保障措施有哪些？

各级人民政府应当把城乡消防安全规划的编制经费以及公共消防设施和消防装备的建设、维护以及管理经费纳入本级财政预算，并予以保障。

投资主管部门应当根据城乡消防安全规划的要求对公共消防设施建设予以立项，并将其列入地方年度固定资产投资计划；在审查城乡基础设施建设及改造项目时，应当审查公共消防设施的投资计划。

建设、财政部门应当在城乡维护费中列出专项资金用于公共消防设施的维护及管理。应将消防供水费用列入地方财政专项资金支出。

城乡消防安全规划编制以及公共消防设施和消防装备建设、维护以及管理经费具体办法由国务院财政、发展改革以及公安部门联合制订。

问83：城乡规划中不符合城乡建设消防安全规划的，如何处理？

处于旧城区严重影响城乡消防安全的工厂、仓库，必须要纳入规划优先改造，采取限期迁移或者改变生产使用性质等措施，将不安全因素消除。旧城改造中，应当优先安排耐火等级低、相互毗连的建筑密集区或者大面积棚户区、城中村的拆迁及改造。

人员住宿与生产、储存以及销售合用场所的密集区，乡和村庄木结构建筑连片的区域，应当纳入规划改造，改善消防安全条件。

问84：公共消防设施如何建设与维护？

公共消防设施应当同其他公共基础设施统一规划、统一设计、统一建设以及统一验收。建设行政主管部门在安排年度城乡基础设施建设、改造计划时，应当根据城乡消防安全规划的要求把公共消防设施纳入建设、改造计划，统筹实施。

（1）公共消防供水设施的维护管理。市政消火栓等消防供水设施应由市政供水主管部门负责建设和维护。自建设施供水的单位，负责供水区域内市政消火栓的建设与维护。乡、镇消防水源和消防供水设施由乡、镇人民政府负责管理及维护。村庄的消防水源应当纳入村庄整治与人畜饮水工程同步建设，村庄的消防水源由村民委员会负责管理及维护。

（2）消防车通道的建设和维护。城乡消防车通道由市政工程主管部门负责建设及维护。乡、镇、村庄消防车通道由乡、镇人民政府负责建设及维护。单位投资建设消防车通道的，由投资建设的单位或其委托的单位负责维护。

（3）消防通信的建设和维护。电信业务经营单位应当负责消防通信线路的建设和维护管理，保证消防通信线路的畅通。无线电管理部门应当确保消防无线通信专频专用，不受干扰。

（4）公共消防设施保护。公共消防设施需要拆除、迁移的，应当向公安机关消防机构报备案；拆除、迁移以及修复、重建公共消防设施的费用，由建设单位来承担。公安机关消防机构发现公共消防设施不能确保正常使用时，应当通知并督促有关部门和单位及时维护、保养。

2.2 建筑物使用消防安全管理

 问85： 建筑工程在经验收合格，投入使用之后，使用单位应注意哪些问题？

建筑工程在经验收合格，投入使用之后，使用单位应继续加强对建筑工程的消防安全管理，并注意下列几个方面的问题。

（1）不能随意改变使用性质。建筑工程的使用应当同消防安全审核意见相一致，建筑结构、用途、性质不能随意改变。如报批的是丙类生产建筑，不能变更为甲类生产建筑使用；报批的是会议室，不能变更为歌舞厅。这是由于建筑物的耐火等级、平面布局、建筑面积、层数、防火间距等，都是依据其使用性质和火灾危险性而确定的，当其使用性质发生变化后，其火灾危险性也会随之改变，所以，建筑物的耐火等级、层数、平面布局、建筑面积和防火间距的消防安全要求也都应随之改变。否则，该建筑物就不能适应使用性质改变后带来的火灾危险性的变化，就会产生新的火灾隐患，就有可能引起火灾的发生，甚至带来严重的后果。

如福州市某纺织有限公司违反《建筑设计防火规范》的有关规定，擅自改变厂房功能，将厂房的第四层车间改做仓库，存放大量的化学纤维腈纶纱等可燃物料；并且严重违反规定在仓库内紧靠东侧防火墙上凿出 7 个 12m×1m 的孔洞，用木龙骨与纤维板搭建了 8 间女工临时倒班宿舍，严重破坏了防火墙和封闭楼梯间的防火防烟功能，以致在 1993 年 12 月 13 日发生火灾后职工无法逃生，造成了 61 人死亡，8 人受伤，过火建筑面积 3979m²，直接导致财产损失 606.3 万元的特大火灾。

所以，建筑物的使用性质不能随意改变，如因特殊情况必须对建筑进行改建、扩建或变更使用性质时，也必须重新报经公安机关消防机构审批，以确保消防安全措施的落实，防止形成新的火灾隐患。

（2）严禁违法使用可燃材料装修。建筑内部装修、装饰材料，应当使用不燃、难燃材料，禁止违法使用可燃材料装修和使用聚氨酯类以及在燃烧后产生大量有毒烟气的材料，疏散通道、安全出口处不得采用反光或反影材料。

比如广东省深圳市龙岗区某社区的俱乐部，屋顶的天花板采用聚氨酯泡沫塑料装修，于 2008 年 9 月 20 日 22 时 49 分由于在舞台燃放烟火不当发生特大火灾，虽然燃烧范围小，但有毒烟雾产生多；还由于室内为达环保要求以防对附近居民的噪声污染，全部采用了密闭且易燃的装修，加之防烟排烟系统与事故照明不合格，安全通道狭窄，聚氨酯泡沫塑料燃烧产生的大量有毒烟雾无法排出，致使近千人被困密封火场，导致人踩人惨剧，共造成 44 人丧生，88 人受伤。

（3）物资库房不得随意超量储存。因为仓库建筑物的耐火等级、结构、建筑面积、防火间距、层数等，都是依据所储物资的火灾危险性和储存量的多少来确定的，所储物质不同，其火灾危险性也不同，储存量增大，同样也会增加火灾危险性；而且一旦发生火灾，还会扩大火灾损失，给日常防火管理带来困难。易燃易爆危险品的储存应当符合下列要求。

① 普通易燃易爆危险品库房储存量的限制要求。按照我国《常用化学危险品储存通则》第 6.2 条的规定，每栋化学危险物品库房的储存量不应超过表 2-1 的限额规定要求。

表 2-1　危险品仓库房的存放储存量

储存类别 储存要求	露天储存	隔离储存	隔开储存	分离储存
平均单位面积储存量/(t/m²)	1.0～1.5	0.5	0.7	0.7
单一储存区最大储量/t	2000～2400	200～300	200～300	400～600
垛距限制/m	2	0.3～0.5	0.3～0.5	0.3～0.5

续表

储存要求 \ 储存类别	露天储存	隔离储存	隔开储存	分离储存
通道宽度/m	4～6	1～2	1～2	5
墙距宽度/m	2	0.3～0.5	0.3～0.5	0.3～0.5
与禁忌品距离/m	10	不得同库储存	不得同库储存	7～10

注：1. 隔离储存指同一房间或同一区域内，不同的物料之间分开一定距离，非禁忌物料间用通道保持空间的储存方式。

2. 隔开储存指在同一建筑或同一区域内，用隔板或墙将其与禁忌物料分离开的储存方式。

3. 分离储存指储存在不同的建筑物或远离所有建筑的外部区域内的储存方式。

② 石油化工企业易燃易爆危险品库房储存量的限制要求。对于石油化工企业的厂内库房，甲类危险品储量不应超过 30t，乙、丙类危险品不应超过 500t。

③ 爆炸品库房储存量的限制要求。为了避免一旦库房炸药发生爆炸时对四周造成更大的危害，《民用爆破器材工程建设设计安全规范》（GB 50089—2007）规定，爆炸品仓库的储存量必须严格限制，并且不准超过库房安全距离所允许的最大储存量。生产区单个中转库房的最大允许储存量应尽量压缩至最低限度，中转库炸药的总存药量：梯恩梯不应大于 3 天的生产需用量；炸药成品中转库的总存药量不应大于 1 天的炸药生产量，当炸药日产量小于 5t 时，炸药成品中转库的总存药量不应大于 3t。

（4）防火间距不得随便占用。防火间距是为了防止火灾蔓延和保证火灾扑救，消防车通行的预留场地。如果使用单位随便在防火间距之内搭建其他建筑或者构筑物，或堆放其他物资，一旦发生火灾时就会影响消防车的通行和灭火救援战斗的展开，甚至导致火势蔓延、扩大。比如吉林市某商厦，既不留有防火间距，也不考虑设置有效的防火分隔，而是贴邻商厦搭建高 2.7m、长 42m 的库房和锅炉房，并且在仓库内留有 10 个窗户与大厦连通，当地公安机关消防机构列为重大火灾隐患限期整改后，该单位仅用砖封堵了东西两侧的 6 个窗户，中间 4 个用装修物掩盖了事，未进行彻底的防火分隔，结果在 2004 年 2 月 15 日由于库房职工抽烟引起火灾，并迅速蔓延到该商厦，造成了死亡 54 人，受伤 70 人，过火建筑面积 2040m²，商厦一层商品全部烧毁，直接造成财产损失 426 万元的特大火灾。

（5）安全疏散通道，出口不得堵塞。安全疏散通道和出口是确保建筑内人员安全疏散的逃生之路，其数量、宽度及长度的限制都是根据建筑物的使用性质、面积、层数以及人员情况来确定的，一旦堵塞，发生事故时人员就难以迅速疏散和逃生，对人员密集场所来说，就可能导致大量人员伤亡等难以想象的后果。

安全疏散通道和安全门是绝对不能堵塞的。特别是在使用时必须全部打开，在疏散通道内也不得摆放任何影响安全疏散的物品。不得擅自改变建筑物的防火分区，建筑物装修材料的燃烧性能等级不得擅自降低，建筑内部装修不应改变疏散门的开启方向，减少疏散出口、安全出口的数量及其净宽度，影响安全疏散畅通。

（6）消防设施不得圈占和埋压。消防设施是扑救火灾的重要设施，一旦被圈占及埋压，失火时就不能保证使用而影响火灾的扑救。如吉林市某建筑物外仅有消火栓 2 个也被埋压及损坏，致使5km 范围内没有一个消火栓可用，结果附近的某歌舞厅失火之后，消防车只能到 5km 之外的单位去拉水灭火，严重影响了火灾的扑救，导致了不应有的火灾损失，该教训非常值得有关单位吸取。

（7）车间或仓库不得设置员工宿舍。员工集体宿舍是人员杂居的地方，人们抽烟、用火、用电较多，因此导致火灾的因素也较多；近年来，一些单位在车间或仓库内设置了员工集体宿舍，且由于员工集体宿舍居住人员多，一旦遭遇火灾，往往导致大量人员伤亡和财产损失。比如 1993 年 11 月，深圳某玩具厂火灾，烧死 87人，烧伤 51 人；同年 12 月福建福州某纺织公司发生火灾，烧死61 人，伤 7 人；在 1996 年 1 月，广东深圳圣诞饰品有限公司火灾，造成 20 人死亡，109 人受伤；1997 年，福建晋江某鞋厂发生火灾，烧死 32 人，烧伤 4 人。这些火灾之所以屡屡造成群死群伤的恶性事故，一方面是因为这些企业对员工人身安全不重视，缺乏消防安全管理制度和措施，造成严重的火灾隐患；而另一方面就是由于在车间、仓库内设置员工集体宿舍。所以，必须严格禁止在车间或仓库内设置员工集体宿舍。

2.3 古建筑防火管理

 问86：古建筑消防管理原则有哪些？

古建筑消防管理原则如下。

（1）古建筑内不得开设饭店、餐馆、旅馆、茶馆、招待所或生产车间、物资仓库、办公室及职工宿舍、居民住宅等。

（2）在古建筑范围内，严禁堆放柴草、木材等可燃物品，严禁储存易燃易爆化学危险品。

（3）古建筑群严禁搭建临时易燃可燃建筑。

（4）凡与古建筑毗连的棚屋，必须拆除。

（5）对于古建筑的木质构件，应喷涂防火涂料，以提高耐火等级。

（6）古建筑群应考虑在不破坏原有格局的情况下，适当设置防火墙和防火门进行防火分隔。

（7）古建筑群，要逐步改善交通条件，疏通疏散通道，保证消防车能够到达古建筑附近。

（8）古建筑群应利用市政供水管网，安装室外消火栓；无市政供水管网的，应修建消防水池，储水量应确保灭火持续时间不少于 3h。

（9）按照国家标准配置必要的灭火器材和工具。

（10）古建筑群应依照规定建立专职消防队，负责古建筑群的消防管理及火灾扑救。

 问87：古建筑单位应当履行哪些消防安全职责？

依据《消防法》，古建筑单位应当履行的消防安全职责如下。

（1）落实消防安全责任制，制订本单位的消防安全制度、消防安全操作规程，制订灭火和应急疏散预案。

（2）按照国家标准、行业标准配置消防设施、器材，设置消防安全标志，并定期组织检验、维修，确保完好有效。

（3）对建筑消防设施每年至少进行一次全面检测，确保完好有效，检测记录应当完整准确，存档备查。

（4）保障疏散通道、安全出口、消防车通道畅通，保证防火防烟分区、防火间距符合消防技术标准。

（5）组织防火检查，及时消除火灾隐患。

（6）组织进行有针对性的消防演练。

（7）法律、法规规定的其他消防安全职责。

问88：消防安全重点单位还应当履行哪些消防安全职责？

消防安全重点单位除应当履行上述规定的职责外，还应履行以下消防安全职责。

（1）确定消防安全管理人，组织实施本单位的消防安全管理工作。

（2）建立消防档案，确定消防安全重点部位，设置防火标志，实行严格管理。

（3）实行每日防火巡查，并建立巡查记录。

（4）对职工进行岗前消防安全培训，定期组织消防安全培训和消防演练。

问89：消防安全责任人应当依法履行哪些消防安全职责？

依据公安部"61号令"即《机关、团体、企业、事业单位消防安全管理规定》，消防安全责任人应当依法履行的消防安全职责如下。

（1）贯彻执行消防法规，保障单位消防安全符合规定，掌握本单位的消防安全情况。

（2）将消防工作与本单位日常管理、开放、宗教等活动统筹安排，批准实施消防工作计划。

（3）为本单位的消防安全提供必要的经费和组织保障。

（4）确定逐级消防安全责任，批准实施消防安全制度。

（5）组织本单位的防火检查，督促落实火灾隐患整改，及时处

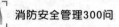

理涉及消防安全的重大问题。

（6）根据消防法规的规定建立专职或志愿（义务）消防队。

（7）组织制订符合本单位实际的灭火和应急疏散预案，并实施演练。

 问90： 消防安全管理人要实施和组织落实哪些消防安全管理工作？

古建筑单位根据需要，还可以确定消防安全管理人。消防安全管理人，对本单位的消防安全责任人负责，实施和组织落实以下消防安全管理工作。

（1）拟订消防工作计划，组织实施日常消防安全管理工作。

（2）组织制订消防安全制度并检查督促其落实。

（3）拟订消防工作的资金投入和组织保障方案。

（4）组织实施防火检查、巡查和火灾隐患的整改工作。

（5）组织实施对本单位消防设施、灭火器材和消防安全标志维护保养，确保其经常完好有效，确保疏散通道、安全出口和消防车通道畅通。

（6）组织管理专职或志愿（义务）消防队，建立防火档案。

（7）组织开展对本单位管理人员、工作人员、寺庙僧侣、道士、尼姑等人员进行消防知识、技能的宣传教育和培训，组织灭火和应急疏散预案的实施和演练。

（8）单位消防安全责任人委托的其他消防安全管理工作。

单位的消防安全管理人，应定期向消防安全责任人报告消防安全情况，及时报告涉及消防安全的重大问题。未确定消防安全管理人的单位，应当由消防安全责任人负责实施管理人的职责。

 问91： 消防安全制度应当包括的内容有哪些？

通常来说，消防安全制度应当包括的内容有：用火用电安全管理；消防安全宣传教育培训；电气线路、设备和防雷设施的检查与管理；防火巡查、检查；安全疏散设施和通道、出口管理；消防值班守护；火灾隐患整改；消防设施、器材维护管理；专职或义务消防队的组织管理；灭火应急疏散预案演练；消防档案；消防安全工作考评和奖惩等。志愿（义务）消防队（或者治安消防联防队），是古建筑自防自救的主要力量，应当普遍建立；距离公安消防队比较远、被列为全国重点文物保护单位的古建筑群，应当建立单位专职消防队。

 问92：防火巡查和防火检查的工作内容有什么区别？

防火巡查的内容应当包括：用火、用电是否违章；消防设施、器材是否在位、完整有效；消防安全标志是否完好清晰；疏散通道、安全出口畅通与否，有无锁闭；安全疏散指示标志、应急照明是否完好；消防安全重点部位（或区域）值班守护情况等。

防火检查的内容应当包括：消防车通道、消防水源情况；用火、用电情况；灭火设施、器材配置及有效情况；消防控制室值班情况、消防控制设备运行情况及相关记录；消防安全标志的设置和完好、有效情况；安全疏散通道、疏散指示标志、应急照明和安全出口情况；消防安全重点部位（区域）的管理情况；管理人员、工作人员及僧侣消防知识掌握情况；火灾隐患的整改以及防范措施的落实情况；消防值班与防火巡查落实情况及其记录等。

 问93：如何严格控制古建筑用火管理？

一是在古建筑内禁止使用液化气和安装煤气管道；二是做饭采暖的炉灶、烟囱必须满足防火安全要求，尽可能不用明火；三是供游人参观、举行宗教等活动的地方，禁止吸烟，并应当设有明显的标志；四是如由于维修需要，临时使用焊接切割设备的，必须经单位领导批准，并指定专人负责，落实安全措施。

 问94：电源管理如何严格进行？

（1）列为重点保护的古建筑，除砖、石结构之外，国家有关部门明确规定，一般不准安装电灯和其他电气设备，必须安装使用的尽量采用弱电。

（2）古建筑的电气线路，均一律采用铜芯绝缘导线，并用金属穿管敷设。不得把电线直接敷设在梁、柱、枋等可燃构件上，禁止乱拉乱接电线。

（3）配线方式，通常应将一座殿宇作为一个单独的分支回路，独立设置控制开关。

（4）在重点保护的古建筑内，不宜采用大功率的照明灯泡，严禁使用表面温度很高的碘钨之类的电光光源和电炉等加热器。

（5）没有安装电气设备的古建筑，如临时需要使用电气照明或者其他设备，必须办理临时用电审批手续，由电工安装，当期限结束即行拆除。

问95： 整改火灾隐患的方法有哪些？

整改火灾隐患是一项系统工程，既要考虑当前现实，又要考虑长远规划；既要考虑人的因素，又要考虑物的因素；既要考虑技术先进可靠，又要考虑经济承受能力。应是安全和经济的统一，形式与效果的统一，并坚持"三不放过原则"。也就是隐患没查清不放过、整改措施不落实不放过、不彻底整改不放过。整改火灾隐患，按照其难易程度可分为当场整改和限期整改两种方法。

（1）当场整改。对整改比较简单，不需要花费较多时间、人力、物力以及财力的隐患，单位应当责成有关人员当场改正并督促落实，不要拖延。例如：违章使用明火或者在具有火灾危险场所吸烟、动火的；消防设施、灭火器材被遮挡影响使用或者被挪作他用的；消防设施管理、值班人员以及防火巡查人员脱岗等行为，必须当场整改。

（2）限期整改。对整改有难度、涉及面广，牵涉到建筑布局与结构等，需要花费较多时间、人力、物力以及财力才能整改的隐患，应当采取限制在一定时间内按照"三定"的方法（即定整改措施、定整改的期限和定负责整改的部门及人员）进行整改，并落实整改资金。

问96： **消防档案应当包括哪几个方面？**

一般来说，消防档案应当包括以下两个方面。

（1）古建筑的消防安全基本情况

① 单位基本概况和消防安全重点部位（区域）情况。

② 消防管理组织机构及各级消防安全责任人。

③ 消防设施、灭火器材配置情况。

④ 各项消防安全制度。

⑤ 专职消防队、志愿（义务）消防队人员及其消防装备配备情况。

⑥ 灭火及应急疏散预案等。

（2）古建筑的消防安全管理情况

① 消防安全例会纪要或者决定。

② 公安消防机构填发的各种法律文书。

③ 防火巡查、检查记录。

④ 消防设施、灭火器材定期检查、检测以及维护保养的记录。

⑤ 有关电气线路、设备以及防雷设施检测记录。

⑥ 消防安全培训、灭火以及应急疏散预案的演练记录。

⑦ 火灾情况记录。

⑧ 火灾隐患及其整改情况记录。

⑨ 消防奖惩情况记录等。

问97： **消防规划的制订应遵循的原则有哪些？**

（1）坚持"预防为主，防消结合"的消防工作方针。

（2）坚持以人为本、科学合理、技术先进、经济实用的原则。

（3）坚持消防工作社会化、法制化，创造和谐的消防安全环境。

（4）坚持综合防灾减灾，促进消防力量向多种形式发展。

（5）坚持从实际出发，把握全局，突出重点，解决主要问题。

（6）坚持统筹规划，从战略角度思考消防工作，立足当前，谋划未来，注重近期与中远期相结合，分步实施，同步建设。

问98： 消防规划包括哪些基本内容?

消防规划的基本内容通常包括：消防安全布局、消防基础设施（含消防站、消防供水、消防车通道、消防通信）以及消防器材装备等。改善防火条件，创造安全环境，是减少古建筑火灾危险性的客观基础。古建筑（群）应紧密结合其自身特点及消防安全现状，认真研究安全防火对策，积极做好消防改造规划。

问99： 如何科学规划消除各类危险源?

（1）首先，古建筑（群）的开发及利用应与历史、文化背景相适应，与古代使用功能相适应。

（2）在保护的基础上，科学规划，适度利用。但不准占用古建筑开设饭店、茶楼、车间以及住宅等；已占用的，必须采取果断措施，限期搬迁。

（3）坚决拆迁危及古建筑安全的各类危险源。在殿堂内严禁使用易燃易爆的气体、液体；严禁使用可燃材料隔断和堆放可燃材料；严禁储存易燃易爆危险物品。已使用、堆放、储存的，必须立即搬出。

（4）在古建筑范围内，严禁毗连古建筑搭建易燃棚房、简易房以及临时易燃建筑；在古建筑外围，应拆除乱接乱建的易燃房屋；对危及古建筑消防安全的生产、储存单位以及建（构）筑物，应强制搬迁或拆除。

问100： 如何设置防火间距或防火分隔?

防火间距是避免着火建筑的辐射热在一定时间内引燃相邻建筑，且便于消防扑救的间隔距离。实践证明，为了避免建筑物间的火势蔓延，各幢建筑物之间留出一定的安全距离是非常必要的，这样能够减少辐射热的影响，防止相邻建（构）筑物被烤燃，并可为人员疏散和灭火救援提供必要的场地。防火分隔，是为了使火势控制在一定的范围之内，最大限度地减少火灾损失，在建筑内部设防火墙、防火门、防火卷帘以及防火水幕等。

（1）所有古建筑进行扩建、改建以及维修的时候，都应注意设置防火间距。古建筑与周围相邻建（构）筑物之间，应依照《建筑设计防火规范》（GB 50016—2014）留出足够的防火间距；规模较大的古建筑群，确实无法设置防火间距的，应在不破坏原有格局的基础之上，设置防火墙、防火水幕等防火分隔设施。

（2）建在森林区域的古建筑，周围应开辟宽度 30～50m 的防火隔离带，防止森林发生火灾时危及古建筑安全。在郊野的古建筑，即使没有森林，在秋冬枯草季节，也需把周围 30m 范围内的枯草、干枯树枝等可燃物清除干净，防止野火蔓延危及安全。

（3）所有古建筑都应开辟消防车道并始终保持畅通。消防车道可利用交通道路，但应符合消防车通行与停靠的要求；消防车道的净宽度及净高度均不应小于 4.0m；供消防车停留的空地，其坡度不宜大于 3%，以便于发生火灾时消防队能及时迅速赶赴施救。

（4）消防车道最好形成环形。如不能形成环形车道，其尽头式消防车道应设置回车道或者回车场，回车场尺寸不应小于 $12m×12m$；供大型消防车使用的回车场，其尺寸不应小于 $18m×18m$。消防车道路面、扑救作业场及其下面的管道及暗沟等应能承受大型消防车的压力。

问101： 我国专职消防队按照经费来源划分有哪些类型？

因为筹建和保障的经费、主管单位、建队形式以及用工形式的不同，所以我国专职消防队有多种模式和称谓。按照经费来源划分，主要有三种类型：

（1）地方政府专职消防队（由地方政府投资组建，消防装备及消防人员的工资及消防队的维护费用由地方政府承担）；

（2）企事业单位专职消防队（消防人员由企事业单位的干部、职工或者招聘的合同工担任，或由保安等安保人员兼职）；

（3）民办专职消防队（由民间集资或者个人投资组建，消防人员由乡镇居民或村民兼职，承担本村、镇灭火救援的消防队）。

问102: 按规定古建筑消火栓如何配置?

应在完善消防给水系统的基础上,合理设置消火栓。消防给水可以采取生活用水及消防用水合用的给水系统,其用水量不应小于60~80L/s。在城市间的古建筑,应利用市政供水管网,在每座殿堂和庭院外安装室外消火栓,有的还应加装水泵接合器。室外消火栓的间距不应大于120m,其保护半径不应大于150m。每个消火栓的供水量应按照10~15L/s计算。当古建筑在市政消火栓保护半径150m以内,并且室外消防用水量小于等于15L/s时,可以不设置室外消火栓。室外消火栓、阀门以及消防水泵接合器等设置地点应设置相应的永久性固定标识。

 问103: 如何来配置古建筑室内外消火栓?

室外消火栓应沿道路设置。消火栓距路边不应大于2m,并且距房屋外墙不宜小于5m。当道路宽度大于60m时,宜在道路两边设消火栓,并宜靠近十字路口。室外消火栓宜采用地上式消火栓。地上式消火栓应有1个DN150mm或者DN100mm和2个DN65mm的栓口。采用室外地下式消火栓时,应有DN100mm与DN65mm的栓口各1个。寒冷地区设置的室外消火栓应有防冻措施。

国家级文物保护单位的木结构或者砖木结构古建筑,宜设置室内消火栓。当古建筑体积小于等于10000m³时,消防用水量不应小于20L/s;当体积超过10000m³时,其消防用水量不应小于25L/s。室内消防竖管直径不应小于DN100mm。室内消火栓应设置于位置明显且易于操作的部位;栓口离地面或操作基面高度宜为1.1m,其出水方向宜向下或同设置消火栓的墙面成90°;栓口与消火栓箱内边缘之间的距离不应影响消防水带的连接。同一建筑物内应采用统一规格的消火栓、水枪以及水带,每条水带的长度不应大于25m。比如设室内消火栓有困难,则可通过强化室外消火栓的布置方式来弥补室内消防系统的不足。当室外消火栓替代室内消火栓时,水压应满足水枪充实水柱到达最不利点灭火的需要,间距应按室内消火栓的要求布置，并宜增设消防软管卷盘，配置消防水枪和水带，水枪宜采用多功能水枪。消火栓的设置形式、色彩等应尽量同周围景观相协调，并且有醒目的标志。

 问104：在郊野、山区中的古建筑应如何设置消防水源？

在郊野、山区中的古建筑，以及消防供水管网不能满足消防用水的古建筑，应当修建消防水池，配备消防手抬泵、水枪以及水带。消防水池的储水量应满足扑救一次火灾，持续时间不应小于3h的用水量（即消防水池的容量应为室内外消防用水量和火灾延续时间的乘积）。消防水池的补水时间（即从无水到完全注满所需的时间）不宜大于48h；缺水地区可延长至96h。在通消防车的地方，水池周围应有消防车道，并且有供消防车回旋停靠的余地；供消防车取水的消防水池，应设置取水口或取水井，并且吸水高度不应大于60m；取水口或取水井与建筑物（水泵房除外）的距离不宜小于15m。地处山区的古建筑，宜借助地形优势，修建山顶高位消防水池，形成常高压消防给水系统。在寒冷地区，消防水池还应采取防冻措施。

 问105：古建筑灭火器材如何配置，有什么要求？

灭火器材的配置，还要考虑尽可能将水渍损失减少。应配置适合扑救古建筑火灾的灭火效率高、水渍损失小的灭火和抢险救援器材，如干粉灭火器、二氧化碳灭火器以及高压脉冲水枪等。开放游人参观的宫殿、楼阁及寺庙、道观，可按照每200m² 左右配2具8kg磷酸铵盐（ABC）干粉灭火器或手提式7kg二氧化碳灭火器。

灭火器的设置一般有如下要求。

（1）设置位置。灭火器应设置在明显及便于取用的地点，并且不得影响安全疏散。

（2）设置方法。手提式灭火器应放置在挂钩上、托架上或者灭火器箱内，并应稳固摆放，其铭牌应朝外、可见。灭火器箱不得上锁。推车式灭火器放于室外时，应采取遮阳挡雨的措施。

（3）设置高度。手提式灭火器的顶部离地面通常为 1～1.5m，不应大于 1.5m；底部离地面高度不宜小于 0.08m。

（4）设置环境。灭火器应防潮湿、防腐蚀，否则会严重影响到灭火器的使用性能和安全性能。

问106：如何维修保养干粉灭火器及二氧化碳灭火器？

对各种灭火器材和消防设施，应定期由专人维护保养，要利用不断检测、调试、维护保养、更新改造等，随时确保消防设施、灭火器材功能正常、完好有效。其中，对干粉灭火器及二氧化碳灭火器的维护保养要求分别如下。

干粉灭火器应放置在通风、干燥以及阴凉处，避免日光曝晒和强辐射热，存放环境温度通常宜在 -20～55℃之间，严防干粉结块、分解，每半年应检查漏气与否，如已发生泄漏，则应送维修部门维修。灭火器一经开启必须再充装，再充装时不得变换干粉灭火剂的种类。比如碳酸氢钠（BC）干粉灭火器不能换装 ABC 干粉灭火剂；反之亦然。每次使用后或者期满 5 年，以后每隔两年，都应送维修部门进行水压试验等检查。

二氧化碳灭火器应存放在阴凉、干燥、通风处，不得接近火源，避免强辐射热，禁止日光曝晒，存放环境温度通常宜在 -10～55℃之间。搬运时，要轻拿轻放，不可碰撞，注意保护好阀门及喷筒。每半年应用称重法检查一次质量，检查有无泄漏。每次使用后或者期满 5 年，以后每隔两年，均应送维修部门进行水压试验等检查。

问107：如何改善建筑材料、织物的燃烧性能，使其耐火性提高？

（1）阻燃处理

① 对古建筑的柱、梁、枋、檩、椽、楼板以及闷顶内的梁架等木质构件，在木材的表面涂刷或喷涂木材专用防火涂料，使之形成一层保护性的阻火膜，以此来降低木结构表面的燃烧性而增强其

耐火性，阻止火势的迅速蔓延。

②用于古建筑内的各种棉、麻、毛、丝绸以及混纺针织品制作的装饰织物，尤其是寺院、道观内悬挂的帐幔、幡幢、伞盖等应采用织物专用型阻燃液处理，既可降低其燃烧性能，又可以达到防霉、防腐的目的。

③古建筑内使用的电线电缆，应采用防火涂料刷涂、喷涂或者辊涂，以满足防火阻燃的要求。

（2）替换可燃构件。古建筑扩建、改建以及修缮时，在不影响其原貌的前提下，宜对易燃、可燃构件用不燃或难燃构件替换。对规模比较大的古建筑群，应考虑在不破坏原有格局的情况下，适当设置防火墙、防火门进行防火分隔，使某一处失火时，不致很快蔓延至另一处，形成"火烧连营"。

问108：如何进行香火的管理？

（1）未经批准进行宗教活动的古建筑（寺庙、道观等）内，禁止燃灯、点烛以及焚纸。经批准进行宗教活动的古建筑内，燃灯、点烛、烧香以及焚纸等宗教活动，必须时刻注意消防安全，小心火烛。

（2）燃灯、点烛、烧香、焚纸等，应在指定的安全地点和位置，并且落实专人负责看管。除"长明灯"在夜间应有人巡查之外，香、烛必须在人员离开前熄灭。

（3）香炉应采用不燃材料制作；放置香、烛、灯的木质供桌上，应铺垫金属薄板、不燃材料或者涂防火涂料，避免香、烛、灯火跌落在上面时，引起燃烧；神佛像前的长明灯，应设固定的不燃灯座，并把灯放置在瓷缸或玻璃缸内，防止碰翻；蜡烛应有固定的不燃烛台，以防倾倒发生意外，并始终由专人负责看管。

（4）严禁所有的香、烛、灯火靠近帐幔、幡幢、伞盖等可燃物。

（5）焚烧纸钱、锡箔的"香炉"，必须设于殿堂外，选择靠墙角避风处，用非燃烧材料制作。

问109：古建筑的生活用火如何严格管理？

古建筑内禁止使用液化石油气和管道煤气；炊煮用火的炉灶和烟囱，应符合防火安全要求。冬季，在必须取暖的地方，取暖用火的设置，应经单位有关人员检查后定点，并指定专人负责。

供游人参观和举行宗教等活动的地方，严禁吸烟，并设有明显的警示标志。工作人员、僧、道等神职人员吸烟，应划定地方，烟头、火柴梗必须丢在带水的烟缸或痰盂内，严禁随手乱扔。

问110：古建筑照明设施如何管理？

凡列为重点保护的古建筑，除砖、石结构外，通常不准安装电灯和其他电气设备。古建筑内如确需安装照明灯具及电气设备，需经当地文物行政管理部门和公安消防机构批准，并由正式电工负责安装及维护，严格执行有关电气安装使用的技术规范相关规程。

古建筑内电气照明设施，应符合消防安全技术规程的要求。禁止使用卤钨灯等高温照明灯具和电炉等电加热器；不准使用日光灯和大于 60W 的白炽灯；灯具和灯泡不得靠近可燃物；灯饰材料的燃烧性能不应低于 B1 级。有资料表明：200W 灯泡紧贴木材 1h，就可以将其烤燃起火；100W 灯泡 13min、200W 灯泡 5min，就可以将被褥等可燃物烤燃起火。

所有电气线路应一律采用铜芯绝缘导线，并且采用阻燃 PVC（聚氯乙烯）穿管保护或穿金属管敷设，不准直接敷设在梁、柱、枋等可燃构件上，禁止乱拉乱接电线。

配线方式，通常应以一座殿堂为一个单独的分支回路，独立设置控制开关，以便于在人员离开时切断电源；控制开关、熔断器都应安装在专用的不燃配电箱内，配电箱应设在室外；禁止使用铜丝、铁丝以及铝丝等代替熔丝。所有安装了电气线路和设备的木结构或者砖木结构的古建筑，宜设置漏电火灾报警系统。

没有安装电气设备的古建筑，若临时需要使用电气照明或其他电气设备，也必须办理临时用电申请审批手续。经批准后由正式电工安装，到批准期限结束，必须拆除。

问111: 古建筑防火可以增加的相应防范设备有哪些?

防范设备虽然是消防用设备之外的设备,但按照设置方法的不同,很多设备也能够十分有效地预防火灾。防范设备一般是经常使用的,也是古建筑物中众多的设备之一。

(1)防范传感器。警戒侵入建筑物内或占地内的防范传感器的种类很多,并且各具特点。必须选择与目的相符的传感器,并选择合适的灵敏度,若传感器的灵敏度太高,除人的侵入之外,小动物、小鸟以及枯树枝等的活动有时也会产生错误启动,给管理造成麻烦。相反,如果设定的灵敏度太低,即使有侵入者,有时传感器也不会启动而导致损失。在这些情况下,要使用具有复合功能的传感器,或设置多个传感器组合使用。在各种各样的设置方法中,选择最适合相应建筑物的方法十分重要。在古建筑的房间中,大多都设置单独房间的防范传感器(红外线式)。在火灾时借助这些信息作为判据之一,也非常有效。防范设备的监视功能,可以与火灾自动报警设备的接收机设置于同一场所进行监视。

(2)监视摄像机[ITV(交互式电视)设备等]。在能够反映出主要场所画面的范围内设置摄像机,进行24h监视。并且应保存摄影的录像,以便必要时观看。现在的摄像机有多种多样的功能,即使周围很暗,也能够进行暗室监视、红外线监视,并附加有旋转装置,能够观察到周围的情况。通过设置、利用这些功能,还能实现防火和火灾时的情况确认等多种用途。

问112: 为什么古建筑容易遭受雷击?

古建筑容易遭受雷击的原因有下列几个方面。

(1)与古建筑的高度有关。在北京地区的古建筑中,最高的就要算古塔了。天宁寺塔高达58m,八里庄的慈寿寺塔高度也超过了58m。较高的宫殿、城门楼多在40m左右,比如正阳门楼、天坛祈年殿、鼓楼以及钟楼的高度都在40m以上。低一些的宫殿如太和殿等的高度接近40m。在城市没有出现高楼大厦以前,这些古建筑恐怕就是地面物中的最高点。这样,建筑物上的电荷和云层中的电荷造成接触放电的机会要比其他地面物多得多。在雷雨天时，带电的雷雨云多为低云，北京地区雷雨云底的相对高度仅有 1000m 左右，但是古建筑的高度多在 45m 左右，所以带电的雷雨云与古建筑之间的距离几乎是很近的，这是导致易遭受雷击的原因之一。

（2）与古建筑所处环境有关。古建筑常选建在比较理想环境位置。拿北京的古建筑来说，其位置多数是处于空旷平坦之地，兴建的大型重要古建筑犹如鹤立鸡群，形成孤单的高建筑。比如北京中轴线上的正阳门、天安门、故宫三大殿、鼓楼以及钟楼等，其四周附近没有高建筑，过去也没有安装避雷装置，处在这样位置的古建筑自然最容易遭受雷击。这是由于空中雷云所带的电荷，在地面上被感应出与雷云相反的电荷时，将会吸引地面相反的电荷，而这些相反的电荷会立即集中在高出地面的物体上。当雷云压低时，它所带的电荷就会向地面相反的电荷放电。因为当时古建筑没有避雷设施，必然要遭受雷击。此外，我国的古建筑群，历来还有种植树木用来烘托和美化环境的习惯。栽种的松、柏等均为多年生植物，都长得比较高，有的甚至超过古建筑本身高度。雷雨时，淋湿的树木成为导体，极易接闪，而树木接闪时，常会向附近的建筑物上反击，祸及古建筑，导致雷击火灾。

（3）与古建筑的结构造型有关。古代建筑在结构上通常由两部分组成：一是基座，多用砖石砌成；二是大木，就是在基座以上的木结构，它由上架（梁、檩）、下架（柱、枋）、斗栱组成，屋顶有泥背或锡背，最上层是琉璃瓦。这样的结构在没有避雷设施时，当遇雷雨屋顶接闪后，因为大木结构是不导电的，使屋顶与大地之间形成绝缘层，雷电无法由接闪部位传入地下，瞬间放出功率巨大的电流，必然导致木结构起火燃烧。

问113：古建筑物防雷现存缺陷有哪些？

（1）未设避雷保护设施。虽然 1982 年 11 月 19 日《中华人民共和国文物保护法》颁布之后，全国部分省、市开始对古建筑物根据其重要性陆续补做防雷装置，但是据统计，目前大约还有三分之二的古建筑物没有设防雷装置。

（2）已有防雷设施未达防雷技术标准。部分经过修建、改建、扩建的古建筑物以及较高的宝塔类型建筑物多数安装了防雷装置，但是从实际检测发现，这些古建筑物的防雷装置还存在不少缺陷。

（3）相比于现代建筑物，大多数古建筑物周围的地理环境、地质条件不理想，建筑物的外形结构也比较复杂，这给古建筑物防雷装置的施工安装带来了一定的难度，而且防雷效果相对现代建筑物要差一些。

（4）古建筑物防雷装置设施的安装敷设同保护古建筑原有风貌相矛盾，影响了防雷设施的安装与使用。

 问114： 古建筑物外部防雷措施有哪些？

外部防雷装置（即传统的常规避雷装置）由接闪器、引下线以及接地装置三部分组成。接闪器（也称为接闪装置）有三种形式：避雷针、避雷带以及避雷网。接闪器位于建筑物的顶部，其作用是引雷或称截获闪电，即把雷电流引下。引下线上和接闪器连接，下与接地装置连接，它的作用是把接闪器截获的雷电流引到接地装置。接地装置位于地下一定深度，它的作用是使雷电流顺利流散至大地中去。接闪器、引下线以及接地装置的布设要求见表2-2。

表 2-2　接闪器、引下线以及接地装置的布设要求

防雷装置	布设要求
接闪器	为保持古建筑物的艺术特点，接闪器宜采用避雷带与短支针的组合，代替原有的"苏式"长针，并宜在敷有引下线屋角的避雷带上焊接短支针，以便有效地闪雷电泄流入地。根据雷击规律，避雷带应沿古建筑物屋面的正脊、吻兽、屋顶檐部、斜脊、垂兽和高出建筑物的烟囱等易受雷击的部位敷设 目前一种提前放电避雷针逐渐成为非常避雷针的主流。新型避雷针无源、无辐射，精确地提前放电，完全主动式引雷，大大加强了建筑的防雷能力。其能量来自闪电发生前地面和云层之间的电势差。它在雷击发生临界点提前产生一个向上先导，形成雷电优先通路，相当于将避雷针增长了数十米，克服了传统避雷针被动接闪的不足，大幅度提高了防雷保护范围，减小了二次雷击效应影响。新一代避雷针安全可靠，无放射性元素，抗风能力强、耐腐蚀，无源、无耗能元件，本身不受浪涌冲击影响，免维修，寿命长，可在古建筑避雷工作中大力推广。新型古建筑的防雷保护可采用"暗装笼式避雷网"技术，在不影响古建筑艺术效果的前提下，将设计成网状的防雷装置铺排在古建筑顶部的瓦面上，构成一个大型金属网笼，并饰以屋顶相同颜色，这样既可以起到防雷作用，又可以保持古建筑完美的艺术造型，是一种实用、美观的安全的防雷方式，可在古建筑避雷工作中推广

续表

防雷装置	布设要求
引下线	防雷引下线根数少，雷电流分流就小，每根引下线所承受的雷电流就越大，容易产生雷电反击和雷电二次效应危害。因此，在布设引下线时应尽量多设几根，尽量利用建筑物的柱子和钢筋。但古建筑物多为砖木结构，故只能采用明敷。敷设时应注意引下线要对称，在间距符合规范的前提下，尽可能多设几根
接地装置	古建筑物接地装置的布设应根据其用途、性质、地理环境和游客多少等情况来选择布置方式和位置。对重要的游客集中的古建筑物内部应采用均压措施。对宽度较窄的古建筑物可采用水平周圈式接地装置，并注意接地装置与地下管线路的安全距离。若达不到规范要求的一律连接成一体，构成均压接地网。这样可以使接地网界面以内的电场分布比较均匀，可以减小跨步电压对游客的危害，也可以减小室内在被雷击时由于地面电位梯度大而容易产生的反击高压危害。另外，为降低雷电跨步电压对游客的危害，当接地体距建筑物出入口或人行道小于 3m 时，接地体局部应埋深 1m 以下，若深埋有困难，则应敷设 5～8cm 厚的沥青层，其宽度应超过接地体 2m

问115： 古建筑物内部防雷措施有哪些?

内部防雷装置的作用是为减少建筑物内的雷电流和所产生的电磁效应以及防止反击、接触电压、跨步电压等二次雷害。除外部防雷装置之外，所有为达到此目的所采用的设施、手段以及措施均为内部防雷装置，它主要包括等电位连接设施（物）、屏蔽设施、加装的避雷器以及合理布线和良好接地等措施。

大多数国家、省、市级重点文物保护的古建筑物内均增设了消防广播、防盗报警以及监视系统等。这些弱电电气系统对雷电虽无计算机电子信息系统那样"敏感"，但一旦遭受雷击其危害也是很大的。为此，随着人类科技的发展，古建筑物、仿古建筑物的内部防雷也显得十分重要。

文物古建筑应实施避雷设施跟踪技术检测，每年至少检修一次，以防人为及非人为因素破坏。现代防雷技术强调的是全方位防护、综合治理、层层设防，将防雷看作一个系统工程。国家文物是国家重要的人文旅游资源和珍贵文化遗产，具有不可复原性，因此古建筑的防雷安全工作不是小事。各级政府应当因地制宜，把避雷设施建设纳入文物保护基本建设和维修项目中，加大经费投入。各级文物管理部门应当增强雷电灾害忧患意识，切实做好文物古建筑的防雷安全保护工作。

 问116： 古建筑物安装避雷设施的注意事项有哪些？

古建筑安装避雷装置是否，不应只从建（构）筑物的高度考虑，而应从保护历史文化遗产与古建筑安全防火的角度考虑。以往火灾教训表明，雷击不仅对高大古建筑有威胁，对低矮的古建筑也同样有威胁。所以古建筑都应安装避雷装置；国家级重点文物保护的古建筑防雷，应符合第二类防雷建筑要求。除应严格按照《建筑防雷设计规范》（GB 50057—2010）设置避雷针、避雷线、避雷带以及避雷网等避雷设施外，还应注意下列事项。

（1）正确选择及安装避雷设施。选择避雷针安装方式，必须准确计算它的保护范围，屋顶与屋檐四周应在保护范围之内。无论是采用避雷针还是避雷带的安装方式，都应注意引下线在建筑屋檐的弯曲处，尽量减少弯曲，防止出现直角、锐角。采用避雷带，则应沿屋脊等突出的部位敷设。

（2）防雷引下线不要过少引下线少，分流就少，每根引下线承受的电流就大，容易产生反击及二次灾害。所以，引下线不应少于2根，即使建筑物长度短，引下线也不得少于2根，其间距不应大于24m。

（3）接地体及其电阻应符合安全要求。接地体应就近埋设，不宜距保护建筑太远，以使防雷装置的反击电压减小，可避免造成放电引发火灾的危险。为便于每根接地体的电阻的测试维护，应在防雷引下线和接地体间距地面1.8～2m处，设断接卡子。接地体的电阻值应在10Ω以下。

（4）防雷导线和其他金属物应保持安全距离。防雷导线与进入室内的电气、通信线路、管线和其他金属物要避免相互交叉，必须保持一定距离，避免产生反击引起雷电二次灾害。室外架空线路进入室内之前，应加装避雷器或者采取放电间隙等保护措施。

（5）安装节日彩灯需采取安全措施。古建筑安装的节日彩灯和避雷带平行时，避雷带应高出彩灯顶部30cm，而避雷带支持卡子的厚度应大一些。彩灯线路由建筑物上部供电时,应在线路进入建筑的入口端,装设低压阀型避雷器,其接地线应和避雷引下线相连接。

(6)坚持定期专门检测维护在每年雷雨季节前,应组织专业人员对避雷设施进行专门检测维护,以保证性能完好有效。

问117: 古建筑物如何设置火灾自动报警和自动灭火系统?

凡属国家级重点文物保护单位的古建筑或者有条件的古建筑,应建立全方位消防监控系统。在不破坏建筑的原有结构、不影响其使用功能以及满足建筑装饰效果的前提下,均需采用先进的消防技术措施,设置火灾自动报警与自动灭火系统,推广安装细水雾灭火系统。

(1)安装火灾自动报警系统。火灾自动报警系统是指能自动探测火灾、自动通报火灾、启动、控制有关消防设施的各种设备所构成的系统。此系统由触发器件、火灾报警装置、火灾警报装置以及具有其他辅助功能的装置组成。它主要有区域报警系统、集中报警系统以及控制中心报警系统三种基本形式。古建筑(群)应按照消防安全保护的实际需要,设置火灾自动报警系统。火灾自动报警系统的设计、安装施工以及竣工验收均应符合有关消防技术规范的要求,并应尽量不影响古建筑外观和风格。

大空间古建筑,可以选择红外线感烟探测器、缆式线型定温探测器和火焰探测器;佛像体上和壁挂、经书以及文物较密集的部位,可采用缆式线型定温探测器;对于人员住房、库房等其他建筑,可采用感烟探测器和火焰探测器的组合;收藏陈列珍贵文物的古建筑,宜选择抽气式早期火灾探测器或线型光纤感温探测器;重要古建筑的重点防火区域及重点部位,宜设置火焰图像探测器,火焰图像探测器宜和安防图像监控系统相结合,对建筑实施24h全方位监控。

(2)安装自动喷水灭火系统。自动灭火系统,也就是能自动探测火灾并能自动输送、喷射灭火剂扑救火灾的灭火装置。该系统一般由火灾探测、动力能源、操作控制、灭火剂储存及输送喷射、安全及指示仪表五部分设备组成。按照使用的灭火剂种类可分为：自动喷水灭火系统；二氧化碳灭火系统；蒸汽灭火系统；泡沫灭火系统；干粉灭火系统；卤代烷灭火系统等。自动喷水灭火系统，是按适当的间距与高度装置一定数量喷头的供水灭火系统，主要由喷头、阀门、报警控制装置和管道、附件等组成。按其组成部件及工作原理的不同，可以划分成若干种基本类型。目前已在应用的系统主要有湿式系统、干式系统、雨淋系统、预作用系统、水喷雾系统和水幕系统等。

重要的木结构与砖木结构的古建筑内，宜设置湿式自动喷水灭火系统。寒冷地区需防冻或者防误喷的古建筑，宜采用预作用自动喷水灭火系统。在建筑物周围容易蔓延火灾的场合，宜设置固定或者移动式水幕。

自动喷水灭火系统管道、喷头等构件的选型以及安装位置等应经过科学论证，不应影响和破坏古建筑的结构形式和外观风貌。自动喷水灭火系统采用天然水源时，应经过过滤处理，避免杂质堵塞喷头。

对性质重要、不宜用水扑救的古建筑，比如收藏陈列珍贵文物的古建筑，可结合实际情况，设置固定或半固定干粉、气体灭火系统或者悬挂式自动干粉灭火装置、二氧化碳自动灭火装置以及七氟丙烷自动灭火装置等。

安装了火灾自动报警与自动灭火系统的古建筑，应设置消防控制中心，对整个火灾自动报警、自动灭火系统实行集中控制与管理，并应加强其日常维护及检测，时刻保证设备良好的运转及其功能的充分发挥。

（3）安装细水雾灭火系统。因为古建筑火灾保护的特殊性，采用消火栓及水喷淋设备等系统，使用中存在许多不足。比如，灭火后，产生大量的水渍，容易使古建筑中的文物遭到破坏；这些设备使用的水量大，要求有足够的储备水，而通常古建筑地处偏远，没有大量储备水源的条件；这些消防设施的管道较粗，安装的体积比较大，影响文物的整体景观等。

因此，在有效灭火的前提下，又能符合古建筑保护的要求，缺水地区和珍宝库、藏经楼等重要场所，应设置细水雾、超细水雾灭火系统。细水雾灭火系统具有如下优点。

① 灭火效能高，反应时间短。不仅其冷却性好，抑制性强，有一定的穿透性，可以避免火灾复燃，而且它的用水量仅是水喷淋系统的 10%，很适用于古建筑保护。

② 使用安全，应用范围广。不会对环境及保护对象造成危害，既可独立保护建筑物的某一部分，又可以作为全淹没系统，保护整个空间。可用于水源匮乏的地区及部分严禁用水的场所。

③ 细水雾灭火系统的管道管径比较小，工程造价低，安装、维护方便；其隐蔽性强，能很好地维护文物的整体景观。

问118： 修缮古建筑时应注意哪些安全防火工作？

随着经济技术的发展和人们对文物古建筑的逐步重视，对古建筑的保护及修复已提到了一个比较重要的高度。古建筑的修复及改建工程完全不同于一般的改建工程，修复及改造应使古建筑在现代社会中既能保留建筑固有的历史风貌，重新发挥出其原有的璀璨光芒，符合国家关于文物保护建筑的有关法律法规，又要确保消防安全的要求，确保修复期间和改造后的安全使用。

修缮古建筑，是保护古建筑的一项根本措施。但是在修缮过程中，客观上又往往增加了不少火灾危险性。比如大量存放易燃、可燃物料，大量使用电动工具和明火作业；同时，维修人员多而杂，进出频繁，稍有不慎，就有可能引发火灾。所以，古建筑修缮过程中的安全防火工作尤须加强，特别应注意下列几方面。

（1）按规定报经公安消防机构审核。古建筑的使用、管理单位以及施工单位，应将工程项目、施工图纸、施工期间现场组织制度、防火负责人以及逐级防火责任制等消防安全措施，事先报送当地公安消防机构审核，未经依法审核或审核不合格，不得擅自施工。

（2）不能降低防火安全标准。在古建筑修缮过程中，应严格按消防技术标准和规范的有关要求进行，对其耐火等级、消防设施以及防火间距等均要达到消防安全要求，更不能降低防火安全标准。

（3）焊接、切割防高温熔渣和火花。如由于维修需要，临时使用焊接、切割设备的，必须经单位领导批准，指定专人负责，落实安全措施。在古建筑内和脚手架上，一般不得进行焊接、切割作业。如必须进行焊接、切割时，应保证在使用过程中不由于过载而损坏焊机绝缘；要事先彻底清除焊接、切割地点的可燃物，或者采取防高温熔渣和火花引燃可燃物的措施。

（4）建筑内严禁飞火和明火作业。电刨、电锯以及电砂轮不准设在古建筑内；木工加工点、熬炼桐油以及沥青等明火作业，要设在远离古建筑（群）的地方。

（5）严格控制存放可燃物料。修缮用的木材等可燃物料，不得堆放于古建筑内，也不能靠近重点古建筑堆放；油漆工的料具房，应选择远离古建筑的位置单独设置；施工现场使用的油漆稀料，不得大于当天的使用量。

（6）贴金作业防纸片乱飞。若进行贴金作业，则需将作业点的下部封严，地面能浇湿的，要洒水浇湿，避免纸片乱飞遇到明火燃烧。

（7）雷雨季节应采取避雷措施。在雷雨季节搭建的脚手架应考虑防雷，在建筑的四个角和四个边的脚手架上，宜安装避雷针，并且直接与接地装置相连接，以保护施工工地全部面积，其保护角可按 60°计算；避雷针至少要比脚手架顶端高出 30cm。

（8）修缮工地消防安全措施应落实。修缮施工工地的消防安全组织、各项消防安全制度、值班巡逻以及配置足够的灭火器材等消防安全措施都必须落到实处。

问119： 制订灭火预案应遵循相应程序有哪些？

制订预案应遵循相应程序。即成立预案编制小组；搜集整理同灭火和应急疏散预案相关的信息资料；具体编制预案；实地演练；修订预案；发布预案；定期演练及再修订。

问120： 灭火预案应明确应急组织机构及其职责有哪些？

预案应明确应急组织机构及其职责。组织机构应包括：应急指挥部（统一指挥、协调灭火救援的各种行动）、通信联络组（负责火灾现场通信联络）、灭火行动组（实施现场灭火、抢救被困人员）、疏散引导组（引导被困人员自救，在安全出口以及容易走错的地点安排专人值守，及时将被困人员疏散至安全区域）、火灾现场警戒组（控制各出入口，无关人员不允许进入，火灾扑灭后保护现场）、安全防护救护组（对受伤人员进行紧急救护，并视伤情转送医疗机构）、后勤保障组（供电控制、水源供应、灭火物资装备保障等）以及机动组（按照指挥部的命令展开行动）等。

 问121：灭火预案应当包括哪些内容？

预案的制订应以一个院落或者一幢古建筑为单位进行。内容除应包括建筑概况、消防安全重点部位、建筑布局和内部陈设、灭火器材情况、消防设施、义务消防队人员及装备情况、灭火与人员疏散设想外，还应当包括以下基本内容。

（1）组织机构。

（2）报警和接警处置程序。

（3）扑救初期火灾的程序和措施。

（4）应急疏散的组织程序和措施。

（5）通信联络、安全防护救护的程序及措施。

 问122：你了解火情预想吗？

火情预想，即对单位可能发生火灾所做出的有根据、符合实际的设想，为制订灭火和应急疏散预案的重要依据。火情预想要在调查研究、科学计划的基础上，从实际出发，根据不同时段的火灾特点来设定。要有针对性，避免主观臆断；要通盘考虑各种情况，使之互相联系，形成一个有机的整体。其基本内容如下。

（1）重点部位，主要起火点。同一重点部位，可以假设多个起火点。

（2）起火物品及蔓延条件，燃烧面积（范围）与主要蔓延的方向。

（3）可能造成的危害和影响，以及火情发展变化趋势，可能导致的严重后果等。

问123： 灭火预案对安全疏散时间如何进行确定？

安全疏散时间，也即是建筑物发生火灾时，人员离开着火建筑物到达安全区域的时间。通常就公众聚集场所而言，暴露在火灾环境下的人员必须在 90s 内疏散到安全区域；高层建筑的安全疏散时间可以按 5～7min 考虑；一级、二级耐火等级公共建筑，可按6min 考虑；三级、四级耐火等级建筑，可以按 2～4min 考虑。

问124： 应急疏散计划图有哪些要求？

预案应包含灭火及应急疏散计划图。计划图有助于指挥部在救援过程中对各小组的指挥和对事故的控制，力求详细、直观、准确、明了。

（1）总平面图标明建筑总平面布局、消防车道、防火间距、消防水源以及与邻近单位的距离等。

（2）各层平面图标明消防安全重点部位、安全出口、疏散通道及灭火器材配置情况。

（3）消防设施图标明各类消防设施和灭火器材的具体位置。

（4）灭火进攻图标明义务消防队人员部署、进攻以及撤退的路线，扑救假定火情可利用的消防设施、灭火器材。

（5）疏散路线图。以防火分区为基本单元，来标明疏散引导组人员（即现场工作人员）部署情况、搜索区域分片情况以及各部位人员疏散路线。

问125： 制订灭火预案有什么意义？

（1）做好古建筑火灾扑救前的准备。提高认识，做好思想及心理准备。古建筑是我国历史文化的瑰宝，让它们免受或者少受火灾威胁是消防人员义不容辞的职责，担负有火灾扑救任务的消防人员要充分认识自己身上肩负的神圣使命。同时，消防人员还应在充分认识古建筑火灾特点以及对策的基础上，树立必胜的信心，保持良好的心态，赢得火灾扑救的最终胜利。

制订切实可行的灭火作战预案并且适时组织演练是针对古建筑火灾开展的一项必不可少工作。消防队员应在深入细致的调查研究的基础上，利用对可能出现的火情进行研究探讨后，制订周密详尽的灭火作战预案。预案的制订应以一个院落或者一幢古建筑为单位进行，包括古建筑概况、建筑布局和室内陈设、消防设施以及灭火设想等内容。在预案的制订过程中，公安消防队应主动同古建筑所属单位的专职消防队、义务消防队以及相关负责人共同研究，制订出各自的灭火作战预案及联合灭火作战预案，组织所有参战人员学习后，适时组织演练。

消防装备器材为扑救古建筑火灾的物质基础。消防人员应根据当地古建筑的特殊情况，配备必要的装备和器材。通常情况下，应配备水罐消防车、手抬泵、干粉灭火器等灭火装备和器材，以适应准确、迅速以及集中兵力打歼灭战的需要；应配备隔热服、空气呼吸器等个人防护装备，以适应贴近火场抢救人员与灭火的需要；可配备登高装备和器材，配备15m专用拉梯等，在条件允许的情况下，还可以配备30m左右的举高车，以适应高大建筑的灭火需要；有条件的可以配备照明车，以适应夜间火灾扑救的需要；担负大型古建筑群保卫任务的消防队还可以配备破拆车，以适应火场破拆或者开辟通道的需要。

（2）针对火情，采取有效措施进行扑救。到达火场之后应首先进行火情侦察，查明被困人员、起火部位及火势蔓延方向，燃烧物的性质、范围，通道受阻与否，建筑的构件烧损程度及是否有倒塌危险等情况，然后针对不同建筑和部位以及火灾发展的不同阶段，采取有效措施扑救。当火势在室内蔓延时，应以内攻为主。在火灾初期阶段，古建筑内工作人员应积极开展自救。当消防队员到达火场后，应以最快的速度，利用门窗等与外界相连的通道，向建筑物内部发起进攻，应选择障碍少、烟雾小、视线好以及能充分发挥水枪威力的阵地，阻击火势向周围蔓延。如果燃烧仅局限在建筑物下部，应用喷雾水枪尽快围歼，对周围木结构与易燃构件采取浇水保护的形式阻止火势蔓延；若火势已窜至屋顶，可采用直流水枪打击屋顶火点，也可通过墙柱等构架直搭消防梯，对已蔓延到梁、柱构件上的火势加以消灭，保持屋顶构架机械消防强度，避免坍塌。同时部署力量射水保护建筑的承重构件，并且在外围部署一定力量随时堵截可能向外蔓延的火势。

同时，山区古建筑群火灾中，还应防止火势向森林蔓延，危及到林区安全。当火势被完全控制后，消防部门应部署专门力量，对燃烧物进行冷水冷却，并且安排专人监视余烬和负责清理工作，防止其复燃。

（3）古建筑火灾扑救中需要处理好的两个关系

① 处理好火灾扑救和保护文物的关系。文物保存通常都有其特点，如木雕佛像、匾额等工艺品不耐火，泥塑佛像以及古字画等文物既不耐火也不耐水，瓷器、陶器虽耐火，但在高温情况下骤然遇冷，也要遭到严重毁坏。所以，在古建筑火灾扑救中一定要正确处理好火灾扑救与保护文物的关系，在灭火的同时采取积极有效的措施保护珍贵文物，除及时疏散及抢救燃烧古建筑内受火势威胁的文物外，还应尽可能采用干粉灭火剂或喷雾水灭火，避免水流破坏文物。

② 处理好火灾扑救和火场供水的关系。火场供水为古建筑火灾扑救中一个关键环节，直接关系到扑救工作的成败。面对火情需要多少消防用水量，消防人员应有充分的估计。在水源缺乏的情况下，消防人员应因地制宜，组织力量，采取其他方式供水，保证火场供水不间断。当消防车无法靠近的古建筑发生火灾时，除组织消防车长距离供水外，可让手抬机动泵深入火场，借助就近的水源直接供水灭火，或采用手抬机动泵与消防车联合供水灭火。在无消防管网供水的地区，应充分利用现场和附近一切水源，可以通过洒水车或者其他运输工具运水，也可通过积极组织当地群众用接力传递水桶及水盆的方式供水，以应急需。

需要指出的是，我国在制订消防控制规范方面和国外先进国家相比有一定的差距，对于古建筑，现行防火设计规范中无针对性强的明确要求。目前在设计时的规范应用上，只能采用"就高不就低"的模糊概念，参照高层建筑或者可类比建筑的要求来做。任何规范都是以前工程及技术经验的结晶，但相对于技术进步，规范总是不可避免地滞后。这种现状已不适应工程技术的进步及建筑设计创新的需要，当前，在世界范围内，建筑防火设计规范正由传统的处方式规范转向以性能化为基础的规范。安全控制的性能化设计将以火灾安全目标为对象，借助各种烟气流动模型对火灾烟气运动的分析描述，使设计出最佳的烟气控制方案成为可能。

3 特殊场所的消防安全管理

3.1 医院消防安全管理

 问126： 医院的一般防火要求有哪些？

（1）建筑与安全疏散

① 新建的大、中型医院建筑的耐火等级不低于一、二级；小型医院不应低于三级。

② 在建筑布局上，医院的职工宿舍及食堂，应同病房分开。

③ 在原有砖木结构的房屋内，设置安装贵重医疗器械，比如CT检查仪及 X 光机等，必须采取防火分隔措施，与其他部位分开。

④ 依据病员自身活动能力差，在紧急疏散时需要他人协助这一特点，医院的楼梯、通道等安全疏散设施必须要比其他单位的建筑更加宽敞。

（2）电器设备和消防设施

① 安装电器设备必须由正式电工根据规范要求合理安装，电工应定期对电器设备、开关线路等进行检查，凡不符合安全要求的要及时维修或者更换。不准乱拉临时电线。

② 治疗用的红外线、频谱仪等电加热器械，不可以靠近窗帘、被褥等可燃物，并应有专人负责管理，用后切断电源，保证安全。

③ 医院的放射科、病理科、手术室、药房以及变配电室等各部门，均应配备相应的灭火器。

④ 高层医院需参照《建筑设计防火规范》（GB 50016—2014）

的有关规定，安装自动报警和灭火系统以及防排烟设备、防火门、防火卷帘、消火栓等防火和灭火设施，以使自防自救的能力加强。

（3）明火管理

① 医院内要严格控制火种，病房、门诊室以及检查治疗室、药房等处均禁止吸烟。

② 取暖用的火炉应统一定点，指定由专人负责管理。

③ 处理污染的药棉、绷带以及手术后的遗弃物的焚烧炉，需选择安全地点设置，由专人管理，防止引燃周围的可燃物。

④ 医院的太平间应加强防火管理，要及时清理死亡病人换下衣物，不可堆积在太平间；病人家属按照旧习俗烧纸悼念亡人，要加强宣传教育工作，加强劝阻。

问127：医院重点部位如何防火？

（1）放射科。放射科是医院借助 X 光射线对病人进行诊断的科室，防火重点是 X（光）射线机房和胶片室。

① X（光）射线机房。中型以上的 X 射线机，其电源应由专用电源变压器供电，开关与电线的截面应按最大计算负荷电流进行选择。导线电缆宜选用阻燃型并且穿金属管予以保护，高压电缆可敷设在电缆沟内，沟内孔洞应封堵，明敷部分应有机械保护防止损坏。

② 胶片室

a. 胶片室应独立设置，室内要通风、阴凉，室温应为 0～10℃，最高不得超过 30℃，在超过 30℃时，必须采取降温措施。

b. 硝酸纤维胶片易霉变分解自燃，需单独存放，不应同醋酸纤维胶片混放一起。

c. 胶片室应对电、火源加以控制，不得安装动力设施。

（2）手术室

① 手术室内应有良好的通风设备，因为乙醚的蒸气密度比空气大，通风排气口要设在手术室的下部，并且应采取一切措施减少乙醚蒸气的沉积。

② 严格控制室内的易燃物品，尤其是酒精，手术师不得用盆

装酒精进行消毒，若必须使用时宜在另室进行，并且要做到随用随领，不得储存。

③ 应有效地消除静电。

（3）药房

① 含醇量高的酊剂等药品存量不要过大，以两日用量为宜。乙醇及乙醚等以一日用量为宜，特别是乙醇，瓶装以 500mL 为宜，总存放量不得超过 50kg，否则就要另室存放。

② 中药不得长期大量堆积，防止自燃。

③ 药房内不能有明火，严禁吸烟。

（4）病房

① 病房通道内不得堆放杂物，通道应保持畅通，便于疏散病人。

② 住院病房内，大多都使用氧气钢瓶，重点应注意氧气瓶的防火，要随时检查氧气瓶上是否有油污，尤其是阀门处，若发现油污应用非燃性清洗剂擦除。

③ 病房采暖应用水暖。

④ 病房内严禁病人及家属使用各种炉具加热食品，加热食品应在专门的炉灶集中加热。

（5）医用高压氧舱

① 严格控制舱内火源

a. 控制静电火源；

b. 控制电气设备火源；

c. 防止机械火花；

d. 严禁明火；

e. 可靠接地。

② 对舱内进行阻燃处理。

③ 严格控制氧舱内的氧浓度。

④ 加强氧舱管理。

问128：医院如何安全防火？

（1）保障疏散通道畅通。在病房疏散通道内不得堆放可燃物品及其他杂物，不得加设病床。为划分防火防烟分区设于走道上的防火门，如平时需要保持常开状态，发生火灾时则必须自动关闭。按相关规定设置的封闭楼梯间、防烟楼梯间以及消防电梯前室一律不得堆放杂物，防火门必须保持常关状态。疏散门应采用向疏散方向开启的平开门，不应采用推拉门、吊门、卷帘门、转门。除医疗有特殊要求外，疏散门不得上锁；疏散通道上应按照规定设置事故照明、疏散指示标志以及火灾事故广播并保持完整好用。

（2）正确使用氧气。无论是使用医用中心供氧系统供氧还是采用氧气瓶供氧，均应遵循相关操作规程。给病人输氧时应由医护人员操作。采用氧气瓶供氧，氧气瓶应符合避热、禁油以及防撞击等规定，氧气瓶要竖立固定，远离热源，使用时应轻搬轻放，防止碰撞。氧气瓶的开关、仪表以及管道均不得漏气，医务人员要经常检查，保持氧气瓶的洁净及安全输氧。同时应提醒病人及其陪护、探视人员不得用有油污的手和抹布触摸氧气瓶和制氧设备。输氧结束之后应将阀门关好，撤出病房存放在专用仓库内。如采用集中输氧系统，检查时应查看总控制阀与分路阀门是否灵活严密，整个输氧系统应严密不漏气。应采用四氯化碳擦除氧气钢瓶油污，输氧管道消毒不得使用酒精等有机溶剂，可以选用 0.1% 洁尔灭消毒剂水溶液。

（3）严禁乱拉乱接电线、擅自使用电气设备。医务人员要随时检查病房用电、用火的安全情况。病房内的电气设备和线路不得擅自改动，禁止使用电炉、液化气炉、煤气炉、电水壶、酒精炉等非医疗电热器具，不得超负荷用电。病房内严禁使用明火烘烤衣物与吸烟，禁止病人和家属携带煤油炉、电炉等加热食品。应在病房区以外的专门场所设置加热食品的炉灶并且由专人管理。

问129： 医院常用的火灾隐患有哪些？

（1）放射机房装有固定或移动的 X 线机。X 线机常见电路故障有断路、短路以及零件损坏等，进而导致电器起火。X 线机使用的电压要求较高，当电子的能量在转化为 X 射线时，同时也会产生一定的热能，具有潜在的火灾危险性。

（2）胶片室里的胶片属于易燃物质，火灾危险性较大。

（3）手术室中所有的麻醉剂都是易燃易爆物质，所使用的电气设备也较多，若发生火灾，会造成严重的后果。

（4）生化检验及实验室每天都在接触和使用各种化学试剂，有时还需使用酒精灯、煤气灯等明火和电炉、烘箱等电热设备，稍有不慎则会造成火灾。

（5）病理室在进行切片制作和处理过程中，要经常使用乙醇、二甲苯等化学溶剂。在烘干时，极易发生火灾。

（6）药库、药房和制剂室内都储存有大量的易燃、易爆物品和放射性物品，而且种类繁多，性质复杂，若发生火灾，不便控制和处理。

（7）高压氧舱内气压、氧含量都很高，碳氢化合物、油脂、纯涤纶等遇到高浓氧往往可自燃。一旦起火，火势猛烈，蔓延速度快，舱内人员不易撤出，后果不堪设想。

（8）治疗用的红外线、频谱等加热器械如靠近被服、窗帘等可燃物也易起火。

（9）电线老化，接触不良，电器设备缺少接地等保护装置易起电火。

问130：病房有哪些火灾危险性及防火要求？

医院病房中的住院病人来自各处，照料和探望病人的家属亲友又较多，情况复杂，万一不慎起火，多数病人行动不便，疏散困难，容易造成重大伤亡。因此，应注意以下几方面。

（1）病房通道内不得堆放杂物，应保持通道畅通，以便万一发生火灾事故时，便于抢救和疏散病人。

（2）给住院病人输氧时大都使用氧气钢瓶，应注意氧气瓶的防火。医院工作人员应该经常检查氧气瓶体有无油污，如发现油污，应立即用四氯化碳擦除，以防止与氧气接触而发生燃烧。不少事故就是由于有人在吃饭（或取糕点）后未洗手，就去接触氧气设备而发生的。因此，必须向病人及家属宣传，切不可用油手抚摸氧气瓶或制氧设备。氧气瓶不用时，应撤出病房。有的医院病房有专用输氧管道，由一群氧气瓶集中输出。除氧气瓶应符合避热、禁油、防止撞击等常规要求外，氧气瓶室内不得存放任何可燃杂物，并应及时扫除灰尘保持清洁。整个输氧系统应不漏气。总控制阀和分路阀门要灵活严密，不用时必须关好。输氧管道不得用酒精等有机溶剂消毒，可用0.1％洁尔灭消毒剂的水溶液揩拭。病房内有人输氧时，不得点燃卫生香和使用其他明火。

（3）病房取暖在有条件的地方应尽量用水暖，如果使用电炉或火炉时，必须严格注意防火，除电炉、火炉的一般防火要求外，病人和家属不得在电炉、火炉上烘烤手套、衣帽、毛巾或食品。每晚临睡前，值班护士应全面检查各病房取暖设备上有无异物烘烤，如有发现，立即清除。

（4）在病区为方便病人和家属加热食品设置的炉灶，应有专门的地方，炉灶应有专人管理。不得使用液化石油气。在病房内，禁止病人和家属携带煤油炉、电炉等加热食品。

（5）病房内的电气设备不得擅自挪动，不得擅自在病房线路上加接电视机、电风扇、电冰箱等载荷，也不要拉接照明灯具或将灯泡换大，以防电气线路超负荷熔断保险丝，使病房照明设备和急救设备失效，给抢救中的病人造成生命危险，甚至使线路发热起火，给病人密集的病房区带来严重后果。

问131： 医院发生火灾时应如何处理？

（1）正确报警，防止混乱。在火势发展比较缓慢的情况下，失火医院的领导和工作人员应先通知出口附近或最不利区域的人员，将他们先疏散出去，然后视情况公开通报，告诉其他人员疏散。在火势猛烈，并且疏散条件比较好时，可同时公开通报，让全员疏散。在火场上，具体怎样通报，可根据火场具体情况确定，但必须保证迅速简便，使各种疏散通道得到及时充分利用，防止发生混乱，迅速组织好疏散工作。

（2）正确引导，稳定情绪。火灾时，由于人们急于逃生的心理作用，可能会一起拥向有明显标志的出口，此时，有关工作人员要设法引导疏散，为逃生人员指明各种疏散通道，同时要用镇定的语气呼喊，劝说大家消除恐慌心理，有条不紊地疏散。

（3）制止脱险者再进入火灾场内。对疏散出来的人员，要加强脱险后的管理。由于受灾的人员脱离危险后，随着对自己生命威胁程度的减小，可能增强对财产和未逃离危险区域内的亲人的担心程度。此时，逃离危险区的人员有可能重新返回火场内，去救还没有逃出来的亲人，这样有可能遇到新的危险，造成疏散的混乱，妨碍救人和灭火。因此，对已疏散到安全区域的人员，要加强管理，禁止他们危险行动，必要时应在建筑物内外的关键部位配备警戒人员。

（4）如何进行火场救人

① 对于行动不便的老弱病残者、儿童以及因惊吓、烟熏、火烧而昏迷的人员，要用背、抱、抬的方法捕拿他们抢救出来。需要穿过烟火封锁区时，可用湿衣服、湿被褥等将被救者和救援者的头、脸部及身体遮盖起来，并用雾状水枪掩护，防止被火或热气灼伤。

② 楼层的内部走道、楼梯、门等通道已被烟火封锁，被困人员无法逃生时，应利用消防拉梯等架到被困人员所在的窗口、阳台、屋顶等处，然后利用消防梯、举高消防车、救生袋、缓降器等将被困人员救出。

③ 无法架设消防梯时，可利用挂钩梯，徒手爬落水管、窗户等方法攀登上楼，然后用救生器材救人，或使用射绳枪将绳索射到被困人员所在的位置上，再让被困人员用绳将缓降器、救生梯、救生袋等消防器材吊上去，然后让被困人员使用器材自救。

④ 被困在窗口、阳台、屋顶的人员，尤其是悬吊在建筑物外面的人员，在浓烟烈火的威胁下，有可能冒险跳楼，此时要用喊话或大字标语的方式，告诫他们坚持到底等待救援，不要铤而走险。同时在地面做好救生准备，如拉开救生网、救生垫，可用海绵垫、席梦思床垫等代替，以防万一。

⑤ 在使用消防梯抢救楼层内被困人员时，要警惕并制止他们蜂拥而上，以免造成人员坠落、翻梯等事故。被困人员自己沿消防梯从楼层向地面疏散时，应用安全绳系在其腰部作保护，或由消防人员将其背在身上护送下来。

⑥ 被抢救出来的受伤人员，除在现场急救外，还应及时进行抢救治疗。

3.2 宾馆、饭店消防安全管理

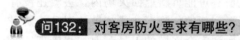 **问132：** 对客房防火要求有哪些?

（1）客房内所有装饰材料应采用非燃材料或者难燃材料，窗帘一类的丝、棉织品，应经过防火处理。

（2）客房内除了固有电器及允许旅客使用的电吹风、电动剃须刀等日常小型电器外，严禁使用其他电器设备，尤其是电热设备。

（3）对来访人员应明文规定：严禁将易燃、易爆物品带入宾馆，凡带入宾馆的易燃、易爆物品，要立即交服务人员专门进行储存，妥善保管。

（4）客房内应配有严禁卧床吸烟的标志、应急疏散指示图及宾客须知等消防安全指南。

（5）服务员应经常向旅客宣传，不要躺在床上吸烟，烟头以及火柴梗不要乱扔乱放，应放在烟灰缸内，不要把燃着的烟放在桌子上或卡在烟灰缸的缸口上离开，不得将未灭的烟头与火柴或打火机放在一起。

（6）服务员要注意提醒旅客入睡前应关闭音响、电视机等；人离开客房时，应将房内的电灯关掉。

（7）服务员应保持高度警惕，在整理房间时要仔细检查挽起的窗帘内、窗台上、沙发缝隙内及叠起的床单被褥内、地毯压缝处以及废纸篓等处是否有火种存在；烟灰缸内未熄灭的烟蒂不得倒入垃圾袋或垃圾道内。

（8）服务员对醉酒后的旅客除特别注意提醒外，经过一段时间应在其房外或结合服务进入房间，观察是否有异常。

（9）平时服务员进入宾馆房间服务时，应注意查看房间内的消防安全问题，发现火灾隐患要采取措施。

（10）长期出租的客房，出租方与承租方应签订合同并明确各自的防火责任。

问133：厨房防火安全应当做到哪些要求？

（1）厨房使用液化石油气灶的防火

① 必须严格执行液化石油气炉灶的管理规定，保证炉灶在完好状态下使用。

② 装气的钢瓶不得存放在住人的房间、办公室以及人员稠密的公共场所，楼层厨房不应使用瓶装液化石油气；在厨房里，钢瓶和灶具要保持 $1\sim1.5$m 的安全距离并保持室内空气流通。

③ 经常检查炉灶各部位，如发觉室内有液化石油气气味，要立即将炉灶开关和角阀关闭，切断气源，及时打开门窗，严禁在周围吸烟、划火，关闭电气开关并熄灭相邻房间的炉火或者关闭相邻房间的门窗进行隔离；检查泄漏点可用肥皂水，禁止使用明火试漏。

④ 炉灶点火时，要先开角阀后划火柴，再开启炉灶开关；若没有点着，应将炉灶开关关好，等油气扩散后再重新点火。

⑤ 用完炉火应关好炉灶的开关、角阀或者炉内供气管道上的阀门，以免由于胶管老化破裂、脱落或被老鼠咬破而使气体溢出。

⑥ 使用液化石油气炉灶不能离开人，锅、壶不得装水过满，防止饭、水溢出扑灭炉火，泄漏出液化石油气。

⑦ 钢瓶要防止碰撞、敲打，周围环境温度不得高于 35℃，不得接近火炉及暖气等火源、热源，不得和化学危险品混存。

⑧ 钢瓶不得倾倒、倒置；禁止用自流的方法将油气从一个钢瓶倒入另一个钢瓶。

⑨ 厨房工作人员不得自行处理残液，残液应由充装单位统一回收；不允许随意排放油气，更不得用残液生火或者擦拭机械零件。

⑩ 发现角阀压盖松动、手轮关闭上升等现象，应及时同液化气站联系，由他们派人来处理；钢瓶不得带气拆卸。

（2）厨房使用管道煤气的防火

① 宾馆、饭店厨房内的煤气管道必须采用镀锌钢管；用气计

量表具宜安装于通风良好的地方，严禁安装在卧室、浴室、库房以及有可燃物的地方；煤气炉灶不得在地下室使用。

② 煤气炉灶与管道的连接不宜采用软管；若必须采用时，则其长度不应超过 2m，两端必须扎牢，软管老化应及时更新。每次使用完毕必须关好总阀门。

③ 禁止厨房操作人员擅自更换或拆迁煤气管道、阀门以及计量表具等设备。如需维修，应由供气单位进行。管线、计量装置及阀门安装、维修之后，应经试压、试漏检查合格，方可使用。

④ 在使用煤气炉灶时，必须严格按"先点火、后开气"的顺序。若未点着时，则应立即关气，待煤气散尽后再点。

⑤ 如发现漏气，应立即采取通风措施，将周围火源熄灭，通知供气部门检修。在任何情况下都禁止明火试漏。

（3）厨房使用天然气炉灶的防火

① 天然气的管道应从室外单独引入厨房，不得穿过客房或者其他公共区域。

② 天然气管线的引入管应架空或者在地面上敷设，不得埋入地下。管线的安装应由专业人员进行，厨房工作人员不得乱拉乱接。

③ 天然气管线阀门必须完整好用，各部位不得漏气。禁止用其他阀门代替针形阀门。

④ 天然气连接导管两端必须用金属丝缠紧，经常用肥皂水检查漏气与否。严禁用不耐油的橡胶管线作连接导管。

⑤ 在用户附近的进户线上，应设置相应的油气分离器，定期排放积存于管线内的轻质油和水。发现灶具冒轻质油时，应立即停火，排出轻质油后再点火。

⑥ 使用天然气炉灶前，要检查厨房内有无漏气，发现漏气或者有天然气气味时，禁止动用明火或开关电器。要打开门窗通风，及时查找泄漏源。

⑦ 天然气管线、阀门的维修必须在停气时由供气部门进行维修，新安装的管线、阀门应经试压、试漏检验合格之后，方可使用。

问134：宾馆、饭店电气设备如何设计？

随着科学技术的发展，电气化、电动化以及自动化在宾馆、饭店日益普及，电冰箱、电风扇、电热器、电视机、各类新型灯具以及电动扶梯、电动窗帘、空调设备、吸尘器、电灶具等已被宾馆和饭店大量采用，计算机、传真机、复印机、打字机、碎纸机等现代化办公设备也在广泛应用。在用电量猛增的情况下，实际用电量常常超过原设计的供电量，导致过载或使用不当引起的火灾时有发生。宾馆、饭店的电气线路通常都敷设在闷顶和墙体内，如发生漏电、短路等电气故障起火，在闷顶内燃烧、蔓延，往往不易及时发觉；当发现时，火势已大，往往造成无可挽回的损失。所以，电气设备的安装、使用、维护必须做到以下几条。

（1）所有电气设备的安装及线路敷设应符合低压电气安装规程的规定并由通过专门培训的电工安装，严禁乱拉乱接。

（2）在增添大容量的电气设备时，应重新设计线路并且经过有关供电、消防机构审核同意，方可进行安装和使用；禁止私自在电气线路上增加容量，以防过载引起火灾。

（3）建筑内不允许采用铝芯导线，应采用铜芯导线；敷设线路进入夹层或者闷顶内，应穿管敷设并将接线盒封闭。

（4）客房内的台灯、壁灯、落地灯以及厨房内的电冰箱、绞肉机、切菜机等设备的金属外壳，应有可靠的接地保护；床头柜内设有音响、灯光以及电视等控制设备的，应做好防火隔热处理。

（5）照明灯具表面高温部位不得靠近可燃物，荧光灯、碘钨灯、高压汞灯（包括日光灯镇流器），不应直接安装在可燃物件上；深罩灯、吸顶灯等，如安装在可燃物件的附近时，应加垫石棉布或石棉被隔热层；厨房等潮湿地方应采用防潮灯具；碘钨灯、功率大的白炽灯的灯头线，应采用耐高温线穿瓷套管保护。

（6）配电室设在客房楼内时，应做防火分隔处理，其耐火极限不得低于2h。不得在配电室内堆放任何可燃、易燃物品。

（7）配电盘应尽可能用不燃材料制作，凡用可燃材料制作的配电盘，必须用将其白铁皮严密包好。

（8）配电盘的保险装置，必须使用规定型号的保险丝，不得用铜丝及铁丝等其他金属材料代替。

（9）火灾报警装置、自动灭火装置以及事故照明等消防设施的用电，应备有应急电源；消防设施的专用电气线路应穿金属管敷设在非燃烧体结构上，定期进行维护检查，以确保随时可用。

（10）电气设备、移动电器、避雷装置以及其他设备的接地装置每年至少进行两次绝缘及接地电阻的测试。

（11）在配电室和装有电气设备的机房内，应配置适当的灭火器材。

（12）宾馆、饭店门前的霓虹灯装修和灯箱材料应采用非燃或者难燃材料制作，其下方不得有可燃装修材料。

 问135： **宾馆、饭店的餐厅应如何进行防火？**

餐厅是宾馆、饭店人员最为集中的场所，这些餐厅、宴会厅出于功能和装饰上的需要，其内部常有比较多的装修、空花隔断，可燃物的数量很大。餐厅防火安全应当做到以下几点。

（1）餐厅内不得乱拉临时电气线路；若需增添照明设备以及彩灯一类的装饰灯具，则应按规定安装。

（2）餐厅内的装饰灯具，若装饰物是由可燃材料制成的，其灯泡的功率不得超过60W。

（3）餐厅应依据设计用餐的人数摆放餐桌，留出足够的通道；必须保持通道及出口畅通，不得堵塞。举行宴会及酒会时，人员不应超出原设计的容量。

（4）如餐厅内需要点蜡烛增加气氛时，必须将蜡烛固定在非燃烧材料制作的基座内并不得靠近可燃物，或将蜡烛做成半球状，平面向上放入盛有2/3自来水的透明玻璃盘内，并使其浮在水面上。

（5）供应火锅的风味餐厅，必须加强对火炉的管理；高层建筑物严禁使用液化石油气炉；慎用酒精和木炭炉；严禁在火焰未熄灭时向酒精炉添加酒精，由于火未熄灭就添加酒精容易引起火火；使用固体酒精燃料，比较安全。

（6）餐厅服务员在收台时，不应把烟灰、火柴梗卷入台布内。

（7）餐厅内应在多处放置烟缸、痰盂，以便于宾客扔放烟头和火柴梗。

（8）服务员要提醒顾客不要把燃着的烟头与火柴、打火机以及餐巾纸放在一起，更不要躺在沙发上吸烟。

（9）旅客在宴会厅、餐厅进餐谈话，尤其是站立或走动敬酒时，无意间放在烟灰缸或桌子上的燃着的烟支应引起服务员的足够警惕，防止烟头被碰落在桌布或座椅上引起火灾。

（10）顾客离开餐厅后，服务员应对餐厅进行认真检查，彻底消除火种，然后把餐厅内的空调、电视机、音响以及灯具等电器设备的电源关掉，方可离开餐厅。

问136：旅馆业的安全防火技术要求有哪些？

（1）建筑防火

① 旅馆应选在交通方便、环境良好的地区。不宜建立于甲乙类厂房、库房以及甲乙丙类易燃、可燃液体、可燃气体储罐和易燃、可燃材料附近。同其他的建筑物的防火间距应符合相关规范的要求。

② 建筑物的耐火等级应为一、二级，应依据建筑的结构设置防火分区、防火分隔，并且防火分区的面积不应超过相关规定。

（2）安全疏散。安全出口的数量依据规范计算确定。旅馆的每个防火分区及任一公共场所的安全出口不应少于2个。安全出口或者疏散通道出口应分散布置，相邻两个出口最近边缘之间的水平距离不小于5m。

高层旅馆应按规定设置消防电梯。

（3）内部装修。应妥善处理舒适、豪华的装修效果同防火安全之间的矛盾，尽量采用不燃和难燃材料。特别在竖向疏散通道、水平疏散通道、上下层相连的空间装修时采用 A 级装修材料。

（4）消防设施。设置消防设施是旅馆防火的重要手段，消防设施配备完善与否，是否完整好用，对及时发现火灾、控制火灾危害，减少火灾损失，具有非常重要的作用。

旅馆应根据建筑结构与建筑面积按规定设置室内外消火栓系统，设置火灾自动报警和消防控制室，自动灭火系统，配备应急照明以及疏散指示标志，配备相应数量的灭火器。

3.3 高等学校消防安全管理

 问137： **普通教室及教学楼防火要求有哪些？**

（1）作为教室的建筑，其防火设计应满足《建筑设计防火规范》（GB 50016—2014）的要求，耐火等级不应低于三级，如由于条件限制设在低于三级耐火等级时，其层数不应超过 1 层，建筑面积不应超过 600m² 。普通教学楼建筑的耐火等级、层数、面积和其他民用建筑的防火间距等，应满足具体的规定。

（2）作为教学使用的建筑，尤其是教学楼，距离甲、乙类的生产厂房，甲、乙类的物品仓库以及具有火灾爆炸危险性比较大的独立实验室的防火间距不应小于 25m。

（3）课堂上用于实验及演示的危险化学品应严格控制用量。

（4）容纳人数超过 50 人的教室，其安全出口不应少于 2 个；安全疏散门应向疏散方向开启，并且不得设置门槛。

（5）教学楼的建筑高度超过 24m 或者 10 层以上的应严格执行《建筑设计防火规范》（GB 50016—2014）中的有关规定。

（6）高等院校和中等专业技术学校的教学楼体积大于 5000m³ 时，应设室内消火栓。

（7）教学楼内的配电线路应满足电气安装规程的要求，其中消防用电设备的配电线路应采取穿金属管保护：暗敷时，应敷设在非燃烧体结构内，保护厚度不小于 3cm；当明敷时，应在金属管上采取防火保护措施。

（8）当教室内的照明灯具表面的高温部位靠近可燃物时应采取隔热、散热措施进行防火保护；隔热保护材料通常选用瓷管、石棉、玻璃丝等非燃烧材料。

 问138： **电化教室及电教中心应满足哪些防火要求？**

（1）演播室的建筑耐火等级不应低于一、二级，室内的装饰材料与吸声材料应采用非燃材料或者难燃材料，室内的安全门应向外开启。

（2）电影放映室及其附近的卷片室及影片储藏室等，应用耐火极限不低于 1h 的非燃烧体与其他建筑部分隔开，房门应用防火门，放映孔与瞭望孔应设阻火闸门。

（3）电教楼或电教中心的耐火等级应是一、二级，其设置应同周围建筑保持足够的安全距离，当电教楼为多层建筑时，其占地面积宜控制在 $2500^2\,m$ 内，其中电视收看室、听音室单间面积超过 $50m^2$，并且人数超过 50 人时，应设在三层以下，应设两个以上安全出口；门必须向外开启，门宽应不小于 1.4m。

问139： 实验室及实验楼应做到哪些防火要求？

（1）高等院校或者中等技术学校的实验室，耐火等级应不低于三级。

（2）一般实验室的底层疏散门、楼梯以及走道的各自总宽度应按具体的指标计算确定，其安全疏散出口不应少于 2 个，而安全疏散门向疏散方向开启。

（3）当实验楼超过 5 层时，宜设置封闭式楼梯间。

（4）实验室与一般实验室的配电线路应符合电气安装规程的要求，消防设备的配电线路需穿金属管保护，暗敷时非燃烧体的保护厚度不少于 3cm，当明敷时金属管上采取防火保护措施。

（5）实验室内使用的电炉必须确定位置，定点使用，专人管理，周围禁止堆放可燃物。

（6）一般实验室内的通风管道应是非燃材料，其保温材料应为非燃或难燃材料。

问140： 如何加强管理学生宿舍的防火工作？

学生宿舍的安全防火工作应从管理职能部门、班主任、校卫队以及联防队这几个方面着手，加强管理。

（1）管理职能部门的安全防火工作职责

① 学生宿舍的安全防火管理职能部门（包括保卫处、学生处以及宿管办等）应经常对学生进行消防安全教育，如举行消防安全知识讲座、开展消防警示教育以及平时行为规范教育等，使学生明白火灾的严重性和防火的重要性，掌握防火的基本知识及灭火的基本技能，做到防患于未然。

② 经常对学生宿舍进行检查督促，查找并且整改存在的消防安全隐患。发现大功率电器与劣质电器应没收代管；发现抽烟或者点蜡烛的学生应及时制止和教育，晓之以理，使其不再犯同样的错误。

③ 加强对学生的纪律约束。不仅要对引起火灾、火情的学生进行纪律处分，对多次被查出违章用电、点蜡烛以及抽烟并屡教不改的学生也应予以纪律处分。

（2）班主任的安全防火工作职责

① 班主任应接受消防安全教育，了解防火的重要性，从而将防火列为对学生日常管理内容之一，经常对学生进行教育、提醒以及突击检查。

② 班主任应当将防火工作纳入学生操行等级考核的内容，比如学生被查出有违章使用大功率电器、抽烟、点蜡烛等行为，可以对其操行等级降级处理。

（3）校卫队与联防队的安全防火工作职责

① 校卫队和联防队应加强对学生宿舍的巡逻，尤其是在晚上，发现学生有使用大功率电器、点蜡烛、抽烟等行为，要及时制止，并且报学生处或宿舍管理办公室记录在案。

② 加强学生的自我管理和自我保护教育。学生安全员为学生宿舍加强安全管理的重要力量，在经过培训的基础上，他们可担负发现、处理以及报告火灾隐患及初起火险的任务。

问141：学校的安全防火技术要求有哪些？

（1）进行消防安全常识教育、普及消防安全知识。利用寓教于乐等多种形式对学生进行消防安全常识教育。检查时，应通过随机抽查了解幼儿知道火警电话的号码与否，报警时是否能说清楚着火单位的详细地址、电话、报警人的姓名以及掌握火灾时的逃生自救方法与否。

（2）学校选址要符合相关规定。学校的选址应满足相关安全、卫生标准的规定。通常情况下，应独立建造。

（3）耐火等级和层数要求。耐火等级是四级或三级时，相应层数分别不应超过一层、二层。耐火等级不低于二级时，不应超过三层。

（4）照明和电气设施。应配备采用蓄电池的应急照明装置和手电筒等照明工具，禁止使用蜡烛、煤油灯照明。寄宿制学校宜设置夜间巡视照明设施。禁止乱拉乱接电线。禁止在学生活动场所、宿舍内使用电炉、电熨斗和电热毯等电气设备；活动室和音体活动室应设置带接地孔的、安全密闭的、安装高度不低于1.7m的电源插座。使用其他电热、取暖设备应满足相关安全规定。

（5）驱蚊、热（开）水设备。使用蚊香或者其他驱蚊设备，应定点、定人使用。燃气热水器应指定责任人负责管理，用完后必须关闭进气闸阀。使用燃气或者电热的无压开水锅炉应远离活动场所并指定责任人负责管理。

（6）厨房设置。厨房位置应靠近对外供应出入口。使用燃气灶具必须安装燃气泄漏报警装置。其烹饪操作间的排油烟罩及烹饪部位宜设置厨房专用灭火装置，并且应在燃气或燃油管道上设置紧急事故自动切断装置。厨房的排烟罩应每月清洗一次，每天擦拭一次；排烟管道应由专业公司每季度清洗一次。

（7）实验室管理要求。实验室存放、使用的危险化学品，要按照相关规定管理。学生做试验必须在老师的指导下进行。化学实验室使用易燃、易爆、有毒及放射性物品，试验室的建筑设计、选址、防火防爆设计方面应严格遵守相关规范，对危险化学品的储存、购买、使用及销毁应严格执行相关法律规定。

（8）学生宿舍管理要求。校方必须制订学生宿舍消防安全管理规定，规范学生的用电、用火行为。学生宿舍应指定专人管理。

（9）安全疏散系统符合要求。按相关消防技术规范要求，应保证教室、图书馆、礼堂、宿舍等场所任意地点必须具备两个以上满足规定的疏散出口，学校指派专人每天检查安全疏散通道。

3.4 人员密集场所消防安全管理

 问142： 商场建筑的耐火等级有何规定？

依据国家有关消防技术规范规定：新建商场的耐火等级通常应不低于二级，商场内的吊顶和其他装饰材料，不准使用可燃材料，对原有建筑中可燃的构件及耐火极限较低的钢架结构，必须采取措施，使其耐火等级提高。

问143： 商场的安全疏散通道如何设置？

（1）商场是人员密集的公共场所之一，安全疏散必须达到国家消防技术规范的要求。商场要有足够数量的安全出口，应按方位均匀地设置。为了方便人员疏散，疏散门宜采用平开门，且向疏散方向开启。不准设置影响人员安全疏散的侧拉门，禁止采用转门，如设转门，其旁边应另设一个安全出口。

（2）疏散楼梯间与走道上的阶梯不应采用螺旋楼梯及扇形踏步。螺旋楼梯和扇形踏步，因踏步宽度变化，紧急情况下易使人摔倒，造成拥挤，堵塞通行，所以不宜采用。当出于建筑造型的要求必须采用时，其踏步上下两级形成的平面尖角不超过10°，并且每级离扶手250mm处的踏步宽度不应小于220mm。

（3）疏散走道内不应设置阶梯、门槛、门垛以及管道等突出物，以免影响疏散。

（4）疏散安全出口、楼梯等通道，应设置灯光疏散指示标志及应急照明灯，以利于火灾时引导疏散。应急灯其最低亮度不应低于1.0lx，并且供电时间不得少于20min，疏散指示标志应设在疏散走道及其转角处距地面1m以下的墙面上和走道上。指示标志的间距不大于20m。

问144： 商场的分隔布局如何设置才能符合防火规定？

商场应按《建筑设计防火规范》（GB 50016—2014）的规定划

分防火分区。多层商场地上按 2500m² 为一个分区，地下按照 500m² 为一个防火分区；如商场装有自动喷水灭火系统时，防火分区面积可增加一倍；高层商场若设有火灾自动报警系统，自动灭火系统，并且采用不燃或难燃材料装修时，地上商场防火分区面积可以扩大到 4000m²，地下商场防火分区面积可扩大到 2000m²。

电梯间、楼梯间以及自动扶梯等贯通上下楼层的孔洞，应安装防火门或者防火卷帘进行分隔。管道井、电缆井等，其每层检查口应安装丙级防火门，并且每隔 2～3 层楼板用相当于楼板耐火极限的材料进行分隔。

商场内的货架和柜台宜采用非燃烧材料制造。柜台外侧和地面之间应密封良好，如有空隙，应一律用非燃烧材料封严，防止顾客乱丢火种（如烟头、火柴梗）引燃柜台内的可燃物。

油浸电力变压器不宜设在地下商场内，若必须设置时，则应避开人员密集的部位和出入口，且应用耐火极限不低于 3h 的隔墙和耐火极限不低于 2h 的楼板同其他部位隔开，其上下左右均不应布置人员密集的房间，墙上的门应采用甲级防火门，变压器下面应设有能够储存变压器油量的事故储油设施。

问145：商场周转仓库的必须具备哪些防火要求？

（1）仓库内商品的存放量要尽可能少，而且必须按照性质分类分库储存。

（2）库内严禁吸烟、用火。

（3）库内敷设配电线路时，应穿金属管或非燃塑料管保护。不准在库内乱拉临时电线，确有必要时，应经有关部门批准，并由正式电工安装，使用之后应及时拆除。库内不准使用碘钨灯、日光灯照明，当采用白炽灯时其功率不应大于 60W，灯具安装于通道上方，距货架或货堆不小于 50cm。

问146：商场消防设施的要求有哪些？

（1）防火卷帘门应能自动启动和手动启动，防火卷帘下不能摆放柜台及堆放货物影响卷帘门的降落。设在疏散通道的防火卷帘，应具有在降落时有短时间停滞以及能够从两侧自动、手动以及机械控制的功能。楼梯间及其前室不应用卷帘门代替疏散门。

（2）防火门应设闭门器或者由消防控制室远程联动关闭。

（3）空调机房进入每个楼层或者防火分区的水平支管上，均应按规定设置火灾时能自动关闭的防火阀门，空调风管上所使用的保温材料及吸音材料应采用不燃材料或难燃材料。

（3）室内消火栓的设置要求

① 商场各层和消防电梯间前室内应设置消火栓，且宜设在楼梯间的平台、门厅等经常有人出入、易于取用的地方；消火栓有明显的标志（如涂红色），比如装修时不能将消火栓设在房间内，消火栓前不能堆放商品货物等物品，防止影响消防人员灭火。

② 同一商场应采用相同规格的消火栓、水带和水枪，以便于使用和维护管理。

③ 高层商业楼消火栓的布置间距不应超过 30m，其他商场消火栓的布置间距不应大于 50m。

④ 室内消火栓离地面高度宜为 1.1m，其出水方向宜向下或者与放置消火栓的墙面成 90°。

⑤ 屋顶水箱不能达到消火栓所需水压时，应在每个室内消火栓处设置直接启动消防泵的按钮，以便及时启动消防水泵，供水灭火；启动按钮应设有保护设施，比如放在消火栓箱内，或者放在玻璃保护的小壁龛内，避免误操作。

问147: 商场内易燃品管理如何进行管理?

（1）商场内经营指甲油、发胶以及丁烷气等易燃危险商品时，应控制在两天的销售量以内，同时要防止日光直射，并同其他高温电热器具隔开。

（2）地下商场严禁经营销售烟花爆竹、煤油、酒精以及油漆等易燃商品。

（3）维修钟表、照明机械等作业使用酒精、汽油等易燃液体清洗锈件时，禁止在现场吸烟。

（4）少量易燃液体，要放置于封闭容器内，随用随开，未用完的放回专用库房，现场不得储存。

问148：商场日常防火管理要求有哪些？

（1）柜台内的营业人员禁止吸烟；商场内应设有明显的"严禁吸烟"的标志。

（2）柜台内必须保持整洁，废弃的包装材料不要抛撒在地面，应集中存放并及时处理。

（3）经营指甲油、发胶、蜡纸、修正液以及赛璐珞制品的柜台，对上货量应加以限制，通常以不超过两天的销售量为宜。

（4）在商场营业厅内，禁止使用电炉、电热杯以及电水壶等电加热器具。

（5）商场在更新、改建或检修房屋设备以及安装广告设备时，尤应注意防火。尤其是需要焊接、切割时，必须通过严格审批，落实防火要求，方可进行作业。

（6）为了保证顾客的安全疏散，必须保持商店的楼梯、通道畅通，不得堆放商品和物件，也不得临时设摊位推销商品。

问149：商场配电线路有什么防火要求？

（1）电气线路的设计、安装必须满足电气设计、安装规程的有关规定。

（2）室内配电线路通常可采用铝芯导线，但是大、中型商场的配电线路以及室外霓虹灯线路应采用铜芯导线，以提高供电可靠性。

（3）电气线路的敷设应根据负载情况按照不同的使用对象来划分分支回路，以便于按系统集中控制。

（4）在吊顶内敷设电气线路，应选用铜芯线，并且穿金属管，接头处必须用接线盒密封。

（5）消防用电设备的配电线路应穿金属套管保护，暗敷时应设在非燃烧体内，其保护层厚度不应小于 3cm；当明敷设时必须在金属外壁上采取防火措施；采用防火电缆时，可以直接敷设在电缆沟（槽）内。

（6）商场内禁止乱拉、乱接临时电气线路。

问150：商场照明灯具的防火要求有哪些？

（1）选择照明灯具要考虑工作环境和场所，若在爆炸危险场所应选择防爆灯，在潮湿、多尘场所应选择防水防尘灯等。

（2）碘钨灯、高压汞灯、白炽灯及荧光灯镇流器不应直接安装于可燃物或可燃物件上。

（3）碘钨灯和额定功率为100W以上的白炽灯泡的吸顶灯、槽灯，应采用瓷管及石棉等不燃烧材料作隔热材料。灯具的高温部分靠近可燃物时，应采用隔热及通风散热等防火措施，并且距可燃物小于50cm。禁止用可燃物（如纸、布等）遮挡灯具。

（4）灯泡距地面高度一般不应低于2m，若必须低于此高度时，则应采取必要的防护措施。

（5）不宜在灯具的正下方堆放可燃物品。

（6）室外的节日彩灯应设有避免水滴溅落的措施，灯泡破碎后应及时进行更换。

（7）各种照明灯具在安装前后都应对灯座、保护罩、接线盒以及开关等各种部位进行认真检查，发现松动、损坏应及时修复或更换，带电部分不得裸露在外，同时也应防止灯头内线路的短路。

（8）开关应装于相线，必须将螺口灯座的螺口接于零线。

（9）功率大于150W的开启式或功率大于100W的其他形式的灯具，塑胶灯座不准使用，各元件必须符合电压、电流等级，不能超电压及超电流使用。

（10）嵌入式灯具在安装时应采用不燃烧材料在灯具周围做好防火隔热处理。

（11）灯头线在顶棚挂线盒内应做保险扣；质量1kg以上的灯具（吸顶灯除外），应用金属链吊装，质量超过3kg时应固定于预埋的吊钩或螺栓上。

（12）配电盘后面的接线，应尽量将接头减少，灯头线则不应留有接头；金属配电盘应接地，金属灯具外壳的接地或者接零应用接地螺栓与接地网连接。

（13）事故照明和疏散指示标志灯宜采用白炽灯，不宜采用启动时间比较长的电光源。

问151： 商场采暖设备有哪些危险会引起火灾？

根据大、中型商场的特点以及集中采暖系统的构成，其主要火灾危险性以及防火要求可概括为下列几个方面。

（1）供热管道和散热器的表面温度过高。蒸汽采暖系统中，散热器的表面温度通常为100℃，较高的可达130℃以上；供热管道表面的温度则常常比散热器还高，能使靠近它的一些可燃商品起火。因此，采暖管道要与建筑物的可燃构件隔离。若采暖管道穿过可燃构件，则要用非燃烧材料隔开绝热；或根据管道外壁的温度在管道和可燃物构件之间保持适当的距离；当管道温度超过100℃时，距离不小于10cm，当低于100℃时，距离不小于5cm。

（2）电加热设备设置、使用、管理不当。电加热设备因为设置位置不当，电线截面过小，或任意增大电阻丝的功率，继续使用断损的电阻丝等，都会导致事故，发生火灾。此外，当送风机发生故障停止送风时，会导致局部过热，使电器设备或周围的可燃物起火；或将过度加热的高温空气送入房间，使房间内易燃、可燃物品受热起火。

所以，电加热送风采暖装置与送风设备的电气开关应有连锁装置，以防止风机停转时电加热设备仍单独继续加热，由于温度过高而引起火灾。另外，在一些重要部位，应设感温自动报警器，必要时加设自动防火阀，以控制取暖温度，避免过热起火。

问152： 仿古建筑的电气设备与防雷设施防火要求有哪些？

由于仿古建筑在使用时需要大量的灯光设备、电气设备，所以要做好配电线路的敷设。线路在穿过有可燃物的吊顶和闷顶内时，应采取穿金属管、封闭式金属线槽或难燃材料的塑料管等防火保护措施。各种灯具的安装其引入线应采用瓷管和矿棉等不燃材料做隔热保护，各种灯具不要直接安装于可燃装修材料或可燃构件上。

仿古建筑应根据《建筑物防雷设计规范》（GB 50057—2010）设计防雷设施。

 问153： **仿古建筑应如何设置消防设施？**

仿古建筑的消防设施应因地制宜，结合实际建立多方位的消防设施。

应建立消防给水系统，缺水地区或市政水源不能满足需要时，应设置消防水池。室外消防栓应布置成环状，当室外消防栓用水量≤15L/s时，可布置成为枝状；室外消防给水管道的直径不应小于100mm。坡顶的仿古建筑可修建设备层放置消防水箱，也可以修建消防水塔代替消防水箱。根据仿古建筑的面积和使用用途分别设立自动灭火系统、火灾自动报警系统、雨喷淋系统、漏电火灾报警系统、消防电梯以及防排烟等消防设施。

 问154： **影视基地拍摄时的防火技术要求有哪些？**

主要是对在拍摄过程中使用的景观、服装以及道具等的防火要求。

在制作景观时可能使用大量的木材、纸张、油类、漆类、塑料以及有机溶剂等易燃可燃物，如果电气设备安装使用不当，对易燃、可燃物品保管不善或者任意吸烟等，随时都有发生火灾的危险。所以要做好对制作材料的保管使用，远离明火。

电影服装的制作材料有树叶、兽皮、棉、毛、纱、丝以及混纺纤维、天然纤维等，这些材料都是易燃物品。在电影制片生产过程中，又必须大量、频繁地使用及保存戏用服装。存放时要保持良好的通风，保持阴凉干燥，防止衣物受潮，蓄热自燃，造成火灾。

道具室内严禁吸烟、动火，并且应配备相应的灭火器。戏用道具使用的汽油、油漆等易燃物品，应用固定容器封装，在指定地点存放。使用时，应随用随领，集中于指定的安全地点。未用完的应送回原库保存，不可存放在道具室。

 问155： 展览馆应如何选址才能符合防火要求？

展览馆址宜选在城市内或者近郊等交通便利的地区，宜选择交通条件好、运输方便、安全疏散条件好，远离易燃易爆危险化学品的生产和储存区，噪声较小和没有散发有害气体的污染源的地点独立建造。若与其他建筑合建时，也应自成一区，单设出入口。

 问156： 展览馆的总平面应如何布置才能符合防火要求？

展览馆展区通常位于底层，便于运输展品及大量人流的集散，其层数不应超过二层。当展厅沿街长度超过 150m 或者总长度超过 220m 时应设置穿过建筑的消防车道。占地面积超过 3000m² 的展览馆宜设置环形消防车道。消防车道的净宽度与净空高度均不应小于 4m。供消防车停留的空地，其坡度不宜大于 3％。环形消防车道至少应有两处同其他车道连接。消防车道路、扑救场地下面的管道及暗沟等应能承受大型消防车的压力。

 问157： 展览馆的耐火等级和防火分区如何布置？

通常情况下，位于多层建筑的展览馆的耐火等级不低于二级时，防火分区允许最大建筑面积为 2500m²；当建筑设置自动灭火设施时其防火分区的建筑面积可以按以上的规定增加 1 倍，局部设置时局部增加 1 倍。在特殊情况下展厅的防火分区面积可以适当放宽。当展览厅设在一、二级耐火等级的单层建筑或者多层建筑的首层并按规范相关规定设有火灾自动报警系统及自动喷水灭火系统及防排烟设施，并且内部装修设计符合现行国家标准《建筑内部装修设计防火规范》（GB 50222—2017）的有关规定时，每个防火分区的最大允许建筑面积可扩大至 10000m²。

位于一类高层建筑中设置的展览馆防火分区的最大允许建筑面

积是 1000m²。二类高层建筑中设置的展览馆防火分区的最大允许建筑面积是 1500m²。当建筑设置自动灭火设施时，其防火分区的允许最大建筑面积可按照以上的规定增加 1 倍，局部设置时局部增加 1 倍。

展览厅设置在高层建筑的裙房，没有火灾自动报警系统及自动灭火系统且采用不燃烧或难燃烧材料装修时，地上展厅防火分区的允许最大建筑面积是 4000m²，地下展厅防火分区允许的最大建筑面积为 2000m²。

 问158：展览馆的安全疏散通道应如何布置？

展览馆展厅的安全出口的数量应通过计算确定。展览馆的室内疏散楼梯应设置楼梯间，超过两层的展览建筑应设置封闭楼梯间。展览馆建筑直接通向公共走道的房间门到最近的外部出口或楼梯间的距离，应满足技术标准要求。

展览建筑的安全疏散，除应满足安全出口数量、楼梯间型式以及安全疏散距离的要求外，尚应符合相关规范对疏散宽度指标的规定。

 问159：展览馆应如何进行内部装修才能符合防火要求？

展览馆内部装修应妥善处理装修效果和防火安全之间的矛盾，积极采用不燃性材料和难燃性材料，少用可燃材料，特别是要尽最大可能避免采用燃烧时产生大量浓烟或有毒气体的材料，保证安全适用、技术先进、经济合理。

展览馆内部水平疏散走道和安全出口的门厅，其顶棚的装修材料应采用不燃性材料，而其他部位应采用难燃性材料。

问160：展览馆应消防设施设备应如何设置？

（1）消火栓系统。展览建筑均应设置室外消火栓，体积超过 5000m² 的展览建筑还应设置 $DN65mm$ 的室内消火栓灭火系统，系统的设计应符合相关规范规定。

（2）自动灭火系统。任一楼层建筑面积大于 $1500m^2$ 或者总建筑面积超过 $3000m^2$ 的展览建筑均应设置自动喷水灭火系统。对现代高大空间的会展建筑，当展览厅建筑面积超过 $3000m^2$ 且无法采用自动喷水灭火系统时，宜设置固定消防炮及智能消防水炮等灭火系统，系统的设计应满足相关规范规定。

（3）排烟设施。展览建筑中设置在地下、半地下的总建筑面积超过 $200m^2$ 的展览厅，建筑面积超过 $300m^2$ 的地上展厅及长度大于 20m 的内走道应设置排烟设施。设施的设置应满足相关规范的规定。

（4）火灾自动报警系统和消防控制室。任一层建筑面积超过 $3000m^2$ 或总建筑面积超过 $6000m^2$ 的展览建筑应设置火灾自动报警系统。在大空间展览建筑中，展览厅的净高往往大于 12m，不适合采用点型感烟、感温探测器，宜采用光截面图像感烟火灾探测器、红外对射式感烟火灾探测器、早期可视烟雾探测火灾报警系统。

设有火灾自动报警系统和自动灭火系统或者设有火灾自动报警系统和机械防烟、排烟设施的展览建筑，应设置消防控制室。消防控制室的设计应符合相关规范的规定。

（5）展览馆建筑灭火器配置。应依据配置场所可能发生的火灾种类选择相应的灭火器。在同一灭火器配置场所，当选用同一类型的灭火器时，宜选用操作方法相同的灭火器。当选用两种或者两种以上类型的灭火器时，应采用灭火剂相容的灭火器。灭火器的设置应满足相关规范的要求。

（6）应急照明和疏散指示标志。在建筑面积大于 $400m^2$ 的展览厅应设置消防应急照明灯具。总建筑面积大于 $8000m^2$ 的展览建筑，应在其内疏散走道和主要疏散路线的地面上增设能保持视觉连续的灯光疏散指示标志或者蓄光疏散指示标志。为使参观者在任一位置上能迅速辨明疏散方向，所有出口或者到达出口的线路均应标示清晰。整条安全通道中均应布置或者标上到达安全地带的路标。为了防止与出口相混淆，任何非安全出口或者不能到达出口通道的门或走廊，均应配上或者注明禁止通行的标记。发生火灾时，应尽量防止疏散人群误入袋形走道。

问161： **展览馆的电气如何防火？**

展览会在展出期间，各种用电设备相对集中，用电量大，且具有临时安装的特点，稍有不慎，容易造成电气火灾。

每台电气设备通常宜设空气自动开关，容量较大的动力设备，通常应设过载和缺相的保护装置。开关、插座及配电盘等应设于参观人员不易触及和便于工作人员操作的地方，周围不准存放其他物品。

 问162： **铁路、公路、机场候车（机）场所防火要求有哪些？**

（1）提高建筑耐火性能，增强抗御火灾的能力

① 车站建筑应为一、二级耐火等级的建筑，并且应合理进行分区布置。候车（机）室每个防火分区的面积应符合防火规范的规定。防火分区间应采用防火墙分隔，若有困难时，则可采用防火卷帘或水幕分隔。

② 候车（机）室的安全出口数量和楼梯、走道的各自总宽度应利用计算确定。其中，安全出口不应少于2个；楼梯、走道的疏散宽度指标不应小于每百人0.65m，并且最小宽度不应小于1.4m，不应在紧靠门口1.4m范围内设置踏步；疏散门的开启方向应向外。候车（机）室不应设置旋转、推闩式大门。疏散楼梯和疏散通道上的阶梯不应采用螺旋楼梯及扇形踏步。

③ 通风、空调管道应采用非燃材料制作，管道内要设置自动阻火阀门。通风管道必须穿越防火墙时，应在穿过处设防火阀，穿过防火墙两侧2m内的风管保温材料用非燃材料，而穿过处的缝隙则应用非燃材料严密填塞。

④ 在候车（机）室内部装修中，必须严格控制使用可燃材料。如吊顶、隔墙以及门窗等，均应采用非燃材料制作，禁止采用高分子材料。同时，改造装修不得破坏和影响原有建筑分隔及疏散设施。

⑤ 建筑楼层之间穿越电缆的孔洞、缝隙，应用非燃材料堵塞；而各种竖井则应采用非燃材料装修，检修门应采用耐火极限不低于

0.6h 的丙级防火门。

（2）规范用电设备设置，减少发生火灾的可能

① 电源线与信号线分别敷设在不同的电缆沟槽内，如必须在一起敷设时，电源线应穿金属套管或者采用铠装线。

② 照明线路在穿越吊顶或者其他隐蔽处所时，要穿金属管敷设，接头处要安装接线盒。

③ 候车（机）室内禁止任意牵拉电线和安装移动灯具，不准使用电热棒、电炉等赤热电器。

④ 完善消防设施设备，做好扑救火灾的准备。

⑤ 候车（机）室应按《建筑设计防火规范》（GB 50016—2014）等技术规范要求设置自动报警系统和自动喷水灭火系统等自动消防设施。同时，还应按照规定设置应急照明、疏散指示标志以及室内消防给水设施。

⑥ 室内消火栓的用水量应根据同时使用水枪数量与充实水柱长度，由计算确定，并应确保有两支水枪的充实水柱同时到达室内任何部位，水枪的充实水柱长度不应小于 7m。若消防管网的压力无法保证，则应采取设置水箱、加压泵等临时加压措施。消火栓应设在明显便于取用的位置，栓口离地面高度为 1.1m，其出水方向宜向下或者垂直于设置消火栓的墙面。消火栓的间距不应超过 50m。

⑦ 候车（机）场所内，应按《建筑灭火器配置设计规范》（GB 50140—2005）配备移动式灭火器，并且设置醒目的灭火器指示标牌。

（3）加强日常防火管理，保证候车（机）室消防安全

① 车站应加强防火宣传，在进站口醒目位置设立消防安全宣传警示牌，并通过广播、电视等媒体向旅客宣传夹带易燃易爆物品进站乘车的危险性及安全旅行的重要性，使旅客自觉遵守防火安全规定；与此同时，要严格落实"三品"查堵工作，严防旅客携带易燃易爆危险品进站候车（机）。

② 在候车（机）室开设商业经营网点，应经公安消防部门审核批准；柜台与摊位不得占用疏散通道、堵塞安全出口和消防设施；不准大量存放及经营可燃物质；禁止使用和经营燃油、液化石

油汽等易燃易爆危险物品；不得使用明火加热食品。

③候车（机）室要设置专门的旅客吸烟室，客运服务人员应加强巡视，严格制止旅客在候车（机）室吸烟，严防旅客乱扔烟头、火柴梗。

④候车（机）室要合理安排旅客候车（机）座位，并留出足够通畅的疏散通道；同时，要加强消防设施设备的管理及维护，消火栓周围 1.5m 范围内不得设置座椅、柜台和堆放物品，保证消火栓不失效、不被圈埋。

⑤候车（机）室客运服务人员要经常进行消防培训教育，符合"四知四会"（知本岗位的火灾危险性，知本岗位的火灾预防措施，知扑救火灾的方法，知预防及逃生自救知识；会报警，会使用灭火器材，会处置初起火灾事故，会引导在场群众疏散）的要求。

⑥车站应建立火灾事故应急处置预案，并经常组织演练，保证在发生火灾时能够有条不紊地进行火灾报警、灭火救援和旅客疏散。

问163：地铁客运站如何防止火灾？

根据对地铁火灾特性的分析，地铁火灾的防治主要从两个方面予以考虑：一是根据防火安全系统工程理论从本质上消除火灾产生的条件；二是一旦发生地铁火灾，事先应创造一些什么样的条件或采取什么样的措施以尽可能地减少人员伤亡及经济损失，具体来讲有下列几方面。

（1）控制可燃材料和有毒材料的应用。合理规划布局，控制可燃装饰材料及有毒材料的应用，提高地铁的整体耐火性和减少有毒物质的产生。地铁车间、隧道及所有车辆材料应全部选用经消防部门认证的防火材料；车辆的车厢、座位设备、扶手、管线及车站站台、墙、天花板等材料全部用不燃或阻燃材料；隧道内的设备、电缆、管道以及其他材料应为不燃或者难燃的；人员疏散必经之路的疏散走道、封闭楼梯间以及防烟楼梯间等部位的墙和顶的装饰材料必须采用非燃材料，以在火灾情况下阻止火势蔓延，使人能从相对的不燃区域进出；严禁有毒材料的应用，以防火灾时产生大量的有毒气体，影响逃生人员的疏散。

（2）良好及规范的电力供应。电器的故障容易导致火灾或爆炸，如1995年10月28日，阿塞拜疆首都巴库发生了一场地铁列车大火，导致558人死亡，269人受伤，主要的原因就是因为电气线路老化短路。所以电器设施的安装使用必须符合规范要求，严禁非专业人员随便拉、接电线和拆卸电器气具，禁止电器设施超负荷运载，对电气线路的老化及时予以更新，杜绝电火花的产生。

（3）设置有效的防排烟设施。烟雾、毒气具有使人缺氧、中毒、高温灼伤以及降低能见度等危害，是致人死亡的主要因素，同时也是影响人员安全疏散以及消防人员扑救灭火工作的重大问题。所以，通风就显得尤为重要。地铁应使用机械通风方法，设置独立的排烟系统，依据建筑物的结构、材料及设施的防排烟效果，准确计算烟量，同时设置防火防烟分区系统，并且在存烟区内安装排烟风道。

（4）设计合理的疏散出口和路线。首先要保证安全出口的数量和宽度，严禁在通道上设置任何障碍，同时要提高疏散路线的安全系数。在车站及隧道内设置事故应急照明和明显的安全疏散标志及通道引导标志，包括与出口路线一致的视觉信息，如标牌、照明以及布局图等，并且标志间距不应太大，以使逃生人员能够及时得到与疏散有关的信息，引导逃生人员以最佳路线疏散。

（5）配备完善和足够的消防设施。地铁的消防工作必须重视火灾的预防及早期自救，立足于地铁内部防火灭火设施的完善，借助事先设置的硬件设施进行科学的防范，使其具有良好的基础。如针对可能遇到的火灾，必须设立火灾自动报警系统。同时为了能够及时扑灭火灾，应设置室内消火栓系统、自动喷水灭火系统或者气体灭火装置等各种紧急救援设备。

（6）制订消防应急预案。为把伤亡程度降低到最低限度，必须制订应急方案，要经常进行模拟演练以检验其可行性。防灾演练应形成制度，定期举行，并在演练层次及规模上不断深入、扩大和逼真。让全体工作人员熟练掌握应急措施，使各工种能够快速地反应，并予以相互协调、相互配合，做到能灭火，能够从容不迫地引导顾客安全疏散。

（7）加强地铁防火宣传。地铁消防工作的开展离不开群众的参与，只有人民的消防意识增强了，才能达到治本的目的。所以，地铁防火应加大宣传力度，充分发挥电视台及广播电台等新闻媒体的舆论导向作用，定期制作播放短小的防火专片，并且在影响面较广的杂志上开辟专栏，宣传防火、灭火以及人员救护等方面的知识。

问164： 宗教活动场所如何进行防火措施？

（1）对木构件及其他可燃易燃物品进行阻燃处理

① 对建筑饰面层的剥落处进行修复。

② 可采用防火浸料对木构件进行浸渍阻燃处理。

③ 对建筑物内的各种棉、麻、丝以及毛等织物进行阻燃处理。

④ 对沐浴室中的锅炉烟囱穿过可燃的屋顶处的构造采取隔热及防火要求。

（2）合理采用防雷击技术措施。应当依据宗教活动场所所处的地理位置、建筑高度以及与周围其他建筑的关系等合理采用防雷击技术措施。

（3）设置消防给水系统

① 在天然水源处设置消防泵房，通过消防泵向寺内的消防管网供水。

② 位于城市市区的宗教活动场所，可以直接利用市政水源，安装室内外消火栓。

③ 在宗教活动场所内面积大及容量高的礼拜殿等主要建筑内设置室内消火栓。

④ 规模大并且消防车不能进入的宗教活动场所如内部设置了消防给水系统，还应当在其外围消防车便于停靠的位置设置水泵接合器。

（4）在重点部位设置自动消防设施。为保证文化遗产的消防安全，列为全国文物保护单位的宗教活动场所的重点部位应安装火灾自动报警系统，可用水扑救的部位应安装自动喷水灭火系统，不能用水扑救的存有重点珍贵文物的部位应当安装气体灭火系统。

（5）设置手提式灭火器、消防锹、消防砂、消防桶等消防器材。可按每 200m² 配置 2 具 8kg ABC 类干粉灭火器。灭火器在维修时，应分批替换，不可一次集中，防止出现空档。

（6）设置畅通的消防车道。对于规模大并且保护价值高的宗教活动场所应设置环形消防车道，一旦发生火灾时，消防车可从四周迅速展开灭火救援，其他规模较小的宗教活动场所也应当至少保证一条长边能达到消防车通行要求。

（7）加强消防安全管理

① 加强领导，从严管理。要建立领导小组，并确定行政主管领导为防火责任人，确定专兼职消防管理人员，按照《机关、团体、企业、事业单位消防安全管理规定》的要求建立各项消防安全制度，建立防火档案。

② 在宗教活动场所内，严禁堆放柴草、木料等可燃物品，禁止储存易燃易爆化学危险物品。

③ 在宗教活动场所内，严禁搭建临时易燃建筑，包括在殿堂内利用可燃材料进行分隔等，以避免破坏原有的防火间距及分隔，已搭建的，必须拆除。

④ 在宗教活动场所外，凡是与其毗连的易燃棚屋，必须将其拆除；从事危及宗教活动场所安全的易燃易爆物品生产或者储存的单位，有关部门应协调采取消除危险的措施，该关的关，该停的停。

⑤ 加强用火用电的管理。使用明火时必须有专人看管，严禁在古建筑区燃放烟花爆竹等，禁止将明火引入殿内，烧香点蜡必须在殿外进行。

3.5 集贸市场消防安全管理

问165：集贸市场如何进行安全防火措施？

（1）必须建立消防管理机构。在消防监督机构的指导下，集贸市场主办单位应建立消防管理机构，健全防火安全制度，强化管理，组建义务消防组织，并确定专（兼）职防火人员，制订灭火、疏散应急预案并开展演练。做到平时预防工作有人抓、有人管、有人落实；在发生火灾时有领导、有组织、有秩序地进行扑救。对于多家合办的应成立有关单位负责人参加的防火领导机构，统一管理消防安全工作。

（2）安全检查、隐患整改必须到位。集贸市场主办单位应组织防火人员要进行经常性的消防安全检查，针对检查中发现的火灾隐患：一要将产生的原因找出，制订出整改方案，抓紧落实；二要把整改工作做到领导到位、措施到位、行动到位以及检查验收到位，决不走过场、图形式；对整改不彻底的单位，要责令重新进行整改，决不留下新的隐患；三要充分发挥消防部门监督职能作用，经常深入市场检查指导，发现问题，及时指出，将检查中发现的火灾隐患整改彻底。

（3）确保消防通道畅通。安全通道畅通是集贸市场发生火灾后，保证人员生命财产安全的有效措施，市场主办单位应认真落实"谁主管、谁负责"，按照商品的种类和火灾危险性划分若干区域，区域之间应保持相应的防火距离及安全疏散通道，对所堵塞消防通道的商品应依法取缔，保证安全疏散通道畅通。

（4）完善固定消防设施。针对集贸市场内未设置消防设施、无消防水源的现状，主办单位应立即筹集资金，按照规范要求增设室内外消火栓、火灾自动报警系统及消防水池、自动喷水灭火系统、水泵房等固定消防设施，配置足量的移动式灭火器、疏散指示标志，尽快提高市场自身的防火及灭火能力，使市场在安全的情况下正常经营。

问166： 商场、集贸市场防火技术要求要做到哪些？

目前，我国的一些大型商场为了满足人民群众的需求，大多集购物、餐饮、娱乐为一体，所以商场、集贸市场的火灾风险较高，一旦发生火灾，容易造成重大的经济损失和人员伤亡，所以商场、集贸市场的防火要求要严于一般场所。

（1）建筑防火要求。商场的建筑首先在选址上应远离易燃易爆危险化学品生产及储存的场所，要同其他建筑保持一定防火间距。在商场周边要设置环形消防通道。商场内配套的锅炉房、变配电室、柴油发电机房、消防控制室、空调机房、消防水泵房等的设置应符合消防技术规范的要求。

商场建筑物的耐火等级不应低于二级，应严格按照《建筑设计防火规范》（GB 50016—2014）的要求划分防火分区。

对于电梯间、楼梯间、自动扶梯及贯通上下楼层的中庭，应安装防火门或者防火卷帘进行分隔，对于管道井、电缆井等，其每层检查口应安装丙级防火门，并且每隔2～3层楼板处用相当于楼板耐火极限的材料分隔。

（2）室内装修。商场室内装修采用的装修材料的燃烧性能等级，应按楼梯间严于疏散走道；疏散走道严于其他场所；地下严于地上；高层严于多层的原则予以控制。应严格执行《建筑内部装修设计的防火规范》（GB 50222—1995）与《建筑内部装修防火施工及验收规范》（GB 50354—2005）的规定，尽量采用不燃性材料和难燃性材料，避免使用在燃烧时产生大量浓烟或有毒气体的材料。

建筑内部装修不应遮挡安全出口、消防设施、疏散通道及疏散指示标志，不应减少安全出口、疏散出口和疏散走道的净宽度和数量，不应妨碍消防设施及疏散走道的正常使用。

（3）安全疏散设施。商场是人员集中的场所，安全疏散必须满足消防规范的要求。要按照规范设置相应的防烟楼梯间、封闭楼梯间或者室外疏散楼梯。商场要有足够数量的安全出口并多方位地均匀布置，不应设置影响安全疏散的旋转门及侧拉门等。

安全出口的门禁系统必须具备从内向外开启并且发出声光报警信号的功能，以及断电自动停止锁闭的功能。禁止使用只能由控制中心遥控开启的门禁系统。

安全出口、疏散通道以及疏散楼梯等都应按要求设置应急照明灯和疏散指示标志，应急照明灯的照度不应低于 0.5lx，连续供电时间不得少于 20min，疏散指示标志的间距不大于 20m。禁止在楼梯、安全出口和疏散通道上设置摊位、堆放货物。

（4）消防设施。商场的消防设施包括火灾自动报警系统、室内外消火栓系统、自动喷水灭火系统、防排烟系统、疏散指示标志、应急照明、事故广播、防火门、防火卷帘及灭火器材。

① 火灾自动报警系统。商场中任一层建筑面积大于 3000m²

或者总建筑面积大于6000m² 的多层商场，建筑面积大于500m² 的地下、半地下商场以及一类高层商场，应设置火灾自动报警系统。

火灾自动报警系统的设置应符合《火灾自动报警系统的设计规范》（GB 50116—2013）。营业厅等人员聚集场所宜设置漏电火灾报警系统。

② 灭火设施。商场应设置室内、外消火栓系统，并应满足有关消防技术规范要求。设有室内消防栓的商场应设置消防软管卷盘。建筑面积大于200m² 的商业服务网点应设置消防软管卷盘或者轻便消防水龙。

任一楼层建筑面积超过1500m² 或总建筑面积超过3000m² 的多层商场和建筑面积大于500m² 的地下商场以及高层商场均应设置自动喷水灭火系统。

商场应按照《建筑灭火器配置设计规范》（GB 50140—2005）的要求配备灭火器。

3.6 公共娱乐场所消防安全管理

问167：公共文化娱乐场所如何设置才能符合防火要求？

（1）设置位置、防火间距、耐火等级。公共文化娱乐场所不得设置在古建筑、博物馆以及图书馆建筑内，不得毗连重要仓库或者危险物品仓库。不得在居民住宅楼内建公共娱乐场所。在公共文化娱乐场所的上面、下面或毗邻位置，不准布置燃油、燃气的锅炉房以及油浸电力变压器室。

公共文化娱乐场所在建设时，应与其他建筑物保持一定的防火间距，通常与甲、乙类生产厂房、库房之间应留有不少于50m的防火间距。而建筑物本身不宜低于二级耐火等级。

（2）防火分隔在建筑设计时应当考虑必要的防火技术措施：影剧院等建筑的舞台和观众厅之间，应采用耐火极限不低于3.00h的不燃体隔墙，舞台口上部和观众厅闷顶之间的隔墙，可以采用耐火极限不低于1.50h的不燃体，隔墙上的门应采用乙级防火门；舞台下面的灯光操作室和可燃物储藏室，应用耐火极限不低于2.00h的不燃体墙与其他部位隔开；电影放映室应用耐火极限不低于 1.50h 的不燃体隔墙与其他部分隔开，观察孔和放映孔应设阻火闸门。

对超过 1500 个座位的影剧院与超过 2000 个座位的会堂、礼堂的舞台，以及与舞台相连的侧台、后台的门窗洞口，都应设水幕分隔。对于超过 1500 个座位的剧院与超过 2000 个座位的会堂的屋架下部，以及建筑面积超过 400m² 的演播室、建筑面积超过 500m² 的电影摄影棚等，均应设雨淋喷水灭火系统。

公共文化娱乐场所与其他建筑相毗连或者附设于其他建筑物内时，应当按照独立的防火分区设置。商住楼内的公共文化娱乐场所和居民住宅的安全出口应当分开设置。

（3）公共文化娱乐场所的内部装修设计和施工，必须符合《建筑内部装修设计防火规范》（GB 50222—1995）和有关装饰装修防火规定。

（4）在地下建筑内设置公共娱乐场所除符合有关消防技术规范的要求外，还应符合以下规定。

① 只允许设在地下一层。

② 通往地面的安全出口不应少于 2 个，每个楼梯宽度应当满足有关建筑设计防火规范的规定。

③ 应当设置机械防烟排烟设施。

④ 应当设置火灾自动报警系统及自动喷水灭火系统。

⑤ 禁止使用液化石油气。

问168：公共文化娱乐场所应如何设置安全疏散通道？

（1）公共文化娱乐场所观众厅、舞厅的安全疏散出口，应当按照人流情况合理设置，数目不应少于 2 个，并且每个安全出口平均疏散人数不应超过 250 人，当容纳人数超过 2000 人时，其超过部分按每个出口平均疏散人数不超过 400 人计算。

（2）公共文化娱乐场所观众厅的入场门、太平门不应设置门槛，其宽度不应小于 1.4m。紧靠于门口 1.4m 范围内不应设置踏步。同时，太平门不准采用卷帘门、转门、吊门以及侧拉门，门口不得设置门帘、屏风等影响疏散的遮挡物。公共文化娱乐场所在营业时，必须保证安全出口和走道畅通无阻，严禁将安全出口上锁、堵塞。

（3）为确保安全疏散，公共文化娱乐场所室外疏散通道的宽度不应小于 3m。为了确保灭火时的需要，超过 2000 个座位的礼堂、影院等超大空间建筑四周，宜设环形消防车道。

（4）在布置公共文化娱乐场所观众厅内的疏散走道时，横走道之间的座位不宜超过 20 排；纵走道之间的座位数每排不宜超过 22 个，当前后排座椅的排距不小于 0.9m 时，可以增加 1 倍，但是不得超过 50 个；仅一侧有纵走道时，其座位数应减半。

问169：公共文化娱乐场所的应急照明应如何设置？

（1）在安全出口和疏散走道上，应设置必要的应急照明及疏散指示标志，以利于火灾时引导观众沿着灯光疏散指示标志顺利疏散。疏散用的应急照明，其最低照度不应低于 1.0lx。而照明供电时间不得少于 20min。

（2）应急照明灯应设在墙面或者顶棚上，疏散指示标志应设于太平门的顶部和疏散走道及其转角处距地面 1.0m 以下的墙面上，走道上的指示标志间距不应大于 20m。

问170：公共文化娱乐场所的灭火设施及器材应如何设置？

公共文化娱乐场所发生火灾蔓延快，扑救困难。因此，必须配备消防器材等灭火设施。根据规定，对于超过 800 个座位的剧院、电影院、俱乐部以及超过 1200 个座位的礼堂，都应设置室内消火栓。

为了确保能及时有效地控制火灾，座位超过 1500 个的剧院和座位超过 2000 个的会堂或礼堂，室内人员休息室与器材间应设置自动喷水灭火系统。

室内消火栓的布置，通常应布置在舞台、观众厅和电影放映室等重点部位醒目并便于取用的地方。此外，对放映室（包括卷片室）、配电室、储藏室、舞台以及音响操作等重点部位，都应配备必要的灭火器。

设置在综合性建筑内的公共娱乐场所，其消防设施及火火器材的配备，应符合规范对综合性建筑的防火要求。

问171：娱乐场所的安全防火技术采取哪些安全措施？

（1）场所的设置要求

① 设置位置、防火间距以及建筑物耐火等级。按照《娱乐场所管理条例》第7条的规定，"娱乐场所不得设在下列地点：居民楼、博物馆、图书馆和被核定为文物保护单位的建筑物内；居民住宅区和学校、医院、机关周围；车站、机场等人群密集的场所；建筑物地下一层以下；与危险化学品仓库毗连的区域。娱乐场所的边界噪声，应当符合国家规定的环境噪声标准。"

② 防火分区。影剧院以及会堂舞台上部与观众厅闷顶之间应采用防火墙进行分隔，防火墙上不应开设门、窗、洞孔或穿越管道，若确需在隔墙上开门时，其门应采用甲级防火门。舞台灯光操作室与可燃物储藏室之间，应用耐火极限不低于1h的非燃烧的墙体分隔。

③ 装修规定。娱乐场所要正确选用装修材料，内部装修应妥善处理舒适豪华的装修效果和防火安全之间的矛盾，尽量选用不燃和难燃材料，少用可燃材料，特别是尽量避免使用在燃烧时产生大量浓烟和有毒气体的材料。如剧院观众厅顶棚，应用钢龙骨、纸面石膏板材料装修，严禁使用木龙骨、纸板或塑料板等材料装修。

剧院、会堂水平疏散通道及安全出口的门厅，其顶棚装饰材料应采用不燃装修材料。内部无自然采光的楼梯间、封闭楼梯间、防烟楼梯间及其前室的顶棚、墙面和地面，都应采用不燃装修材料。

（2）安全疏散设施。公共娱乐场所的安全疏散设施应严格按照相关规范要求设置。否则，一旦发生火灾，极易造成人员伤亡。安全疏散设施包括安全出口、疏散门、疏散走道、疏散楼梯、应急照明以及疏散指示标志。

① 安全出口。安全出口或者疏散出口的数量应按相关规范规定计算确定。除规范另有规定外，安全出口的数量不应少于2个。

安全出口或者疏散出口应分散合理设置，相邻2个安全出口或疏散出口最近边缘之间的水平距离不应小于5m。

② 疏散门。疏散门的数量应当依据计算合理设置，数量不应少于2个，影剧院的疏散门的平均疏散人数不应超过250人，当容纳人数大于2000人时，其超过的部分按每樘疏散门平均疏散人数不超过400人计算。

疏散门不应设置门槛，其净宽度不应小于1.4m，并且紧靠门口内、外各1.4m范围内不应设置踏步。疏散门均应向疏散方向开启，不准使用卷帘门、转门、吊门、折叠门、铁栅门以及侧拉门，应为朝疏散方向开启的平开门，门口不得设置门帘及屏风等影响疏散的遮挡物。公共场所在营业时，必须保证安全出口畅通无阻，禁止将安全出口上锁、堵塞。

为确保安全疏散，公共娱乐场所室外疏散小巷的宽度不应小于3m。为保证灭火的需要，超过2000个座位的会堂等建筑四周，宜设置环形消防车道。

③ 疏散楼梯和走道。多层建筑的室内疏散楼梯宜设置楼梯间。大于2层的建筑应采用封闭楼梯间。当娱乐场所设置在一类高层建筑或者超过32m的二类高层建筑中时，应设置防烟楼梯间。

剧院的观众厅的疏散走道宽度应按照其通过人数，每100人不小于0.6m，但是最小净宽度不应小于1m，边走道的净宽度不应小于0.8m。在布置疏散走道时，横走道之间的座位排数不宜大于20排；纵走道之间的座位数，每排不宜超过22个；前后排座椅的排距不小于0.9m时，可以增加一倍，但不得超过50个；仅一侧有纵走道时，座位数应减少一半。

④ 应急照明和疏散指示标志。公共娱乐场所内应按照相关规范条文配置应急照明和疏散指示标志，场所内的疏散走道和主要疏散路线的地面或者靠近地面的墙上应设置发光疏散指示标志，以便引导观众沿着标志顺利疏散。疏散用的应急照明其最低照度不应低于0.5lx，设置的应急照明及疏散指示标志的备用电源，其连续供电的时间不应少于20～30min。

（3）消防设施

① 消火栓系统。除规范另有规定之外，娱乐场所必须设置室

内、室外消火栓系统，并且宜设置消防软管卷盘。系统的设计应符合相关规范要求。

②自动灭火系统。设置在地下、半地下，建筑的首层、二层以及三层且任一层建筑面积超过 $300m^2$ 时，或建筑在地上四层及四层以上以及设置在高层建筑内的娱乐场所，都应设置自动喷水灭火系统。系统的设置应符合相关规范的要求。

③防排烟系统。设置在高层建筑内三层以上的娱乐场所应设置防排烟系统，设置在多层建筑一、二、三层且房间建筑面积超过 $200m^2$ 时，设置在四层及四层以上，或者地下、半地下的娱乐场所，该场所中长度大于 20m 的内走道，都应设置防排烟系统。

④灭火器的配置。建筑面积在 $200m^2$ 及以上的娱乐场所应按照严重危险级配置灭火器。建筑面积在 $200m^2$ 以下的娱乐场所应按中危险级配置灭火器。应依据场所可能发生的火灾种类选择相应的灭火器，在同一灭火器配置场所，当选用两种或者两种以上类型的灭火器时，应采用灭火剂相容的灭火器。灭火器的设置、配置应满足《建筑灭火器配置设计规范》（GB 50140—2005）的规定。

3.7　电信通信枢纽消防安全管理

 问172：　邮件的收寄和投递的防火要求应注意什么？

办理邮件收寄和投递的单位有邮政局、邮政所、邮政代办所以及各种快递单位等。这些单位分布在各省、市、地区、县城、乡镇和农村，负责办理本辖区邮件的收寄及投递。一般都设有营业室、邮件、包裹寄存室、分发室以及投递室等；辖区范围较大的邮政局还设有车库，库内存放的机动车，从数辆到数十辆不等，这些都潜伏有一定的火灾危险性，因此，在收寄和投递邮件中应注意以下防火要求。

（1）严格生活用火的管理。在营业室的柜台内，邮件及包裹存放室以及邮件分发室等部位，要禁止吸烟；小型单位冬季如没有暖气采暖时，这些部位不得使用火盆、火缸，必要时可安装火炉，但在木地板上应垫砖，并加铁皮炉盘隔热及保护，炉体与周围可燃物保持不小于 1m 的距离，金属烟筒与可燃结构应保持 50cm 以上的距离，上班时要有专人看管，工作人员离开或者下班时，应将炉火封好。

（2）包裹收寄要注意防火安全检查。包裹收寄的安全检查工序，为邮件管理过程中的重要环节。为了避免邮件、包裹内夹带易燃、易爆危险化学品，负责收寄的工作人员，必须认真负责，严格检查。包裹、邮件要开包检查，有条件的邮政局，应采用防爆监测设备进行检查，防止混进的易燃、易爆危险品在运输、储存过程中引起着火或者爆炸。营业室内应悬挂宣传消防知识的标语、图片。

（3）机动邮运投递车辆应注意防火。机动邮运投递车辆除应遵守"汽车和汽车库、场"的有关防火要求外，还应要求司机及押运人员：不准在驾驶室及邮件厢内吸烟；营业室及车库内不准存放汽油等易燃液体；车辆的修理及保养应在车库外指定的地点进行。

问173：邮件转运时应注意哪些防火要求？

各地邮政系统的邮件转运部门是将邮件集中、分拣、封发以及运输等集中于一体的邮政枢纽。在邮政枢纽内的各工序中，应分别注意下列防火要求。

（1）信件分拣。信件分拣工作对邮件的迅速、准确以及安全投递有着重要影响。信件分拣应在分拣车间（房）内进行，操作方法目前有人工与机械分拣两种。

手工分拣车间（房）的照明灯具和线路应固定安装，照明所需电源要设置室外总控开关与室内分控开关，以便停止工作时切断电源。照明线路布设应按照闷顶内的布线要求穿金属管保护，荧光灯的镇流器不能安装在可燃结构上。同时要求禁止在分拣车间（房）内吸烟和进行各种明火作业。

机械分拣车间分别设有信件分拣与包裹分拣设备，主要是信件分拣机和皮带输送设备等，除有照明用线路外，还有动力线路。机械分拣车间除应遵守信件分拣的有关防火要求之外，对电力线路、控制开关、电动机及传动设备等的安装使用，都应满足有关电气防火的要求。电器控制开关应安装在包铁片的开关箱内，并不使邮包靠近，电动机周围要加设铁护栏以避免可燃物靠近和人员受伤，机械设备要定期检查维护，传动部位要经常加油润滑，最好选用润滑胶皮带，避免机械摩擦发热引起着火。

（2）邮件待发场地。邮件待发场地是邮件转运过程中，邮件集中的场所。此场所一旦发生火灾，会造成很大的影响，所以要把邮件待发场地划为禁火区域，并设置明显的禁火标志。要禁止吸烟和一切明火作业，严格控制外来人员及车辆的出入。邮件待发场地不应设于电力线下面，不准拉设临时电源线。

（3）邮件运输。邮件运输是邮件传递过程中的一个重要环节，是在确保邮件迅速、准确、安全传递的基础上，根据不同运输特点组织运输。邮件运输的方式分铁路、船舶、航空以及汽车四种。铁路邮政车和船舶运输的邮件，由邮政部门派专人押运；航空邮件交由班机托运。此类邮件运输要遵守铁路、交通以及民航部门的各项防火安全规定。汽车运输邮件，除了长途汽车托运外，还有邮政部门本身组织的汽车运输。当邮政部门用汽车运输邮件时，运输邮件的汽车应用金属材料改装车厢。如用一般卡车装运邮件时，必须用篷布严密封盖，并提防途中飞火或者烟头落到车厢内，引燃邮件起火。邮件车要专车专用。在装运邮件时，禁止与易燃、易爆化学危险品以及其他物品混装、混运。邮件运输车辆要根据邮件的数量配备应急灭火器材并不少于两具。通常情况下，装有邮件的重车不能停放在车库内，以防不测。

问174： 邮政枢纽建筑应进行哪些防火管理？

在大、中城市，尤其是大城市，一般都兴建有现代化的邮政枢纽设施，集数分、发于一体，是邮政行业的重点防火单位。

邮政枢纽设施作为公共建筑，通常都采用多层或高层建筑，并建在交通方便的繁华地段。新建的邮政枢纽工程，在总体设计上应对于建筑的耐火等级、防火分隔，安全疏散、消防给水和自动报警、自动灭火系统等防火措施认真予以考虑，并严格执行《建筑设计防火规范》（GB 50016—2014）的有关规定。对已经建成，但以上防火措施不符合规范规定的，应采取措施逐步加以改善。

问175：　邮票库房要注意哪些防火要求？

　　邮票库房是邮政防火的重点部位，其库房的建筑不能低于一、二级耐火等级，并与其他建筑保持规定的防火间距或防火分隔，避免其他建筑物失火殃及邮票库房的安全。邮票库房的电器照明、线路敷设、开关的设置，都必须满足仓库电器规定的要求，并应做到人离电断。对邮票总额在 50 万元以上的邮票库房，还应安装火灾自动报警及自动灭火装置。对省级邮政楼的邮袋库，应当设置闭式自动喷水灭火系统。

问176：　如电信企业的管理不当会有哪些火灾危险性？

　　（1）电信建筑可燃物较多。电信建筑的火灾危险性主要在两个方面：一是原有老式建筑，耐火等级比较低，在许多方面很难满足防火的要求，导致火险隐患非常突出；二是在一些新建筑中，由于使用性能特殊，机房里敷管设线、开凿孔洞较多，尤其是机房建筑中的间壁、隔声板、地板、吊顶等装饰材料和通风管道的保温材料，以及木制机台、电报纸条、打字蜡纸以及窗帘等，都是可燃物，一旦起火会迅速蔓延成灾。

　　（2）设备带电易带来火种。安装有电话及电报通信设备的机房，不仅设备多、线路复杂，而且带电设备火险因素较多。这些带电设备，若发生短路或者接触不良等，都会造成设备上的电压变化，使导线的绝缘材料起火，并可引燃周围可燃物，扩大灾害；若遭受雷击或者架空的裸导线搭接在通信线路上就会将高电压引到设备上发生火灾；避雷的引下线电缆、信号电缆距离过近也会给通信设备造成不安全的因素；收、发信机的调压器是充油设备，若发生超负荷、短路、漏油、渗油或者遭雷击等，都有可能引起调压器起火或者爆炸；室内的照明、空调设备以及测试仪表等的电气线路，都有可能引起火灾；电信行业中经常用到电炉、电烙铁以及烘箱等电热器具，如果使用、管理不当，也会引燃附近的可燃物。动力输送设备、电气设备安装不合格，接地线不牢固或者超负荷运行等，亦会造成火灾危险。

（3）设备维修、保养时使用易燃液体并有动火作业。电信设备经常需要进行维修及保养，但在维修保养中，经常要使用汽油、煤油以及酒精等易燃液体清洗机件。这类易燃液体在清洗机件、设备时极易挥发，遇火花就会引起着火、爆炸。同时在设备维修中，除常用电烙铁焊接插头和接头外，有时还要使用喷灯和进行焊接、气割作业，此类明火作业随时都有导致火灾的危险。

 问177：　电信企业的消防安全管理措施有哪些？

（1）电信建筑。电信建筑的防火，除必须严格执行《建筑设计防火规范》（GB 50016—2014）外，还应在总平面布置上适当分组、分区。通常将主机房、柴油机房、变电室等组成生产区；将食堂、宿舍以及住宅等组成生活区。生产区同生活区要用围墙分隔开。尤其贵重的通信设备、仪表等，必须设在一级耐火等级的建筑内物。在设有机房及报房的建筑内，不应设礼堂、歌舞厅、清洗间以及机修室。收发信机的调压设备（油浸式），不宜设在机房内，如由于条件所限必须设在同一层时，应以防火墙分隔成小间作调压器室，每间设的调压器的总容量，不得大于 400kV。调压器室通向机房的各种孔洞、缝隙都应用不燃材料密封填塞，门窗不应开向人员集中的方向，并应设有通风、泄压和防尘、防小动物入内的网罩等设施。清洗间应为一、二级耐火等级的单独建筑，由于室内常用易燃液体清洗机件，其电气设备应符合防爆要求，易燃液体的储量不应大于当天的用量，盛装容器应为金属制作，室内严禁一切明火。

各种通风管道的隔热材料，应使用硅酸铝、石棉等不燃材料。通风管道内要设置自动阻火闸门。通风管道不宜穿越防火墙，必须穿越时，应用不燃材料把缝隙紧密填塞。建筑内的装饰材料，如吊顶、隔墙以及门窗等，均应采用不燃材料制作，建筑内层与表层之间的电缆及信号电缆穿过的孔洞、缝隙亦应用不燃材料堵塞。竖向风道、电缆（含信号电缆）的竖井，不能采用可燃材料装修，检修门的耐火极限不应低于 0.6h。

（2）电信电器设备

① 电源线与信号线不应混在一起敷设，若必须在一起敷设时，电源线应穿金属管或采用铠装线。移动式测试仪表线、照明灯具的电线应采用橡胶护套线或者塑料线穿塑料套管。机房采用日光灯照明时，应有防止镇流器发热起火的措施。照明、报警以及电铃线路在穿越吊顶或者其他隐蔽地方时，均应穿金属管敷设，接头处要安装接线盒。

② 机房、报房内禁止任意安装临时灯具和活动接线板，并不得使用电炉等电加热设备，若生产上必须使用时，则要经本单位保卫、安全部门审批。机房、报房内的输送带等使用的电动机，应安装在不燃材料的基础上，并且加护栏保护。

③ 避雷设备应在每年雷雨季节到来前进行一次测试，对于不合格的要及时改进。避雷的地下线与电源线和信号线的地下线的水平距离，不应小于3m。应保持地下通信电缆与易燃易爆地下储罐、仓库之间规定的安全距离，通常地下油库与通信电缆的水平距离不应小于10m，20t以上的易燃液体储罐和爆炸危险性较大的地下仓库与通信电缆的安全距离还应按照专业规范要求相应增大。

④ 供电用的柴油机发电室应和机房分开，独立设在一、二级耐火等级的建内，如不能分开时，需用防火墙隔开。供发电用的燃料油，最多保持一天的用量。汽油或者柴油禁止存放在发电室内，而应存放在专门的危险品仓库内。配电室、变压器室、酸性蓄电池室以及电容器室等电源设施，必须确保安全。

（3）电信建筑消防设施。电信建筑设施应安装室内消防给水系统，并且装置火灾自动报警和自动灭火系统。电信建筑内的机房和其他电信设备较集中的地方，应采用二氧化碳自动灭火系统或者"烟落尽"灭火系统。其余地方可以用自动喷水灭火系统。电信建筑的各种机房内，还应配备应急用的常规灭火器。

（4）电信企业日常的防火管理

① 要加强易燃品的使用管理。在日常的工作中，电信机房及报房内不得存放易燃物品，在临近的房间内存放生产中必须使用的小量易燃液体时，应严格限制其储存量。在机房、报房以及计算机房等部位禁止使用易燃液体擦刷地板，也不得进行清洗设备的操作，如用汽油等少量易燃液体擦拭接点时，应在设备不带电的条件

下进行，如果情况特殊必须带电操作，则应有可靠的防火措施：所用汽油要用塑料小瓶盛装，以避免其大量挥发；使用的刷子的铁质部分，应用绝缘材料包严，避免碰到设备上短路打火，引燃汽油而失火。

② 要加强可燃物的管理。机房、报房内要尽量减少可燃物，拖把、扫帚以及地板蜡等应放在固定的安全地点，在报房内存放电报纸的容器应当用不燃材料制成并且加盖，在各种电气开关、插入式熔断器插座附近和下方，以及电动机、电源线附近不得堆放纸条及纸张等可燃物。

③ 要加强设备的维修。各种通信设备的保护装置及报警设备应灵敏可靠，要经常检查维修，如有熔丝熔断，应及时查清原因，整修后再安装，切实确保各项设备及操作的安全。

④ 要加强对人员的管理。电信企业领导应把消防安全工作列入重要日程，切实加强日常的消防管理，配备一定数量的专、兼职消防管理人员，各岗位职工应全员进行消防安全培训，掌握必要的消防安全知识之后才可上岗操作，保证通信设施万无一失。

3.8 重要科研机构防火管理

 问178： **化学实验室如何进行防火管理？**

（1）化学实验室应为一、二级耐火等级的建筑。从事爆炸危险性操作的实验室，应采用钢筋混凝土框架结构，并应按照防爆设计要求，采用泄压门、窗、泄压外墙和轻质泄压屋顶及不发生火花的地面等。安全疏散门不应少于两个。

（2）化学实验室的电气设备应满足防爆要求，试验用的加热设备的安装、燃料的使用要符合防火要求，各种气体压力容器（钢瓶）要远离火源及热源，应放置于阴凉通风的位置。

（3）实验室内试验剩余或常用小量易燃化学品，当总量不大于5kg 时，可放在铁橱柜中，贴上标签，由专人负责保管；超过 5kg时，不得存放在实验室内；有毒物品要集中存放，专人管理。

（4）对于不明化学性质的未知物品，应先做测定闪点、引燃温度以及爆炸极限等基础试验，或者先从最小量开始试验，同时要采取安全措施，做好灭火准备。

（5）配备有效的灭火器材，定期进行检查保养。对研究、试验人员进行自防自救的消防知识教育，做到会用消防器材扑救初期火灾，会报火警、会自救。

（6）要建立健全各种试验的安全操作规程和化学物品管理使用方法，严禁违章操作。

 问179： **如生化检验室防火管理不当会有哪些火灾危险性？**

生物化学检验是临床辅助诊断必不可少的手段。生化检验项目繁多，方法各异。比如尿液分析、肝功能试验以及血液检查等，使用的试剂和方法也各不相同。从防火角度来看，都免不了使用化学试剂，一些通用设备（烘箱等）也大致相同，因此将这些部门的火灾危险性和防火要求一并叙述如下。

（1）平面布置

① 生化检验室使用的醇、醚、苯、叠氮钠以及苦味酸等都是易燃易爆的危险品。所以，这些生化检验室应布置在主体建筑的一侧，门应设在靠外侧处，以便于发生事故时能迅速疏散和施救。生化检验室不宜设在门诊病人密集的地区，也不宜设在医院主要通道口、锅炉房、X线胶片室、药库、液化石油气储藏室等附近。

② 房间内部的平面布置要合理。试剂橱应放在人员进出及操作时不易靠近的室内一角。电烘箱、高速离心机等设备应设在远离试剂橱的另外一角，同时应注意自然通风的风向及日光的影响。试剂橱应设在实验室的阴凉地方，不宜靠近南窗，防止阳光直射。

③ 室内必须通风良好。相对两侧都应有窗户，最好使自然通风能够在室内成稳定的平流，减少死角，使操作时逸散的有毒、易燃气体以及蒸气能及时排出。还应考虑到使室内排出的气体不致流进病房、观察室以及候诊室等人员密集的房间里。

（2）试剂的储存与保管

① 乙醇、甲醇、丙酮以及苯等易燃液体应放在试剂橱的底层阴凉处，以防容器渗漏时液体流下，与下面试剂作用而发生危险。

高锰酸钾和重铬酸钾等氧化剂与易燃有机物必须隔离储存，不得混放。乙醚等遇日光会产生易爆的过氧化物，应避光储藏。开启后未用完的乙醚，不能放于普通冰箱内储存，防止挥发的乙醚蒸气遇到冰箱内电火花发生爆炸。

② 广泛用作防腐剂的叠氮钠虽较叠氮铅等稳定，但是仍属起爆药类，有爆炸危险且剧毒。应将包装完好的叠氮钠放置于黄沙桶内，专柜保管。储藏处力求平稳防震，双人双锁。苦味酸应先配成溶液后存放，并避免触及金属，防止形成敏感度更高的苦味酸盐。凡是沾有叠氮钠或者苦味酸的一切物件均应彻底清洗，不得随便乱丢。

③ 试剂标签必须齐全、清楚，可以在标签上涂蜡保护，万一标签脱落，应即取出，未经确认，不得使用，防止弄错后发生异常反应而引起危险。试剂应有专人负责保管，定期检查清理。

④ 若乙醇等用量大时，不能将其作试剂看待，不得同试剂放在一起，最好不要储存在实验室内，应在室外单独存放，随用随取。有的科研所使用液化石油气或者丙烷作燃料，应将它们分室储存，可以用金属管道输入室内使用。

（3）主要操作

① 用圆底玻璃烧瓶做蒸馏或者回收操作时，液体装量应为玻璃瓶容量的 $50\% \sim 60\%$，使其有最大的蒸发面积，不易导致液体过热，否则容易冲料起火。平底烧瓶不宜用于蒸馏，蒸馏或者回收操作时必须加沸腾石。沸腾石放置在液体内，过夜就会失效，应另加新品，否则加热时底部液体容易过热，会发生突沸冲料起火。

② 冷凝器必须充分有效，防止蒸气冷凝不完全而逸出，与下部明火接触起火；加热设备要慎重选择，100℃ 以下应用水浴，100℃ 以上可用油浴，易燃液体宜用封闭电热器加热，不得用明火直接加热。

③ 如果多次回收套用溶剂，应注意产生过氧化物的危险。尤其是回收乙醚时，更应注意。在回收套用乙醚过程中，容器中的套用乙醚经回收蒸馏而逐渐减少，当减少至原量的 20% 时，应立即停止蒸馏，取样试验，加入碘化钾试液，如呈现黄色，就表示残留的套用乙醚中有过氧化物存在。这时应加酸性硫酸亚铁溶

液，除去之后，再进行蒸馏。否则，过氧化物不断浓缩会发生爆炸。

④ 使用各种烧瓶，瓶内外都应有可靠的温度计。操作过程中应密切注意温度变化情况，严格控制，防止冲料；减压蒸馏宜采用冷却，在操作时，应先打开冷凝器阀门，让冷却水进入，然后开真空，最后加热；蒸馏结束时，应先停止加热，稍待冷却之后再缓缓放进空气，最后关闭冷却水阀门。切记次序不可搞错，防止突沸冲料。

⑤ 使用烘箱操作时，含有易燃溶剂的样品不得用电热烘箱烘干，防止易燃液体蒸气遇电热丝发生着火或爆炸，可用蒸气烘箱或者真空烘箱。后者操作时先开真空抽去空气，使溶剂蒸气不能形成爆炸性混合物，然后加热；结束时，先关热源，稍冷之后再缓缓放进空气；烘箱应有温度自动控制装置，并经常检查维修，保证良好有效。

⑥ 使用加热设备时酒精灯的点火灯头应为瓷质，不宜用铁皮，以免由于导热快使瓶内酒精受热冲出起火；正点燃着的酒精灯，不得添加酒精，必须在熄火之后，方可添加；熄灭酒精灯火焰时，应加盖熄灭，不得用口去吹；煤气灯头连接的橡皮管极易产生裂纹而漏气，应每周检查一次，如有裂纹，应立即将其更换；熄灭煤气火时应将球形气阀关闭，不得将煤气灯座上的流量调节阀当作开关用，由于后者不气密；生物检验室使用的电炉，最好用封闭式或半封闭式的，用一般电炉时，应防止电热丝翘起与水浴锅等金属材料接触，而产生触电危险；玻璃仪器或者烧瓶不得直接放在电炉上或明火上灼烧，而应下衬实验室专用的石棉网，防止爆裂或局部过热造成内容物突沸冲料。

⑦ 对容易分解的试剂或强氧化剂（如过氯酸）在加热时易爆炸或者冲料，应务必小心，最好在通风橱内操作；每次试验操作完毕后，应将易燃品、剧毒品立即归回至原处，入橱保存，不得在实验台上存放；室内检验的电气设备，应合格安装并定期检查，防止漏电、短路以及超负载等不正常情况；一切烘箱等发热体不得直接放在木台上，烘箱的铁皮架和木台之间应有砖块、石棉板等隔热材料垫衬。

问180： 电子洁净实验室应采取哪些防火措施？

电子洁净实验室是研制精密电子元件不可缺少的工作室。按研究条件要求，洁净室必须是封闭的。由于在试验过程中，要使用丙酮、丁酮以及乙醇等易挥发的易燃液体，有的试验还要求通入大量氢气，容易形成爆炸性混合物，遇到明火会导致着火或爆炸，故危险性较大。其主要防火措施如下。

（1）电子洁净室应采用一、二级耐火等级的建筑，隔墙和内部装修材料尽可能采用不燃材料。

（2）电气设备应采用防爆型，电热器具应用密封式，并且置于不燃的基座上，要配备蓄电池等事故电源，出入口或者拐弯处要设安全疏散指示灯。

（3）气体钢瓶应放置在安全地点，不宜集中储放在洁净室内。用量少的小型钢瓶（如磷烷、硅烷等气体）最好放于专用橱柜中，不能随意存放。洁净室内使用的易燃液体、可燃气体，以及氧化剂、腐蚀剂等化学危险品，其管理方法相同于化学实验室。使用易燃液体和气体的洁净室，应还安装排风设备。

（4）洁净室应立足于火灾自救，设置比较完善的消防设施。有贵重、高精仪器、仪表以及电气设备的洁净室，应设置二氧化碳自动灭火系统，在便于通行的位置（如走廊）应设紧急报警按钮或电话等，以便和外部联系。

（5）加强对洁净室研究、实验人员的防火安全教育，制订安全管理制度及各种设备的安全操作规程；要求研究、实验人员会用灭火器材，会报火警、会自救以及会逃生。

 问181： 发动机实验室如何进行防火管理？

发动机试验研究广泛应用于汽车、航空以及航海等工业系统开发、革新产品的研究工作中。这里所述的发动机是以油料为燃料的发动机。在试验中，因为汽缸破裂、冲出火焰、油路滴漏，或调整化油器时，油品滴在排气管上（烧红时温度可达到900℃）等，都容易发生火灾。因此，应采取以下防火措施。

（1）发动机实验室的试车台，应设在一、二级耐火等级的建筑中，内部装修及器具等，要求不燃化。

（2）油箱与试车台宜分室设置，经常检查油路系统是否有滴漏现象，输油管路、油箱应设有良好的静电接地装置。

（3）发动机实验室应设置油品蒸气危险浓度报警器与固定式自动灭火设施，同时配备小型灭火器，以便于扑救初起火灾。

（4）室内要严禁烟火，电气设备应满足防爆要求。

3.9　公众聚集场所的消防安全责任和岗位消防职责

 问182：　公众聚集场所的消防安全责任如何确定和履行？

（1）确定责任人。根据有关消防法规的规定，公众聚集场所的法定代表人或主要负责人是消防安全责任人。要逐级落实消防安全责任制及岗位消防安全责任制，明确逐级和岗位消防安全职责，明确各级、各岗位的消防安全责任人，建立健全消防组织，配备专、兼职防火人员。

消防安全责任人对本单位的消防工作全面负责。其职责是贯彻执行消防法规，确保单位的消防安全符合规定，批准实施年度消防工作计划，为本单位的消防工作提供经费及组织保障，确定逐级消防安全责任制，及时处理涉及消防安全的重大问题，保证各项消防安全工作的进行。

《娱乐场所管理条例》第20条规定，娱乐场所的法定代表人或者主要负责人应当对娱乐场所的消防安全和其他安全负责。

（2）建立防火安全责任制，全面实行消防安全责任制。在实施消防管理过程之中，要全面落实逐级防火安全责任制。明确消防安全职责，并且落实各项管理措施。

应该按照《机关、团体、企业、事业单位消防安全管理规定》，切实履行自身的消防安全职责，建立和落实逐级消防安全责任制及岗位消防安全责任制，明确逐级及岗位消防安全职责，确定各级、各岗位的消防安全责任人。按消防安全重点单位的管理标准，切实加强消防安全管理。

《娱乐场所管理条例》第 20 条规定，娱乐场所应当确保其建筑、设施符合国家安全标准和消防技术规范，定期检查消防设施状况，并及时维护、更新。

（3）建立健全消防安全制度和操作规程。防火安全管理制度包括用火用电制度、易燃易爆危险化学品管理制度、消防安全检查制度、消防控制室值班制度、消防设施维护保养制度、员工消防教育培训制度等。要结合各自的实际情况，制订预防火灾的操作规程，保证消防安全。

要定期组织员工学习、熟悉并严格按照制度要求，常对照、勤检查，保证各项规章制度的贯彻执行。

（4）进行消防安全宣传教育、培训、预案演练

① 《娱乐场所管理条例》第 20 条规定，娱乐场所应当制订安全工作方案及应急疏散预案。要依据员工的工作性质及职责进行相应的消防安全知识的教育培训，以提高消防安全意识与对消防工作的认识，学习必要的消防安全知识，掌握从事岗位所必需的消防知识及技能。

应将消防安全教育纳入员工教育培训计划，对员工必须进行全员消防安全培训，通过考核合格后才能上岗。培训内容包括火灾事故案例，消防法律法规，消防安全常识、知识以及技能，培训重点是组织引导群众疏散以及报火警和扑救初起火灾的技能。利用培训强化员工的消防安全意识，提升自防自救能力。

② 中、小学校应以多种形式对学生进行消防安全知识的普及教育，制订"校园逃生自救演练方案"，在新生军训期间安排"自救与逃生"必练课目，组织开展学生逃生自救安全教育活动并且进行消防器材实际操作演练，实现全员受训目标，增强火灾时的避险能力与自救能力。有条件的地方要举办消防夏令营，组织学生参观消防中队、消防博物馆，以使学生的消防安全意识增强。

③ 重大活动应急方案的制订与演练，要制订消防应急预案。防火及应急疏散预案应包括：各级岗位人员职责分工、人员疏散疏导路线，以及其他特定的防火灭火措施与应急措施等，并要按照预案进行实际的操作演练，以便于及时发现问题，完善预案。各公众聚集场所应结合实际制订相应的灭火及安全疏散应急预案，并且至

少每半年组织一次灭火演练，不断充实完善应急预案，提高自防、自救能力。

（5）组织防火检查和巡查，消除火灾隐患。公共场所应依据规定建立定期检查制度和每日巡查制度，并建立巡查记录。至少每季度应进行一次防火安全检查，要把责任和制度落实与否、疏散通道畅通与否、消防设施完好与否作为检查的重点。对发现的火灾隐患，能当场整改的要当场整改，不能当场整改的，要制订整改方案，落实整改资金，确定负责整改的部门及人员，限期整改。在火灾隐患未消除期间，要落实防火安全措施，避免引发火灾。

《娱乐场所管理条例》第21条规定，营业期间，娱乐场所应当确保疏散通道和安全出口畅通，不得封堵、锁闭疏散通道和安全出口，不得在疏散通道及安全出口设置栅栏等影响疏散的障碍物。娱乐场所应当在疏散通道和安全出口设置明显指示标志，不得遮挡或者覆盖指示标志。

（6）建立消防工作档案。旅馆应当把本单位的基本概况、公安机关消防机构填发的各种法律文书、与消防工作有关的材料及记录等统一建立消防工作档案。

（7）组建志愿消防队。各公众聚集场所应组建志愿消防队，志愿消防队员的数量不应少于本场所工作人员数量的30％。各经营管理单位应根据情况，制订切实可行的灭火及应急疏散预案并定期演练，其主要负责人和相关管理人员应熟悉预案的全部内容，具备应急指挥能力。工作人员应当熟悉安全出口与疏散通道的位置，并掌握本岗位的应急救援职责。

问183：公众聚集场所应当履行的消防管理职责有哪些？

（1）落实消防安全责任，确定本场所的消防安全责任人和逐级消防负责人。

（2）制订消防安全管理制度和确保消防安全的操作规程。

（3）开展防灭火消防知识的宣传教育，对从业人员进行消防安全教育及培训。

（4）定期开展防火巡查、检查，及时消除火灾隐患。

（5）保障疏散通道、安全出口以及消防车通道畅通。

（6）明确各类消防设施的操作维护人员，保障消防设施、器材以及消防安全标志完好有效，处于正常运行状态。

（7）组织扑救初期火灾，疏散人员，维持火场秩序，保护火灾现场，并协助火灾调查。

（8）确定消防安全重点部位与相应的消防安全管理措施。

（9）制订灭火及应急疏散预案，定期组织消防演练。

（10）建立防火档案。

 问184： **公众聚集场所法定代表人消防安全责任人有哪些消防工作职责？**

（1）认真学习贯彻消防法规、公安消防监督机构以及上级领导机关的文件，自觉遵守本单位的消防安全管理制度，对于本单位的消防安全工作负全面领导责任。

（2）领导本单位的消防安全工作，切实将消防安全工作列入主要议事日程，做到在计划、布置、检查以及评比业务的同时，计划、布置、检查、总结以及评比消防安全工作。

（3）主持本单位防火安全委员会（或防火安全领导小组）的工作，指导及监督检查各职能部门的消防安全工作；定期向本单位干部、职工报告以及讲评消防安全工作。

（4）布署各时期的消防安全工作。听取各部门的消防安全工作汇报，负责审定防火安全委员会（或者防火安全领导小组）的消防安全工作计划，年度消防经费预算和支出、消防器材购置计划等。

（5）主持制订本单位的消防安全管理制度，督促及检查贯彻落实情况；组织消防宣传教育、防火安全检查以及火灾隐患的整改工作，改善消防安全条件，完善消防设施；组织制订灭火方案，指挥火灾扑救，保护火灾现场并对一般火灾事故负责追查处理，并协助调查重大火灾原因。

（6）对消防工作中的重大问题亲自主持研究解决，为消防安全职能部门展开工作创造条件，负责本单位消防重点部位的动火审签工作。

（7）在新建、改建、扩建建筑工程时，责成有关职能部门把工程项目报当地公安消防监督部门办理建筑设计消防审核手续。

（8）指导单位员工努力做到"四懂四会"，即懂得本岗位及身边的火灾危险性，懂得预防火灾的措施暨防火安全管理制度和岗位安全操作规程等，懂得扑救火灾的方法，懂得火场逃生技巧；会快、准、稳地报火警、会迅速准确地使用消防器材和设备，会扑救初期火灾，会引导疏散逃生；对发现的火灾隐患及时组织职能部门及有关人员解决。

（9）对在消防工作中做出成绩的集体和个人给予表扬和奖励，对违章行为进行批评教育或者给予处分。

（10）负责向公安消防机构汇报相关情况，接受公安消防机构的监督及指导。

（11）承担因工作失职而导致火灾事故的责任，直至法律刑事责任。

问185： 公众聚集场所分管消防安全工作的副职领导的消防工作职责有哪些？

（1）认真学习、贯彻执行有关的消防法规以及本单位的各项消防安全制度，做到"四懂四会"。

（2）对本单位的消防安全工作负具体领导责任，主持本单位的日常消防安全工作；对总经理、防火安全委员会（或者防火安全领导小组）负责。

（3）掌握本单位的消防设施及其性能并且会使用，熟知本单位的紧急情况工作程序。

（4）负责本单位消防安全工作的组织、人员、规章制度、消防设施、器材以及消防经费等的落实。

（5）组织实施本单位的防火安全教育，组织制订消防安全工作的各项规章制度并要抓好落实。

（6）组织防火安全检查，组织研究火灾隐患的整改，督促相关部门抓好落实。

（7）每日检查分管各部门的消防安全工作，包括重点要害部位，制度的落实情况；掌握公众聚集场所人员的分布、流动情况，一旦发生紧急情况，便于疏散及指挥。

（8）定期听取各职能部门的汇报，及时拍板解决本单位消防安全工作中的问题并要向法定代表人报告。

（9）遇到火警，必须及时赶到火场总指挥部；按照灭火作战计划指挥报警、扑救、人员疏散以及财产转移，当好总经理的助手。

（10）总结防火工作、火灾扑救情况，做出奖惩的提案及决定；对严重失职、肇事者，在查明原因、分清责任的基础上做出处理的提案和决定，必要时送交有关部门进行处理。

（11）承担因工作失职而导致的火灾事故责任，直至法律刑事责任。

 问186：公众聚集场所业务部门主要负责人的防火工作职责有哪些？

（1）认真学习、贯彻执行有关的消防法规及上级有关消防安全的指示精神，执行本单位防火安全委员会的指令及部署。

（2）熟悉本部门的火灾特点，做到"四懂四会"；负责制订及落实本部门的消防安全制度。

（3）定期总结和布置本部门的防火工作，经常对职工进行消防安全教育，并且对重点工种人员进行专门教育。

（4）定期与不定期地组织和发动职工进行消防安全检查，发现火灾隐患应及时处理或者请有关部门协助解决。

（5）组织领导本部门义务消防组织学习及演练，提高义务消防队队员的业务素质。

（6）负责检查本部门防火责任制的落实情况，负责本部门消防设施和器材的保养、检修以及设置规划工作，确保消防设施清洁，完整好用。

（7）管好本部门的重点防火部位，做到"四有"，即有防火负责人、有防火安全制度、有消防器材、有义务消防组织。

（8）违反防火安全规定造成的后果，除肇事者外，部门经理、管理员以及领班都要对事故分级负责。

（9）各部门应将防火安全工作作为评比时的一项重要内容，做到奖惩严明。

（10）发生火警立即向消防安全责任人、消防安全管理人以及保安部报告并按灭火作战计划进入岗位，服从火场指挥部的指挥，保护火灾现场，协助相关部门追查处理火灾事故。

（11）定期向本单位防火负责人及有关职能部门汇报本部门的消防工作情况。

（12）对因工作失职而导致的火灾事故责任负责，直至法律刑事责任。

 问187： 公众聚集场所消防工作职能部门主要负责人的岗位职责有哪些？

（1）熟悉上级有关消防法规、规章，执行上级领导机关公安消防监督机构、本单位防火安全委员会（或者防火安全领导小组）的指令和规定。

（2）掌握本单位的基本情况及消防工作的进展情况，做到上情下达，下情上报；熟悉各部门、各区域的火灾危险性，特别对重点要害部位更要加强防范。

（3）协助领导抓好本单位的消防安全宣传教育，使全体员工的防火安全意识增强。

（4）制订义务消防队的学习、培训计划，抓好防火档案的建设及管理。

（5）做到"四懂四会"，了解消防工作的方针及原则，落实"谁主管、谁负责"的岗位防火安全制度。

（6）负责安排消防器材的购置、配备、维修、更换以及管理工作。

（7）负责本场所的防火检查、监督工作，当好本单位主管及分管消防安全工作领导的参谋，主动提出工作建议。

（8）同其他部门协调好、配合好，在防火安全工作中做到奖惩严明。

（9）发生火灾时，立即向消防安全责任人及消防安全管理人报告并奔赴火场；在消防安全责任人及消防安全管理人授权下，进行火灾现场指挥。

（10）参加火灾事故的调查分析，在查明火灾原因并且分清事故责任的基础上，对责任者提出处理建议。

（11）承担因工作失职而造成的火灾事故责任，直至法律刑事责任。

问188：公众聚集场所专（兼）职防火干部（消防安全管理人员）的岗位职责有哪些?

（1）认真贯彻执行《消防法》和公安部 61 号令和上级的有关消防指示、规定。

（2）掌握本单位的火灾特点，努力做到"六熟悉"，即：熟悉本单位的平面布局、建筑特点、消防通道以及消防水源情况，熟悉本单位的火灾危险性和相应的防火措施，熟悉各有关的消防法规、规章制度及其贯彻落实情况，熟悉重点消防保卫部位存在的火灾隐患和控制方法，熟悉义务消防组织建设情况及其防火、灭火能力熟悉消防设施器材及装备状况。

（3）推动本单位制订消防安全制度，推行逐级防火责任制并且督促落实。

（4）对职工群众进行防火宣传教育，使遵守消防法规和切实做好消防安全工作的自觉性提高。

（5）开展防火检查，发现火灾隐患及时上报并且提出整改意见。督促有关部门消除火灾隐患，改善消防安全条件，完善消防设施。

（6）协助主管部门对电工、焊接工、油漆工以及服务员等员工进行消防知识专业培训和考核工作。

（7）组织义务消防队的学习和训练，制订灭火作战计划。负责组织消防器材及设施的管理、维修和保养。

（8）制止各种违反消防法规、制度以及规定的行为，根据情节提出处理意见并做好记录上报。

（9）发生火灾立即报警并向总经理、分管副总经理以及保安部经理报告，同时组织员工、顾客扑救火灾、保护火灾现场，参与火灾原因的调查及对责任人的责任追查。

（10）对在消防工作中成绩突出的部门、集体以及个人，向行政领导提出表扬、奖励的建议。

（11）承担由于失职而导致的火灾后果责任，直至法律刑事责任。

问189： 公众聚集场所消防控制中心的岗位职责有哪些？

（1）认真贯彻执行有关的消防法规及防火制度，做到"四懂四会"。

（2）按时交接班，严格执行交接班签字手续，并且介绍上班情况，交清未了事宜，认真做好值班记录。

（3）不准使用任何电热器具，在室内不准吸烟、会客，未经领导批准不得私自接待外人参观。

（4）保证机器的正常运行，发现问题及故障立即报告并通知工程部抢修；每日班前做机器配套设备的使用检查，确保报警、通信系统的正常。

（5）夜班要提高警惕，密切注意控制系统的变化，禁止睡岗脱岗。

（6）坚守岗位不准脱岗，不得私自调班调岗、替班替岗，不准做和工作无关的事；未经领导批准，除消防、保安在岗人员之外，其他人不得进入。

（7）熟悉消防中心的业务，对于控制盘的显示要做好记录，发现报警立即查看报警位置并要向总机报告，准备好图纸，提供给消防指挥部使用。

（8）确保室内消防器材整洁、完整好用，没有指令不准动用消防广播。

（9）承担由于失职而导致火灾事故的责任，直至法律刑事责任。

问190： 公众聚集场所岗位员工的防火安全职责有哪些？

（1）认真学习贯彻执行相关的消防法规，努力学习消防业务知识，积极参加本单位及本部门组织的消防训练，做到"四懂四会"。

（2）熟知本单位的消防器材及设施，熟知本单位的紧急情况工作程序。

（3）不准在办公及休闲场所堆放易燃、可燃杂物。

（4）严格控制供电系统负荷，未经许可一律不准使用附加电器；随时关闭停用的电源。

（5）随时提醒流动人员禁止乱扔火种，严禁随意使用电热器具。

（6）职工离开时要检查遗留火种；检查电源关闭与否，烟头是否熄灭；地毯、沙发夹缝处及窗帘下有无烟头，废纸篓里有无火种等其他异常情况。

（7）按时交接班，严格执行交接班签字手续；介绍上班情况，交清未了事宜，并且认真做好值班防火安全记录。

（8）负责本部门区域的消防器材、设施的卫生工作，发现消防器材短缺或者其他情况立即向保安部报告。

（9）自觉遵守本单位、本部门的防火安全制度，熟记本部门配置消防器材的性能、放置地点以及使用方法。

（10）发现火灾隐患立即报告并且做出详细记录；发现火灾立即报警并通知有关领导，按照紧急情况工作程序进入岗位，服从指挥，积极配合。

（11）建立、健全防火安全检查、总结、汇报以及评比制度。

（12）承担因失职而造成的火灾事故责任，直至法律刑事责任。

4 易燃易爆设备和危险品管理

4.1 易燃易爆设备防火管理

 问191：易燃易爆设备如何分类？

易燃易爆设备按其使用性能分为以下四类。

（1）化工反应设备如反应罐、反应釜、反应塔及其管线等。

（2）可燃、氧化性气体的储罐、钢瓶及其管线，如氧气罐、氢气罐、液化石油气储罐及其钢瓶、乙炔瓶、氧气瓶以及煤气柜等。

（3）可燃的、强氧化性的液体储罐及其管线，如油罐、酒精罐、苯罐、双氧水罐、二硫化碳罐、硝酸罐以及过氧化二苯甲酰罐等。

（4）易燃易爆物料的化工单元操作设备，如易燃易爆物料的输送、蒸馏、加热、冷却、干燥、冷凝、粉碎、混合、熔融、筛分、过滤以及热处理设备等。

问192：易燃易爆设备的火灾危险有哪些特点？

（1）生产装置、设备日趋大型化。为获得更好的经济效益，工业企业的生产装置及设备正朝着大型化的方向发展。比如生产聚乙烯的聚合釜已由普遍采用的 $7\sim13.5m^3$/台发展到了 $100m^3$/台，而且已制造出了直径 12m 以上的精馏塔及直径 15m 的填料吸收塔，塔高可达 100 余米。石油化工企业配装的高压离心机的最大流量达

210000m³/h，最高转数可达 25000r/min。生产设备的处理量增大也使储存设备的规模相应加大，我国 50000t 以上的油罐已有 10 余座。因为这些设备所加工储存的都是易燃易爆的物料，所以规模的大型化，也加大了设备的火灾危险性。

（2）生产和储存过程中承受高温高压。为了提高设备的单机效率及产品回收率，获得更佳的经济效益，许多工艺过程都采用了高温、高压以及高真空等手段，使设备的操作要求更为严格和困难，同时也增大了火灾危险性。如以石脑油作为原料的乙烯装置，其高温稀释蒸气裂解法的蒸气温度为 1000℃，加氢裂化的温度也在 800℃以上；以轻油为原料的大型合成氨装置，其一段、二段转化炉的管壁温度在 900℃以上，普通的氨合成塔的压力有 32MPa，合成酒精、尿素的压力均在 10MPa 以上；高压聚乙烯装置的反应压力达 270MPa 等。这些高温高压的反应设备致使物料的自燃点降低，爆炸范围变大，且对设备的强度提出了更高的要求，在操作中一有闪失，便会有对全厂造成毁灭性破坏的危险。

（3）生产和储存过程中易产生跑冒滴漏。因为多数易燃易爆设备都承受高温、高压，很容易造成设备疲劳、强度降低，加之多与管线连接，连接处极易发生跑冒滴漏；而且由于有些操作温度超过了物料的自燃点，一旦跑漏就会着火。再加之生产的连续性强，一处失火就会影响整个生产。还由于有的物料具有腐蚀性，设备易被腐蚀而使强度降低，或致使跑冒滴漏，这些又增加了设备的火灾危险性。

问193：易燃易爆设备使用有哪些消防安全要求？

（1）合理配备设备。要依据企业生产的特点、工艺过程和消防安全要求，选配安全性能符合规定要求的设备，设备的材质、耐腐蚀性、焊接工艺及其强度等，应能确保其整体强度，设备的消防安全附件，如压力表、温度计、安全阀、阻火器、紧急切断阀以及过流阀等应齐全合格。

（2）严把试车关。易燃易爆设备启动时，要严格试车程序，详细观察及记录各项试车数据，各项安全性能要达到规定指标。试车启用过程要有安全技术及消防管理部门共同参加。

（3）配备与设备相适应的操作人员。对于易燃易爆设备应确定具有一定专业技能的人员操作。在上岗前操作人员要进行严格的消防安全教育和操作技能训练，并经考试合格才可允许独立操作。设备的操作应做到"三好、四会"，也就是管好设备、用好设备、修好设备，会保养、会检查、会排除故障、会应急灭火和逃生。

（4）涂以明显的颜色标记。易燃易爆设备应设有明显的颜色标记，给人以醒目的警示，并要悬挂醒目的易燃易爆设备等级标签，以便检查管理。

（5）为设备创造较好的工作环境。易燃易爆设备的工作环境对安全工作有比较大的影响。如环境潮湿，会加快设备的腐蚀，甚至影响设备的机械强度；如环境温度较高，会影响设备内气、液物料的蒸气压。因此，对使用易燃易爆设备的场所，要严格控制温度、湿度、灰尘、振动以及腐蚀等条件。

（6）严格操作规程。正确操作设备的每一个开关与阀门，是易燃易爆设备消防安全管理的一个重要环节。在工业生产中，如若将投料次序颠倒了，错开了一个开关或阀门，往往要酿成重大事故。所以，操作工人必须严格操作规程，严格把握投料与开关程序，每一个阀门和开关都应有醒目的标记、编号和高压、中压或者低压的说明。

（7）保证双路供电，备有手动操作机构。对易燃易爆设备，要有确保其安全运行的双路供电措施。对自动化程度较高的设备，还应备有手动操作机构。设备上的各种安全仪表，均必须反应灵敏并且动作准确无误。

（8）严格交接班制度。为确保设备安全使用，要下班的人员要把当班的设备运转情况全面、准确地向接班人员交代清楚，并认真填写交接班记录。接班的人员要做上岗前的全面检查，并且在记录上认真登记，以使在班的操作人员对设备的运行情况有较为清楚的了解，对设备状况做到心中有数。

（9）坚持例行设备保养制度。操作工人每天要对设备进行维护保养，其内容主要包括：班前、班后检查，设备各个部位的擦拭，班中认真观察听诊设备运转情况，及时将故障排除等，不得使设备带病运行。

（10）建立设备档案。建立易燃易爆设备档案，目的是及时掌握设备的运行情况，加强对设备的管理。易燃易爆设备档案的内容主要包括：性能、生产厂家、使用时间、使用范围、事故记录、修理记录、维护人、操作人、操作要求以及应急方法等。

 问194： **易燃易爆设备的安全检查如何分类？**

易燃易爆设备的安全检查，按照时间可以分为日检查、周检查、月检查以及年检查等几种；从技术上来讲，还可以分为机能性检查和规程性检查两种。

① 日检查。日检查指操作工人在交接班时进行的检查。此种检查通常都由操作工人自己进行。

② 周检查和月检查。周检查和月检查指班组或车间、工段的负责人按周或者月的安排进行的检查。

③ 年检查。年检查指由厂部组织的全厂或全公司的易燃易爆设备检查。年检查应成立专门检查组织，由设备、技术以及安全保卫部门联合组成，时间一般安排在本厂、公司生产或者经营的淡季。年检时要进行编制检查标准书，确定检查项目。

 问195： **易燃易爆设备的安全检查的要求有哪些？**

（1）进行动态检查。易燃易爆设备的检查，发展的方向是在设备运转的条件之下进行动态检查。这样可以及时、准确地预报设备的劣化趋势及安全运转状况，为提出修理意见提供依据。

（2）合理确定检查周期。合理地确定易燃易爆设备的检查周期，是一个不可忽视的问题。周期过长达不到预防的目的；周期过短会导致经济上不必要的浪费，对生产造成影响。确定检查周期应先根据设备制造厂的说明书和使用说明书中的说明，听取操作工、维修工以及生产部门的意见，初步暂定一个周期；再依据维修记录中所记的曾发生的故障，并参考外厂的经验，对暂定检查周期进行修改，然后根据维修记录所表示的性能和可能发生的着火或者爆炸事故来最后确定。

 问196： 易燃易爆设备的检修的分类及内容有哪些？

设备检修的目的主要是恢复功能部分及防火防爆部分的作用，保证安全生产。设备检修按每次检修内容的多少和时间的长短，分为小修、中修以及大修三种。

（1）小修。小修是指只对设备的外观表面进行的检修。设备的小修通常一年进行一次。检修的主要内容主要包括：设备的外表面是否有裂纹、变形、局部过热等现象，防腐层、保温层及设备的铭牌是否完好，设备的焊缝、连接管以及受压元件等有无泄漏，紧固螺栓是否完好，基础有无下沉、倾斜等异常现象和设备的各种安全附件是否齐全、灵敏以及可靠等。

（2）中修。中修是指设备的中、外部检修。中修一般三年进行一次，但是对使用期已达 15 年的设备应每隔 2 年中修一次，对使用期大于 20 年的设备每隔一年中修一次。中修的内容除外部检修的全部内容外，还应对设备的外表面、开孔接管处是否有介质腐蚀或冲刷磨损等现象以及对设备的所有焊缝、封头过渡区和其他应力集中的部位有无断裂或者裂纹等进行检查。对有怀疑的部位应采用 10 倍放大镜检查或采用磁粉、着色进行表面探伤。若发现设备表面有裂纹时，还应采用超声波或 X 光射线进一步抽查焊缝的 20％。若未发现有裂纹，对制造时只做局部无损探伤检验的设备，仍应进一步做＜20％且≥10％的适量抽检。

设备的内壁如由于温度、压力以及介质腐蚀作用，有可能引起金属材料的金相组织或者连续性破坏时（如脱炭、应力腐蚀、晶体腐蚀、疲劳裂纹等），还应进行金相检验及表面硬度测定，并且做出检验报告。

在对设备的简体、封头等通过以上检验后，如发现设备的内外壁表面有腐蚀现象时，应对怀疑部位进行多处壁厚测量。当测量的壁厚小于最小允许壁厚时，应重新进行强度核算，并且提出可否继续使用的建议及许用最高压力。

（3）大修。大修是指对设备的内外进行全面的检修。大修应由技术总负责人批准，并且报上级主管部门备案。大修的周期至少 6 年进行一次。大修的内容，除进行中修的全部内容之外，还应对设备的主要焊缝（或壳体）进行无损探伤抽查。抽查长度是设备（或壳体面积）焊缝总长的 20％。

易燃易爆设备大修合格之后，应严格进行水压试验与气密性试验，在正式投入使用之前，还应进行惰性气体置换或者抽真空处理。

问197：如何检修易燃易爆设备？

易燃易爆设备的检修方法通常有拆卸法、隔离法以及浸水法几种。

（1）拆卸法。拆卸法就是将要检修的部件拆卸下来，搬移至非生产区或禁火区之外的地点进行检修。此种方法的优点：一是可以使在禁火区内检修时采取的一些复杂的防火安全措施减少；二是可以维持连续生产，减少停工待产的时间；三是便于施工及检修人员操作。

（2）隔离法。隔离法就是将要检修的生产工段或者设备和与其相联系的工段、设备，以及检修的容器与管线之间，采取严格的隔离防护措施进行隔离，将检修设备与周围设备管线之间的联系切断，直接在原设备上进行检修的方法。一般采取盲板封堵和搭围帆布架用水喷淋的方法隔离。

（3）浸水法。浸水法就是把要检修的容器盛满水，消除容器空间内的空气（氧气）后进行动火检修的方法。此种方法主要是对那些盛装过可燃气体、液体以及氧化性气体的容器设备在需要动火检修时使用。

问198：易燃易爆设备的如何进行更新？

在易燃易爆设备的壁厚小于最小允许壁厚，强度核算不能满足最高许用压力时，就应考虑设备的更新问题。

衡量易燃易爆设备是否需要更新，主要看两个性能：一是机械性能；二是安全可靠性能。机械性能和安全可靠性能是不可分割的，安全性能的好坏主要依赖于机械性能。易燃易爆设备的机械性能和安全可靠性能低于消防安全规定的要求时，应立即更新。

更新设备应考虑两个问题：一是经济性，就是在确保消防安全的基础上花最少的钱；二是先进性，就是替换的新设备防火防爆安全性能应先进、可靠。

4.2 易燃易爆危险品管理

 问199： 政府部门对危险品安全管理的职责范围是什么？

根据国家对危险品安全管理的社会分工及《危险品安全管理条例》的规定，政府有关对危险品生产、经销、储存、运输、使用以及对废弃危险品处置实施安全监督管理的部门，按下列职责进行分工。

（1）国务院和省、自治区以及直辖市人民政府安全生产监督管理部门，负责危险品安全监督的综合管理。包括危险品生产、储存企业的设立及其改建、扩建的审查，危险品包装物、容器（包括用于运输工具的槽罐，下同）专业生产企业的审查及定点，危险品经营许可证的发放，国内危险品的登记，危险品事故应急救援的组织和协调以及前述事项的监督检查。对于设区的市级人民政府及县级人民政府负责危险品安全监督综合管理工作部门的职责范围，可以由各该级人民政府确定，并且应依照国务院颁发的《危险品安全管理条例》的规定履行职责。

（2）公安部门负责危险品的公共安全管理、剧毒品购买凭证及准购证的发放，审查、核发剧毒品公路运输通行证，对危险品道路运输安全实施监督和前述事项的监督检查。

公众上交的危险品，由公安部门接收。公安部门接收的危险品及其他有关部门收缴的危险品，应当交由环境保护部门认定的专业单位进行处理。

根据《消防法》第23条的规定，公安机关消防机构对易燃易爆危险品的生产、储存、运输、销售、销毁和使用负有消防监督管理之责。易燃易爆危险品包括：易燃液体、易燃气体、易燃固体、自燃物品、遇湿易燃物品、氧化性气体、氧化剂以及有机过氧化物等具有易燃易爆危险性的危险品。

（3）质检部门负责易燃易爆危险品及其包装物（散装容器）生产许可证的发放，对易燃易爆危险品包装物（含容器）的产品质量实施监督，并且负责前述事项的监督检查。质检部门应当将颁发易燃易爆危险品生产许可证的情况通报国务院经济贸易综合管理部门、环境保护部门以及公安部门。

（4）环境保护部门负责废弃易燃易爆危险品处置的监督管理，重大易燃易爆危险品污染事故及生态破坏事件的调查，毒害性易燃易爆危险品事故现场的应急监测及进口易燃易爆危险品的登记，并且负责前述事项的监督检查。

（5）铁路、民航部门负责易燃易爆危险品铁路、航空运输以及易燃易爆危险品铁路、民航运输单位及其运输工具的安全管理及监督检查。交通部门负责易燃易爆危险品公路与水路运输单位及其运输工具的安全管理及对易燃易爆危险品水路运输安全实施监督，负责易燃易爆危险品公路、水路运输单位、船员、驾驶人员、装卸人员和押运人员的资质认定，以及易燃易爆危险品公路、水路运输安全的监督检查。

（6）卫生行政部门负责易燃易爆危险品的毒性鉴定及易燃易爆危险品事故伤亡人员的医疗救护工作。

（7）工商行政管理部门根据有关部门的批准、许可文件，核发易燃易爆危险品生产、经销、储存以及运输单位的营业执照，并监督管理易燃易爆危险品市场经营活动。

（8）邮政部门负责邮寄易燃易爆危险品的监督检查工作。

问200：政府部门对危险品监督检查有哪些职权？

为确保对易燃易爆危险品的监督检查工作能够正常、有序、顺利进行，政府有关部门在进行监督检查时，应当根据法律、法规授权的范围及国家对易燃易爆危险品安全管理的职责分工，依法行使以下职权。

（1）进入易燃易爆危险品作业场所进行现场检查，调取有关资料，向相关人员了解具体情况，向易燃易爆危险品单位提出整改措施及建议。

（2）发现易燃易爆危险品事故隐患时，责令立即或限期排除。

（3）对有根据认为不符合有关法律、法规、规章规定以及国家标准要求的设施、设备、器材和运输工具，责令立即停止使用。

（4）发现违法行为，当场予以纠正或责令限期改正。有关部门派出的工作人员依法进行监督检查时，应当出示证件。易燃易爆危险品单位应当接受相关部门依法实施的监督检查，不得拒绝和阻挠。

 问201： **易燃易爆危险品单位应如何进行易燃易爆危险品管理？**

易燃易爆危险品单位应当具备有关法律、行政法规以及国家标准或者行业标准规定的生产安全条件；不具备条件的，不得从事生产经营活动。

（1）易燃易爆危险品单位主要负责人的安全职责。易燃易爆危险品单位的主要负责人必须具备同本单位所从事的生产经营活动相应的安全生产知识及管理能力，并应由有关主管部门对其安全生产知识和管理能力考核（考核不得收费）合格后方可任职；应确保本单位易燃易爆危险品的安全管理符合有关法律、法规、规章的规定和国家标准的要求，并认真履行下列职责。

① 建立和健全本单位的安全责任制。

② 组织制订本单位的安全规章制度及安全操作规程。

③ 确保本单位安全投入的有效实施。

④ 督促、检查本单位的安全工作，及时消除隐患。

⑤ 组织制订并且实施本单位的事故应急救援预案。

⑥ 及时、如实报告事故。

（2）易燃易爆危险品单位的从业人员、安全管理人员、安全管理机构以及安全资金的管理要求

① 从事生产、经销、储存、运输以及使用易燃易爆危险品或者处置废弃易燃易爆危险品活动的人员，应当接受有关法律、法

规、规章和安全知识、专业技术、人体健康防护以及应急救援知识的培训，并且经考核合格才能上岗作业。

② 应当设置安全管理机构或者配备专职的安全管理人员。安全管理人员应当具备同本单位所从事的生产经营活动相适应的安全知识及管理能力，并且应由有关主管部门对其安全知识和管理能力进行考核合格后才能任职。主管部门的考核不应当收费。

③ 安全管理机构应当对易燃易爆危险品从业人员进行安全教育及培训，并保证从业人员具备必要的安全知识，熟悉有关的安全规章制度与安全操作规程，掌握本岗位的安全操作技能。未经安全教育和培训合格的从业人员，不得上岗作业。此外，当采用新工艺、新技术以及新材料或使用新设备时，应当了解、掌握其安全技术特性，采取有效的安全防护措施，并且对其从业人员进行专门的安全教育和培训。从事易燃易爆危险品作业的人员，还应按国家有关规定经专门的特种作业安全培训，并取得特种作业操作资格证书之后才能上岗作业。

④ 易燃易爆危险品单位应当具备生产安全条件及所必需的资金投入，生产经营单位的决策机构、主要负责人或个人经营的投资人应当予以保证，并且对由于生产安全所必需的资金投入不足导致的后果承担责任。

（3）易燃易爆危险品单位建设、施工，生产工艺及设备的管理要求

① 易燃易爆危险品单位新建、改建以及扩建工程项目（以下统称建设项目）的安全设施，应当与主体工程同时设计、同时施工、同时投入生产及使用。对安全设施的投资应当纳入建设项目概算，并应当分别按照国家有关规定进行安全条件论证与安全评价。其建设项目的安全设施设计应按国家有关规定报经有关部门审查，审查部门及其负责审查的人员应对审查结果负责。对用于易燃易爆危险品生产及储存建设项目的施工单位，应按批准的安全设施设计施工，并应对安全设施的工程质量负责。建设项目竣工投入生产或者使用之前，还应当依照有关法律、行政法规的规定对安全设施进行验收，验收合格后，才能投入生产和使用。同时，验收部门和其验收人员应当对验收结果负责。

② 在有较大危险因素的生产经营场所及有关设施、设备上，应当设置明显的安全警示标志。安全设备的设计、制造、安装、使用、检测、维修、改造以及报废，应当符合国家标准或者行业标准。对安全设备要进行经常性维护、保养，并定期检测，以确保设备的正常运转。安全设备的维护、保养、检测应当做好记录，并由有关人员签字；对涉及生命安全、危险性比较大的特种设备，以及盛装易燃易爆危险品的容器、运输工具，还应按国家有关规定，由专业生产单位生产，并经取得专业资质的检测、检验机构检测、检验合格，并取得安全使用证或安全标志后才可投入使用。检测、检验机构应当对检测及检验结果负责。

③ 国家对严重危及生产安全的工艺、设备实行淘汰制度。国家明令淘汰、禁止使用的危及生产安全的工艺和设备不得使用。

 问202：易燃易爆危险品生产、储存企业应当满足哪些条件?

国家对易燃易爆危险品的生产与储存实行统一规划、合理布局和严格控制的原则，并实行审批制度。在编制总体规划时，设区的城市人民政府应根据当地经济发展的实际需要，按照保证安全的原则，规划出专门用于易燃易爆危险品生产与储存的适当区域。生产、储存易燃易爆危险品时应当满足下列条件。

（1）生产工艺、设备或储存方式、设施符合国家标准。

（2）企业的周边防护距离符合国家标准或国家有关规定。

（3）管理人员和技术人员符合生产或储存的需要。

（4）消防安全管理制度健全。

（5）符合国家法律、法规规定以及国家标准要求的其他条件。

问203：如何申请易燃易爆危险品生产及储存企业?

为了严格管理，易燃易爆危险品生产及储存企业在设立时，应当向设区的市级人民政府的负责易燃易爆危险品安全监督综合管理的部门提出申请；剧毒性易燃易爆危险品还应向省、自治区、直辖市人民政府经济贸易综合管理部门提出申请。但是无论哪一级申请，都应当提交以下文件。

（1）可行性研究报告。

（2）原料、中间产品、最终产品或储存易燃易爆危险品的自燃点、闪点、爆炸极限、毒害性、氧化性等理化性能指标。

（3）包装、储存以及运输的技术要求。

（4）事故应急救援措施。

（5）安全评价报告。

（6）符合易燃易爆危险品生产、储存企业必须具备条件的证明文件。

省、自治区、直辖市人民政府经济贸易管理部门或设区的市级人民政府的负责易燃易爆危险品安全监督综合管理的部门，在收到申请和提交的文件后，应当组织有关专家进行审查，提出审查意见，并报本级人民政府做出批准或者不予批准的决定。根据本级人民政府的决定，予以批准的，由省、自治区以及直辖市人民政府经济贸易管理部门或者设区的市级人民政府的负责易燃易爆危险品安全监督管理部门颁发批准书，申请人凭批准书向工商行政管理部门办理登记注册手续；不予批准的，应以书面形式通知申请人。

 问204： **易燃易爆危险品生产、储存、使用单位的消防安全管理要求有哪些？**

由于易燃易爆危险品在生产、储存、使用过程中受到振动、摩擦、摔碰、挤压、雨淋以及高温、高压等外在因素的影响最大，因而带来的事故隐患也最多，并且一旦发生事故所带来的危害也最大。所以，生产、储存、装卸易燃易爆危险品的工厂、仓库和专用车站、码头的设置，应当满足消防技术标准。易燃易爆气体和液体的充装站、供应站、调压站，应当设置在符合消防安全要求的位置，并符合防火防爆要求。已经设置的生产、储存以及装卸易燃易爆危险品的工厂、仓库和专用车站、码头，易燃易爆气体和液体的充装站、供应站以及调压站，不再符合前款规定的，地方人民政府应当组织、协调有关部门、单位限期解决，将事故隐患消除，并严格各项管理要求。

（1）依法设立的易燃易爆危险品生产企业，应向国务院质检部门申请领取易燃易爆危险品生产许可证；没有取得易燃易爆危险品生产许可证的，不得开工生产；当需要改建、扩建时，应报经政府有关部门审查批准。当需要转产、停产、停业或解散的，应采取有效措施处置易燃易爆危险品的生产或者储存设备、库存产品及生产原料，以将各种事故隐患消除。处置方案应当报所在地设区的市级人民政府负责易燃易爆危险品安全监督综合管理工作的部门及同级环境保护部门、公安部门备案。负责易燃易爆危险品安全监督综合管理工作的部门应当对处置情况监督检查。

（2）生产易燃易爆危险品的单位，应在易燃易爆危险品的包装内附有与易燃易爆危险品完全一致的产品安全技术说明书，并在包装（包括外包装件）上加贴或拴挂与包装内易燃易爆危险品完全一致的易燃易爆危险品安全标签及易燃易爆危险品包装标志。当发现其生产的易燃易爆危险品有新的危害特性时，应立即公告，并且时修订其安全技术说明书及安全标签和易燃易爆危险品包装标志。

（3）使用易燃易爆危险品从事生产的单位，其生产条件应符合国家标准和国家有关规定，建立、健全使用易燃易爆危险品的安全管理规章制度，并根据国家有关法律、法规的规定取得相应的许可，确保易燃易爆危险品的使用安全。应当根据易燃易爆危险品的种类、特性，在车间、库房等作业场所设置相应的监测、通风、防晒、调温、防火、灭火、防爆、泄压、防毒、中和、消毒、防潮、防雷、防静电、防腐、防渗漏、防护围堤或隔离操作等安全设施、设备和通信、报警装置，并且应按照国家标准和国家有关规定进行维护、保养，确保在任何情况下都处于正常适用状态，且符合安全运行要求。

（4）国家明令禁止的易燃易爆危险品任何单位和个人不得生产、经销和使用。

 问205： 如何对易燃易爆危险品生产、储存、使用场所、装置、设施进行消防安全评价？

安全评价一般分为下列四个步骤。

（1）收集资料。就是根据评价的对象及范围收集国内外的法律法规和标准，了解同类易燃易爆危险品的生产设备、设施、工艺以及事故情况，评价对象的地理气象条件及社会环境情况等。

（2）辨识与分析危险危害因素。就是根据设备、设施或者场所的地理、气象条件及工程建设方案、工艺流程、装置布置、主要设备和仪器仪表、原材料以及中间体产品的理化性质等情况，辨识和分析可能发生事故的类型、事故的原因及机理。

（3）具体评价。就是在上述危险分析的基础上，划分、评价单元，依据评价目的和评价对象的复杂程度选择具体的一种或多种评价方法，对发生事故的可能性和严重程度进行定性或者定量评价；并在此基础上进行危险分级，以将管理的重点确定。

（4）提出降低或控制危险的安全对策。就是依据安全评价和分级结果，提出相应的对策措施。对于高于标准的危险情况，应采取坚决的工程技术或者组织管理措施，降低或者控制危险状态。对低于标准的危险情况应当分两种情况解决：对属于可以接受或允许的危险情况，应建立监测措施，避免因生产条件的变更而导致危险值增加；对不可能排除的危险情况，应采取积极的预防措施，并依据潜在的事故隐患提出事故应急预案。

安全评价的方法，可依据评价对象、评价人员素质和评价的目的选择。一般典型的评价方法有安全检查表法、危险性预先分析法、危险指数法、危险可操作性研究法、故障类型与影响分析法、人的可靠性分析法、故障树分析法、作业条件危险性评价法、概率危险分析法以及着火爆炸危险指数评价法等。

问206：易燃易爆危险品生产、储存、使用场所、装置、设施的消防安全评价的要求有哪些？

（1）生产、储存、使用易燃易爆危险品的装置，一般应每两年进行一次安全性评价。但由于剧毒品一旦发生事故可能造成的伤害和危害更严重，并且相同剂量的易燃易爆危险品存在于同一环境，剧毒品造成事故的危害会更大。所以要求生产、储存以及使用的单位，对生产、储存剧毒品的装置应每年进行一次安全性评价。

（2）安全性评价报告应当对生产、储存装置存于的事故隐患提出整改方案，当发现存在现实危险时，应当立即停止使用，予以更换或修复，并采取相应的安全措施。

（3）由于安全评价报告所记录的是安全评价的过程及结果，并包括了对于不合格项提出的整改方案、事故预防措施及事故应急预案。因此，对安全性评价的结果应当形成文件化的评价报告，并且报所在地设区的市级人民政府负责易燃易爆危险品安全监督综合管理工作的部门备案。

问207： 易燃易爆危险品在包装消防安全管理有哪些要求？

易燃易爆危险品包装的好坏对保证易燃易爆危险品的安全十分重要，如果不能满足运输储存的要求，就有可能在运输储存和使用过程中发生事故。所以，易燃易爆危险品包装在管理上应符合以下要求。

（1）易燃易爆危险品的包装应当符合国家法律、法规、规章的规定以及国家标准的要求。包装的材质、形式、规格、方法以及单件质量，应与所包装易燃易爆危险品的性质及用途相适应，以便于装卸、运输和储存。

（2）易燃易爆危险品的包装物、容器，应由省级人民政府经济贸易管理部门审查合格的专业生产企业定点生产，并通过国务院质检部门认可的专业检测、检验机构检测、检验合格，方可使用。

（3）重复使用的易燃易爆危险品包装物（含容器）在使用前，应当进行检查，并且做出记录；检查记录至少应保存2年。质检部门应对易燃易爆危险品的包装物（含容器）的产品质量进行定期或不定期的检查。

问208： 如何储存易燃易爆危险品？

由于储存易燃易爆危险品的仓库一般都是重大危险源，一旦发生事故往往带来重大损失和危害，因此，对易燃易爆危险品储存仓库应当有更加严格的要求。

（1）易燃易爆危险品必须储存在专用仓库、专用场地或专用储存室（以下统称专用仓库）内，储存方式、方法与储存数量必须满足国家标准，并由专人管理出入库，应当进行核查登记。

（2）库存易燃易爆危险品应当分类、分项储存，性质互相抵触、灭火方法不同的易燃易爆危险品不得混存，堆垛要留有垛距、墙距、顶距、柱距、灯距，要定期检查、保养，注意防热及通风散潮。

（3）剧毒品、爆炸品以及储存数量构成重大危险源的其他易燃易爆危险品必须单独存放于专用仓库内，实行双人收发、双人保管制度。储存单位应将储存剧毒品以及构成重大危险源的其他易燃易爆危险品的数量、地点以及管理人员的情况，报当地公安部门及负责易燃易爆危险品安全监督综合管理工作部门备案。

（4）易燃易爆危险品专用仓库，应符合国家标准对安全、消防的要求，设置明显标志。应定期对易燃易爆危险品专用仓库的储存设备及安全设施进行检测。

（5）对废弃易燃易爆危险品处置时，应严格按《固体废物污染环境防治法》和国家有关规定进行。

问209： 经销易燃易爆危险品应具备哪些条件？

国家对易燃易爆危险品经销实行许可制度。未经许可，任何单位及个人都是不能够经销易燃易爆危险品的。经销易燃易爆危险品的企业应当具备以下条件。

（1）经销场所及储存设施符合国家标准。

（2）主管人员和业务人员经过专业培训，并且取得上岗资格。

（3）安全管理制度健全。

（4）符合法律、法规规定以及国家标准要求的其他条件。

问210： 易燃易爆危险品经销许可证如何申办？

（1）经销剧毒品性易燃易爆危险品的企业，应当分别向省、自治区以及直辖市人民政府的经济贸易管理部门或设区的市级人民政府的负责易燃易爆危险品安全监督综合管理工作部门提出申请，并附送满足易燃易爆危险品经销企业条件的相关证明材料。

（2）省、自治区、直辖市人民政府的经济贸易管理部门或设区的市级人民政府负责易燃易爆危险品安全监督综合管理工作的部门接到申请之后，应当依照规定对申请人提交的证明材料及经销场所进行审查。

（3）经审查，不符合条件的，书面通知申请人并说明理由；符合条件的，颁发危险品经销（营）许可证，并将颁发危险品经销（营）许可证的情况通报同级公安部门及环境保护部门。申请人凭危险品经销（营）许可证向工商行政管理部门办理登记注册手续。

 问211： 易燃易爆危险品经销的消防安全管理要求有哪些？

（1）企业经销易燃易爆危险品时，不应当从未取得易燃易爆危险品生产许可证或易燃易爆危险品经销（营）许可证的企业采购易燃易爆危险品；易燃易爆危险品生产企业也不得向没有取得易燃易爆危险品经销（营）许可证的单位或个人销售易燃易爆危险品。

（2）经销易燃易爆危险品的企业不得经销国家明令禁止的易燃易爆危险品；也不得经销无安全技术说明书及安全标签的易燃易爆危险品。

（3）经销易燃易爆危险品的企业储存易燃易爆危险品时，应遵守国家易燃易爆危险品储存的有关规定。经销商店内只能够存放民用小包装的易燃易爆危险品，其总量不得超过国家规定的限量。

问212： 运输易燃易爆危险品是应注意哪些问题？

国家对易燃易爆危险品的运输实行资质认定制度；未经过资质认定，不得运输易燃易爆危险品。为此，运输易燃易爆危险品应当符合以下要求。

（1）用于易燃易爆危险品运输工具的槽、罐以及其他容器，应由符合规定条件的专业生产企业定点生产，并经检测、检验合格，方可使用。质检部门应当对满足规定条件的专业生产企业定点生产的槽、罐以及其他容器的产品质量进行定期或者不定期的检查。

（2）易燃易爆危险品运输企业，应当对其驾驶员、船员、装卸管理人员以及押运人员进行有关安全知识培训；驾驶员、船员、装卸管理人员以及押运人员必须掌握易燃易爆危险品运输的安全知识，并且经所在地设区的市级人民政府交通部门考核合格（船员经海事管理机构考核合格），取得上岗资格证，方可上岗作业。易燃易爆危险品的装卸作业应严格遵守操作规程，并且在装卸管理人员的现场指挥下进行。

（3）运输易燃易爆危险品的驾驶员、船员、装卸人员以及押运人员应当了解所运载易燃易爆危险品的性质、危险、危害特性以及包装容器的使用特性和发生意外时的应急措施。在运输易燃易爆危险品时，应配备必要的应急处理器材及防护用品。

（4）托运易燃易爆危险品时，托运人应向承运人说明所运输易燃易爆危险品的品名、数量、危害以及应急措施等情况。当所运输的易燃易爆危险品需要添加抑制剂或稳定剂的，托运人交付托运时应当将抑制剂或者稳定剂添加充足，并且告知承运人。托运人不得在托运的普通货物中夹带易燃易爆危险品，也不得把易燃易爆危险品匿报或谎报为普通货物托运。

（5）运输、装卸易燃易爆危险品，应当依照有关法律、法规、规章的规定以及国家标准的要求，按易燃易爆危险品的危险特性，采取必要的安全防护措施。

（6）运输易燃易爆危险品的槽罐以及其他容器必须封口严密，能承受正常运输条件下产生的内部压力和外部压力，确保易燃易爆危险品在运输中不因温度、湿度或者压力的变化而发生任何渗（洒）漏。

（7）任何单位和个人不得邮寄或在邮件内夹带易燃易爆危险品，也不得将易燃易爆危险品匿报或谎报为普通物品邮寄。

（8）通过铁路及航空运输易燃易爆危险品的，应符合国务院铁路、民航部门的有关专门规定。

问213： 对易燃易爆危险品公路运输有哪些消防安全管理要求？

易燃易爆危险品公路运输时由于受驾驶技术、道路状况、车辆状况以及天气情况的影响很大，因而所带来的危险因素也很多，且一旦发生事故扑救难度较大，往往带来重大经济损失及人员伤亡，因此，应当严格管理要求。

（1）通过公路运输易燃易爆危险品时，必须配备押运人员，并且随时处于押运人员的监管之下。不得超装、超载，不得进入易燃易爆危险品运输车辆禁止通行的区域；若确需进入禁止通行区域的，则应当事先向当地公安部门报告，并由公安部门为其指定行车时间和路线，并且运输车辆必须遵守公安部门为其指定的行车时间及路线。

（2）利用公路运输易燃易爆危险品的，托运人只能委托有易燃易爆危险品运输资质的运输企业承运。

（3）剧毒性易燃易爆品在公路运输途中发生被盗、丢失、流散以及泄漏等情况时，承运人及押运人员应当立即向当地公安部门报告，并采取一切可能的警示措施。公安部门接到报告之后，应立即向其他有关部门通报情况；相关部门应采取必要的安全措施。

（4）易燃易爆危险品运输车辆禁止通行的区域，由设区的市级人民政府公安部门划定，并且设置明显的标志。运输烈性易燃易爆危险品途中需要停车住宿或者遇有无法正常运输的情况时，应当向当地公安部门报告。

 问214： 对易燃易爆危险品水路运输有哪些消防安全管理要求？

易燃易爆危险品在水上运输时，一旦发生事故往往对水道形成阻塞或者对水域造成污染，给人民的生命财产带来更大的危害，且往往扑救较为困难。因此，水上运输易燃易爆危险品时应当有比陆地更加严格的要求。

（1）禁止通过内河以及其他封闭水域等航运渠道运输剧毒性易

燃易爆危险品。

（2）通过内河以及其他封闭水域等航运渠道运输禁运以外的易燃易爆危险品时，只能委托有易燃易爆危险品运输资质的水运企业承运，并按国务院交通部门的规定办理手续，并且接受有关交通港口部门及海事管理机构的监督管理。

（3）运输易燃易爆危险品的船舶及其配载的容器应按国家关于船舶检验的规范进行生产，并通过海事管理机构认可的船舶检验机构检验合格，方可投入使用。

问215：销毁易燃易爆危险品应具备哪些消防安全条件？

由于废弃的易燃易爆危险品稳定性差、危险性大，因此销毁处理时必须要有可靠的安全措施，并须通过当地公安和环保部门同意才可进行销毁，其基本条件如下。

（1）销毁场地的四周和防护设施，均应满足安全要求。

（2）销毁方法选择正确，适合所要销毁物品的特性，安全、易操作以及不会污染环境。

（3）销毁方案无误，防范措施周密、落实。

（4）销毁人员经安全培训合格，有法定许可的证件。

问216：如何销毁易燃易爆危险品？

易燃易爆危险品的销毁应当根据所销毁物品的特性，选择安全、经济、易操作以及无污染的销毁方法。根据各企业单位的实践，下列几种方法可供选择。

（1）爆炸法。所谓爆炸法，指的是将可一次完全爆炸的作废爆炸品用起爆器材引爆销毁的方法。此种方法主要在爆炸品销毁时使用，一次的最大销毁量不应超过2kg。销毁的方法是先挖好坑深1m的炸毁坑，然后把所要销毁的废弃爆炸品在炸坑里整齐摆放成金字塔形，用带有起爆雷管的炸药包放在塔的顶部引爆进行销毁。当使用导火索引爆时，应将导火索铺在炸药堆的下风方向并伸直，用土压好（严禁用石块、石头盖覆）；使用发爆器引爆时，手柄或者钥匙必须由放炮员随身携带；用动力电引爆时，必须设有双重保险开关，当场地人员全部撤离后方准连接母线；用延期电雷管或火雷管起爆时，火药堆之间要保持一定的距离，并将炮数记清，如有丢炮必须停留一定时间，方准检查处理。

操作时要做好警戒，点火人员与警戒人员取得联系后才可点火引爆。试验销毁完毕，对残药、残管亦应进行销毁处理。销毁雷管时要把雷管的脚线剪下并放入包装盒内埋入土中。不准销毁没有任何包装的雷管。

（2）燃烧销毁法。燃烧销毁法就是对在一定条件下可以完全燃烧并且燃烧产物没有毒害性、放射性的废弃易燃易爆危险品将其点燃，使其烧尽毁弃的方法。凡是符合以上条件的易燃易爆危险品才可以采用此法销毁。

在采用烧毁法销毁时，废火药、猛炸药的一次销毁量不得大于200kg，在销毁之前必须对所要销毁的火药、炸药进行检查，避免将雷管、起爆药等混入。销毁废起爆药、击发药等，在销毁前宜用废机油浸泡12～24h，禁止成箱销毁；如有大的块状销毁物，要用木锤轻轻敲碎，再行烧毁，防止爆炸。在销毁时，将废药顺风铺成厚约2cm，宽20～30cm（指炸药）或者1～1.5m（指火药、烟火药）的长条，允许并列敷设多条，但是间距不应小于20m。在药条的下风方向敷设1～2m的引火物，点燃时先点燃引火物，不准直接点燃被销毁的火炸药。点燃引火物之后，操作人员应迅速避入安全区，避免被销毁物烧伤或者炸伤。在烧毁过程中，不准再行添加燃料，烧毁完毕之后要待被销毁物燃尽熄灭之后才能走近燃烧点。

（3）水溶解法。水溶解法是对可溶解于水且溶解后能失去爆炸性、氧化性、易燃性、腐蚀性和毒害性等本身危险性的报废物品用水溶解的销毁方法。如硝酸铵及过氧化钠等有水解性的易燃易爆危险品均可使用此方法销毁。但是应注意，用水溶解法销毁的报废品，其不溶物应捞出后另行处理。

（4）化学分解法。化学分解法是利用化学方法将能被化学药品分解，消除其爆炸性、燃烧性等原危险性的报废品进行销毁的方法。如雷汞可用硫代硫酸钠或硫化钠化学分解销毁，叠氮化铅可用稀硝酸分解销毁等。用化学分解法销毁之后的残渣应检查证明其是否失去原爆炸性、燃烧性或其他危险性。

 问217： 销毁易燃易爆危险品应遵守哪些基本要求？

易燃易爆危险品的销毁，要严格遵守国家有关安全管理的规定，严格遵守安全操作规程，以防着火、爆炸或其他事故的发生。

（1）正确选择销毁场地。销毁场地的安全要求由于销毁方法的不同而有别。当采用爆炸法或者燃烧法销毁时，销毁场地应选择在远离居住区、生产区、人员聚集场所以及交通要道的地方，最好选择在有天然屏障或比较隐蔽的地区。销毁场地边缘与场外建筑物的距离不应小于 200m，与公路、铁路等交通要道的距离不应小于 150m。当四周无自然屏障时，应设有高度不小于 3m 的土堤防护。

销毁爆炸品时，销毁场地最好是没有石块、砖瓦的泥土或沙地。专业性的销毁场地，四周应砌筑围墙，围墙距作业场地边沿不应小于 50m；临时性销毁场地四周应设警戒或铁丝网。销毁场地内应设人身掩体及点火引爆掩体。掩体的位置应在常年主导风向的上风方向，掩体之间的距离不应小于 30m，掩体的出入口应背向销毁场地，并且距作业场地边沿的距离不应小于 50m。

（2）严格培训作业人员。执行销毁操作的作业人员，要通过严格的操作技术和安全培训，并经考试合格才能执行销毁的操作任务。执行销毁操作的作业人员应当具备下列条件。

① 具有一定的专业知识。

② 身体健壮，智能健全。

③ 工作认真负责，责任心强。

④ 经过安全培训合格。

（3）严格消防安全管理。根据《消防法》的有关规定，公安消防机关应当加强对于易燃易爆危险品的监督管理。销毁易燃易爆危险品的单位应当严格遵守有关消防安全的规定，并认真落实具体的消防安全措施，当大量销毁时应当认真研究，制订出具体方案（包括一旦引发火灾时的应急灭火预案）向公安机关消防机构申报，通过审查并经现场检查合格方可进行，必要时，公安机关消防机构应当派出消防队现场执勤保护，保证销毁安全。

问218：销毁易燃易爆危险品应具备的消防安全有哪些条件？

由于废弃的易燃易爆危险品稳定性差、危险性大，因此销毁处理时必须要有可靠的安全措施，并须通过当地公安和环保部门同意才可进行销毁，其基本条件如下。

（1）销毁场地的四周和防护设施，均应满足安全要求。

（2）销毁方法选择正确，适合所要销毁物品的特性，安全、易操作以及不会污染环境。

（3）销毁方案无误，防范措施周密、落实。

（4）销毁人员经安全培训合格，有法定许可的证件。

5 消防系统管理

5.1 消防系统的选择

 问219： 应当设置自动喷水灭火系统的场所都有哪些？

根据现行国家技术标准《建筑设计防火规范》（GB 50016—2014）的有关规定，环境温度在 $4 \sim 70℃$ 范围以下的建筑物和场所应设置自动灭火系统，除不宜用水保护或者灭火者，以及另有专门规定者外，最好采用自动喷水灭火系统。

（1）工业建筑

① 厂房大于等于 50000 纱锭的棉纺厂的开包、清花车间；火柴厂的烤梗、筛选部位；大于等于 5000 锭的麻纺厂的分级、梳麻车间；占地面积大于 $1500m^2$ 的木器厂房；泡沫塑料厂的预发、成型、切片、压花部位；高层丙类厂房；占地面积大于 $1500m^2$ 或总建筑面积大于 $3000m^2$ 的单层、多层制鞋、制衣、玩具及电子等厂房；建筑面积大于 $500m^2$ 的丙类地下厂房；飞机发动机试验台的准备部位。

② 库房每座占地面积大于 $1000m^2$ 的棉、毛、丝、麻、化纤、毛皮及其制品的仓库；每座占地面积大于 $600m^2$ 的火柴仓库；建筑面积大于 $500m^2$ 的可燃物品地下仓库；邮政楼中建筑面积大于 $500m^2$ 的空邮袋库；可燃、难燃物品的高架仓库和高层仓库（冷库除外）。

（2）民用建筑

① 特等、甲等或超过 1500 个座位的其他等级的剧院；超过 2000 个座位的会堂或礼堂；超过 3000 个座位的体育馆；超过 5000 人的体育场的室内人员休息室与器材间等。

② 任一楼层建筑面积大于 1500m² 或总建筑面积大于 3000m² 的展览建筑、商店、旅馆建筑以及医院中同样建筑规模的病房楼、门诊楼、手术部；建筑面积大于 500m² 的地下商店。

③ 设置有送回风道（管）的集中空气调节系统且总建筑面积大于 3000m² 的办公建筑等。

④ 设置在地下、半地下或地上四层及四层以上或设置在建筑的首层、二层和三层且任一层建筑面积大于 300m² 的地上歌舞娱乐放映游艺场所（游泳场所除外）。

⑤ 藏书量超过 50 万册的图书馆。

⑥ 一类高层公共建筑及其裙房（除游泳池、溜冰场外）及其地下、半地下室。

⑦ 二类高层公共建筑的公共活动用房、走道、办公室和旅馆的客房、可燃物品库房、自动扶梯底部和垃圾道顶部。

⑧ 高层民用建筑中经常有人停留或可燃物较多的地下、半地下室房间，歌舞娱乐放映游艺场所，燃油、燃气锅炉房、柴油发电机房等。

⑨ 建筑高度大于 100m 的住宅建筑。

注：除住宅外的高层居住建筑，应按对公共建筑的要求，公寓应按对旅馆的要求设置自动喷水灭火系统。

问220：预作用式喷水灭火系统的特点和适用范围是什么？

在预作用式喷水灭火系统中，火灾探测器与闭式喷头都是感温元件，但火灾探测器的控制温度选择较低一些。火灾发生时，火灾探测器首先动作，进行报警，并将报警阀打开，使水充满管网，充水时间不宜大于 3min。当火场温度继续上升，满足喷头的动作温度后才开始喷水。这样既解决了湿式系统容易渗水的弊病，又避免了干式系统延缓喷水时间的缺点，其灭火效果优于干式系统。

这种系统的主要缺点为自动化部件较多，因而投资费用大，技术要求高，如果平时维护不良，可能会失去及时扑灭初期火灾的时机。

它的适用范围比较大，凡是适用于湿式喷水灭火系统和充气式干式喷水灭火系统的场所，均适用预作用式喷水灭火系统。特别是不允许有水渍损失的建筑物、构筑物，宜采用预作用式喷水灭火系统。

问221：应当设置雨淋灭火系统的建筑物和构筑物都有哪些？

（1）火柴厂的氯酸钾压碾厂房，建筑面积大于 100m^2 且生产或使用硝化棉、喷漆棉、火胶棉、赛璐珞胶片、硝化纤维的厂房。

（2）建筑面积超过 60m^2 或储存量超过 2t 的硝化棉、喷漆棉、火胶棉、赛璐珞胶片、硝化纤维的仓库。

（3）日装瓶数量大于 3000 瓶的液化石油气储配站的灌瓶间、实瓶库。

（4）特等、甲等剧院，超过 1500 个座位的其他等级剧院和超过 2000 个座位的会堂或礼堂的舞台葡萄架下部。

（5）建筑面积不小于 400m^2 的演播室，建筑面积不小于 500m^2 的电影摄影棚。

（6）乒乓球厂的轧坯、切片、磨球、分球检验部位。

问222：哪些场所应当设置水幕系统？

（1）特等、甲等剧院，超过 1500 个座位的其他等级的剧院，超过 2000 个座位的会堂或礼堂，高层民用建筑中超过 800 个座位的剧院、礼堂的舞台口及上述场所中与舞台相连的侧台、后台的门窗洞口。

（2）应设防火墙等防火分隔物而无法设置的局部开口部位。

（3）需要冷却保护的防火卷帘或防火幕的上部。如有门窗孔洞相通的厂房、库房，在采用防火卷帘进行分隔时，为增强其耐火性能而设水幕保护。

舞台口也可采用防火幕进行分隔，侧台、后台的较小洞口宜设置乙级防火门、窗。

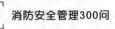

问223：哪些场所应当设置水喷雾灭火系统？

根据现行国家标准《建筑设计防火规范》（GB 50016—2014）和《石油化工企业设计防火规范》（GB 50160—2008）的有关规定，下列情况应设置水喷雾灭火系统。

（1）单台容量在 40MV·A 及其以上的厂矿企业油浸电力变压器，单台容量在 90MV·A 及其以上的电厂油浸电力变压器，单台容量在 125MV·A 及其以上的独立变电所油浸电力变压器。

（2）设置在高层民用建筑内充可燃油的高压电容器和多油开关室。

（3）飞机发动机试验台的试车部位。

（4）工艺装置内固定水炮不能有效保护的特殊危险设备及场所。

问224：什么装置必须设置固定喷淋冷却水设施？

（1）高度大于 15m 或者单罐容积大于 2000m³ 的地上液体储罐。

（2）覆土保护的地下油罐。

（3）石油化工企业单罐容积大于 100m³ 的全压力式和半冷冻式液化烃储罐及储罐的阀门、液位计、安全阀等部位。

（4）总容积大于 50m³ 的储罐区或者单罐容积大于 20m³ 的全压力式和半冷冻式液化石油气储罐及储罐的阀门、液位计、安全阀等部位。

问225：细水雾灭火系统的适用范围有哪些？

细水雾灭火系统适用于扑救下列火灾。

（1）书库、档案资料库以及文物库等场所的可燃固体火灾。

（2）液压站、油浸电力变压器室、透平油仓库、润滑油仓库、柴油发电机房、燃油锅炉房、燃油直燃机房以及油开关柜室等场所的可燃液体火灾。

（3）燃气轮机房及燃气直燃机房等场所的可燃气体喷射火灾。

（4）配电室、计算机房、数据处理机房、中央控制室、通信机房、大型电缆室、电缆隧（廊）道以及电缆竖井等场所的电气设备火灾。

（5）引擎测试间及交通隧道等适用细水雾灭火的其他场所的火灾。

问226：哪些场所应当设置细水雾灭火系统？

根据现行国家有关消防技术标准规定，以下场所应当设置细水雾灭火系统。

（1）钢铁冶金企业内应当设置细水雾灭火系统的部位

① 单台容量在 40MV·A 及以上的油浸电力变压器。

② 总装机容量＞400kV·A 的柴油发电机房。

③ 电气地下室、厂房内的电缆隧（廊）道、厂房外的连接总降压变电所或其他变（配）电所的电缆隧（廊）道、建筑面积＞500m² 的电缆夹层。

④ 距地坪标高 24m 以上且储油总容积≥2m³ 的平台封闭液压站房。

⑤ 距地坪标高 24m 以下且储油总容积≥10m³ 的地上封闭液压站和润滑油站（库）。

⑥ 液压站、润滑油站（库）、轧制油系统、集中供油系统、储油间、油管廊中储油总容积≥2m³ 的地下液压站和润滑油站（库），储油总容积≥10m³ 的地下油管廊和储油间。

（2）钢铁冶金企业内宜设置细水雾灭火系统的场所

① 控制室、电气室、通信中必（含交换机室、总配线室和电力室等）、操作室以及调度室；单台设备油量 100kg 以上的配电室、大于等于 8MV·A 且小于 40MV·A 的油浸变压器室、油浸电抗器室以及有可燃介质的电容器室。

② 总装机容量≤400kV·A 的柴油发电机房；厂房外长度＞100m 的非连接总降压变电所［或其他变（配）电所］并且电缆桥

架层数≥4层的电缆隧（廊）道，建筑面积≤500m² 的电缆夹层，与电气地下室、电缆夹层、电缆隧（廊）道连通或穿越3个及以上防火分区的电缆竖井；油质淬火间、地下循环油冷却库、成品涂油间、桶装油库、燃油泵房、油箱间、油加热器间、油泵房（间）。

③ 热连轧高速轧机机架（未设油雾抑制系统）。

 问227：哪些场所适宜设置蒸汽灭火系统？

因为冷水对高温设备的骤冷会引起设备的损坏（水不能扑灭高温设备火灾），所以蒸汽扑灭高温设备火灾，不会导致设备热胀冷缩的应力而破坏高温设备。蒸汽灭火系统构造简单，取用方便，所以在炼油厂、石油化工厂、火力发电厂、油泵房、重油罐区、露天生产装置区和重质油品库房以及有蒸汽源的燃油锅炉房、汽轮发电机房等场所宜设固定式或者半固定式蒸汽灭火系统。但对挥发性大及闪点低的易燃液体和在使用蒸汽可能造成事故的部位不得采用蒸汽灭火。

 问228：哪些场所应当设置低倍数泡沫灭火系统？

可能发生可燃液体火灾的场所宜采用低倍数泡沫灭火系统。

（1）应采用固定式低倍数泡沫灭火系统的场所

① 甲、乙类和闪点等于或者小于90℃的丙类可燃液体的固定顶罐及浮盘为易熔材料的内浮顶罐。

② 单罐容积等于或大于500m³ 的水溶性可燃液体储罐。

③ 单罐容积等于或者大于10000m³ 的非水溶性可燃液体储罐。

④ 甲、乙类和闪点等于或者小于90℃的丙类可燃液体的浮顶罐及浮盘为非易熔材料的内浮顶罐；单罐容积等于或者大于50000m³ 的非水溶性可燃液体储罐。

⑤ 罐壁高度等于或者大于7m或者容积大于200m³ 的非水溶性可燃液体储罐等移动消防设施不能进行有效保护的可燃液体储罐。

（2）可采用移动式泡沫灭火系统的场所

① 罐壁高度小于 7m 或容积等于或者小于 $200m^3$ 的非水溶性可燃液体储罐。

② 可燃液体地面流淌火灾、油池火灾。

③ 润滑油储罐。

问229： 高、中倍数泡沫灭火系统适用于哪些场所？

高、中倍数泡沫灭火系适宜使的场所

（1）电器设备材料、棉花、橡胶、纺织品、烟草及纸张、汽车、飞机等固体物资仓库等。

（2）储存石油、苯等易燃液体的仓库。

（3）石油化工生产车间、飞机发动机试验车间、电缆夹层、锅炉房、油泵房以及油码头等有火灾危险的工业厂房（或车间）。

（4）地下汽车库、地下仓库、地下铁道、人防隧道、煤矿矿井、地下商场、电缆沟和地下液压油泵站等地下建筑工程。

（5）计算机房、大型邮政楼、图书档案库、贵重仪器设备仓库等贵重仪器设备和物品。

（6）各种船舶的机舱、泵舱等处所。

（7）可燃液体和液化石油气、液化天然气的流淌火灾。

（8）中倍数泡沫可以用于立式钢制储油罐内火灾。

问230： 高、中倍数泡沫灭火系统的不适用哪些场所？

（1）由于高倍数、中倍数泡沫是导体，进入未封闭的带电设备后会形成短路，将设备击毁或造成其他事故，因此不能直接应用于裸露的电器设备（指接点或触点暴露于空气中的设备），而应对其进行封闭，使泡沫不直接与带电部位接触，否则必须在断电之后，才可喷放泡沫。

（2）对于硝化纤维素、火药等物质本身能释放出氧气及其他强氧化剂而维持燃烧的化学物品，由于高倍数、中倍数泡沫即使覆盖、淹没隔绝了空气也不能扑灭这类物质火灾，因此不能使用。

（3）由于高倍数、中倍数泡沫破裂后是水溶液，因此不能扑救有遇湿易燃性物品的火灾。

 问231： **干粉灭火系统的应用特点是什么，适用场所有哪些？**

（1）应用特点。干粉灭火系统主要用来扑救可燃气体、可燃液体和电气设备火灾，其应用特点如下。

① 干粉能够长距离输送，设备可远离火区；不用水，尤其适用于缺水地区，寒冷季节使用不需防冻。

② 灭火时间短、效率高，尤其对石油及石油产品的灭火效果尤为显著。

③ 绝缘性能好，可扑救带电设备火灾。

④ 以有相当压力的二氧化碳和氮气作为喷射动力，所以可不受电源限制。

⑤ 干粉不具有冷却作用，容易发生复燃；不能扑救本身能供给氧的化学物质火灾；不能扑救深度阴燃物质的火灾。

（2）适用场所。固定式干粉灭火系统分为全淹没灭火系统与局部应用灭火系统两种类型。全淹没灭火系统主要用于地下室、船舱、油漆仓库、变压器室、油品仓库以及汽车库等密闭的或可密闭的建筑；局部应用系统主要用于建筑物空间很大、不易形成整个建筑物大灾，而只有个别设备容易发生火灾，或一些露天装置易发生火灾的场所。这些场所不可能也没有必要设置全淹没灭火系统，可以针对于某个容易发生火灾的部位设置局部应用式自动灭火系统。

问232： **哪些场所应当设置通用气体灭火系统？**

根据《建筑设计防火规范》（GB 50016—2014）第 8.3.5 条的规定，下列场所应当设置气体灭火系统。

（1）国家、省级或人口超过 100 万的城市广播电视发射塔内的微波机房、分米波机房、米波机房、变配电室和不间断电源（UPS）室。

（2）国际电信局、大区中心、省中心和 1 万路以上的地区中心内的长途程控交换机房、控制室和信令转接点室。

（3）2 万线以上的市话汇接局和 6 万门以上的市话端局内的程控交换机房、控制室和信令转接点室。

（4）中央及省级治安、防灾和网局级及以上的电力等调度指挥中心内的通信机房和控制室。

（5）主机房建筑面积不小于 $140m^2$ 的电子计算机房内的主机房和基本工作间的已记录磁（纸）介质库。

（6）中央和省级广播电视中心内建筑面积不小于 $120m^2$ 的音像制品库房。

（7）国家、省级或藏书量超过 100 万册的图书馆内的特藏库；中央和省级档案馆内的珍藏库和非纸质档案库；大、中型博物馆内的珍品库房；一级纸绢质文物的陈列室。

（8）其他特殊重要设备室。

注：1. 第（1）、（4）、（5）、（8）规定的部位，亦可采用细水雾灭火系统。

2. 当有备用主机和备用已记录磁（纸）介质，且设置在不同建筑中或同一建筑中的不同防火分区内时，（5）规定的部位亦可采用预作用自动喷水灭火系统。

问233： 哪些场所应设置二氧化碳气体灭火系统？

根据相关规定，以下部位应设置二氧化碳气体灭火系统。

（1）中央和省级的档案馆中的珍藏库与非纸质档案库。

（2）省级或藏书量超过 100 万册的图书馆的特藏库。

（3）中央和省级广播电视中心内，建筑面积不小于 $120m^2$ 的音像制品库房等部位。

（4）大、中型博物馆中的珍品库房；一级纸绢质文物的陈列室。

另外，二氧化碳灭火系统还可用于浸渍槽、熔化槽、轧制机、发电机、印刷机、油浸变压器，液压、干洗、烘干、除尘等设备和喷漆生产线、电器老化间、水泥生产流程中的煤粉仓、食品库以及船舶的机舱和货舱等设备和场所。但因为二氧化碳具有窒息性，所以该系统只能用在无人场所；当不得不在经常有人占用的场所安装使用时，应采取适当的防护措施，以保障人员安全，但是不得采用卤代烷1211、1301灭火系统。

 问234： 七氟丙烷气体灭火系统的适用场所有哪些？

七氟丙烷对臭氧层的耗损潜能值 ODP＝0，温室效应潜能值 GWP＝0.6，无毒性反应含量 NOAEL＝9％，大气中存留寿命 ALT＝31 年，灭火设计基本含量 $C＝8％$，具有良好的清洁性、气相电绝缘性和物理性能，为目前较好的哈龙替代物。

七氟丙烷气体火火系统的适用场所包括：人员常驻的区域、储存贵重设备和重要资料档案的场所、防护电器设备必须采用非导电性的灭火剂的场所、不能导致水渍损失或其他污染的场所等。系统典型的防护设施包括：电子计算机房、通信设施、资料处理及储存中心、电信电话交换机房、洁净室、编程室、紧急电力供应设施、博物馆及艺术馆、图书馆、昂贵的医疗设施等。

 问235： 混合气体IG-541灭火系统适用的场所有哪些？

混合气体 IG-541 灭火系统适用的火灾类型包括：木材及纤维类型材料等固体的表面火灾；庚烷等易燃液体火灾；计算机房、控制室、油浸开关、变压器、电路断路器、循环设备、泵、电动机等带电设备的火灾。适用的典型场所包括：计算机房、磁带库、地板夹层、通信交换机房、工艺处理设备及经常有人工作场所或者不是经常有人但有非常灵敏或无法更换的电子设备的区域。

 问236： 热气溶胶灭火系统适用的场所有哪些？

因为使用热气溶胶灭火剂后会使保护区内的能见度很低，而且吸入灭火剂的超细颗粒对人体也有伤害，所以，气溶胶主要应用到无人场所或不经常有人员出现的以下场所。

（1）航空业的商用飞机、货物仓、直升机、集装箱、地面支持设备、维修站等场所。

（2）航海业的海运类机动船、舰、艇的发动机室、机器室以及货物仓等场所。

（3）陆地运输的小车、卡车、拖车、吊车、铁路机车、运动车、铺路车、林业机动车、公共汽车、集装箱、地铁机车以及车上配电房等局部场所。

（4）电力系统的电房、计算机和服务器室、汽轮涡轮机动力室、动力供应和数据中心、电缆沟等局部场所。

（5）建筑火灾防护中的屋顶室、车库等。

（6）石油行业中的设备（泵房、电力橱以及配电系统），油气储存处等。

气溶胶灭火剂不适于扑救：硝酸纤维、火药等无空气条件下仍能够迅速氧化的化学物质火灾；钾、钠、镁、钛、铀、锆、钚等活泼金属火灾；过氧化物、联氨等能自行分解的化学物质火灾；氢化钠等金属氢化物火灾；磷等自燃物质火灾；氧化氮、氯、氟等强氧化剂火灾；可燃固体物质的深位火灾等。

问237：哪些场所不应当设置气体灭火系统？

根据气体灭火系统灭火剂的性能及特点，对于硝酸钠、硝化纤维等氧化剂或含氧化剂的化学制品火灾场所，钾、钠、镁、锆、钛、铀等碱金属、碱土金属及其他活泼金属火灾场所，氢化钾、氢化钠等金属氢化物火灾场所，可燃固体深位火灾场所等，均不应当设置气体灭火系统。

由于热气溶胶灭火剂采用多元烟火药制得，因此，其性质有别于传统意义上的气体灭火剂。特别是在灭火剂配方的选择上，因为各生产单位相差较大，如若制造工艺或配方选择不尽合理等都可能造成严重的产品质量事故。我国曾先后发生过热气溶胶产品因误动作而起火、储存装置爆炸、喷放后损坏电器设备等多起严重事故。所以，对于人员密集场所、有爆炸危险性的场所及有超净要求的场所，不得使用热气溶胶预制灭火系统；对于通信机房、电子计算机房、除电缆隧道（夹层、井）及自备发电机房外的其他电气火灾等场所，也不得使用 K 型和其他型热气溶胶预制灭火系统。

问238： **哪些场所应当设置火灾自动报警系统？**

为了加强对重要场所的监控，及时发现和扑救火灾，下列重要的建筑或场所应当设置火灾自动报警系统。

（1）工业建筑和场所

① 大中型电子计算机房及其控制室、记录介质库，特殊贵重或火灾危险性大的机器、仪表、仪器设备室、贵重物品库房；设置有气体灭火系统的房间。

② 每座占地面积大于 1000m² 的棉、毛、丝、麻、化纤及其织物的库房；占地面积超过 500m² 或总建筑面积超过 1000m² 的卷烟库房。

③ 任一层建筑面积大于 1500m² 或总建筑面积大于 3000m² 的制鞋、制衣、玩具等厂房。

④ 石油化工企业的单罐容积大于或等于 30000m³ 的浮顶罐的密封圈处；单罐容积大于或等于 10000m³ 并小于 30000m³ 的浮顶罐的密封圈处宜设置火灾自动报警系统。

⑤ 可能形成可燃气体积聚的电缆沟进口处（应设可燃气体报警器）。

⑥ 石油化工企业的控制室、机柜间、变配电所，且报警信号盘设在 24h 有人值班的场所。

⑦ 石油化工企业的烷基铝类催化剂配制区、储存仓库及挤压造粒厂房。

（2）民用建筑和场所

① 任一层建筑面积大于 3000m² 或总建筑面积大于 6000m² 的商店、展览建筑、财贸金融建筑、客运和货运建筑等；建筑面积大于 500m² 的地下或半地下商店。

② 图书或文物珍藏库，每座藏书超过 100 万册的图书馆，重要的档案馆。

③ 地市级及以上广播电视建筑、邮政建筑、电信建筑；城市或区域性电力、交通和防灾救灾指挥调度等建筑。

④ 特等、甲等剧院或座位数超过 1500 个的其他等级的剧院、电影院，座位数超过 2000 个的会堂或礼堂；座位数超过 3000 个的

体育馆。

⑤ 大、中型幼儿园的儿童用房等场所，老年人建筑，任一楼层建筑面积大于 1500m² 或总建筑面积大于 3000m² 的旅馆建筑、疗养院的病房楼、儿童活动场所和不小于 200 床位的医院的门诊楼、病房楼、手术部等。

⑥ 设置在地下、半地下或建筑的地上四层及四层以上的歌舞娱乐放映游艺场所。

⑦ 一类高层公共建筑，建筑高度大于 100m 的住宅建筑，其他高层住宅建筑的公共部位及电梯机房；二类高层民用建筑中面积大于 50m² 的可燃物品库房、面积大于 500m² 的营业厅。

⑧ 净高大于 2.6m 且可燃物较多的技术夹层；净高大于 0.8m 且有可燃物的闷顶或吊顶内。

⑨ 高层公共建筑中经常有人停留或可燃物较多的地下室，性质重要或有贵重物品的房间。

⑩ 建筑内可能散发可燃气体、可燃蒸气的场所应设可燃气体报警装置。

问239：常见火灾探测器的选择要求有哪些？

（1）对火灾初期有阴燃阶段，产生大量的烟和少量的热，很少或者没有火焰辐射的场所，应选择感烟探测器。

（2）对火灾发展迅速，能够产生大量热、烟和火焰辐射的场所，可选择感温探测器、感烟探测器、火焰探测器或其组合。

（3）对火灾发展迅速，有强烈的火焰辐射及少量的烟、热的场所，应选择火焰探测器。

（4）对火灾初期可能产生一氧化碳气体并且需要早期探测的场所，宜选择一氧化碳火灾探测器。

（5）对使用、生产或聚集可燃气体或者可燃液体蒸气的场所，应当选择可燃气体探测器。

（6）对设有联动装置、自动灭火系统以及用单一探测器不应有效确认火灾的场毛宜采用同类型或不同类型的探测器组合。

（7）对火灾形成特征不可预料的场所，可以根据模拟试验的结果选择探测器。

（8）对于需要早期发现火灾的特殊场所，可选择高灵敏度的吸气式感烟火灾探测器，且应将该探测器的灵敏度设置为高灵敏度状态；也可以根据现场实际分析早期可探的火灾参数而选择相应的探测器。

问240：点型火灾探测器的选择要求有哪些？

对不同高度房间的火灾探测器，应当按表 5-1 选择，并应注意下列要求。

（1）当房间高度大于 12m 时，不宜选择感烟探测器。

（2）当房间高度大于 8m 时，不宜选择感温探测器。

（3）当房间高度大于 6m 时，不宜选择 A2、B、C、D、E、F、G 类感温探测器。

表 5-1　不同高度房间点型火灾探测器的选择

房间高度 h/m	感烟探测器	感温探测器			火焰探测器
		一级	二级	三级	
12＜h≤20	不适合	不适合	不合适	不合适	适合
8＜h≤12	适合	不适合	不适合	不适合	适合
6＜h≤8	适合	适合	不适合	不适合	适合
4＜h≤6	适合	适合	适合	不适合	适合
≤4	适合	适合	适合	适合	适合

问241：感烟火灾探测器如何选用？

（1）宜选择感烟探测器的场所

① 饭店、旅馆、教学楼、卧室、办公楼的厅堂、办公室等。

② 计算机房、通信机房、电影或者电视放映室等。

③ 书库、档案库等。

④ 楼梯、走道、电梯机房等。

⑤ 有电气火灾危险的场所。

（2）不宜选择离子感烟探测器的场所

① 相对湿度经常大于 95% 的场所。

② 气流速度大于 5m/s 的场所。

③ 可能产生腐蚀性气体的场所。

④ 有大量粉尘、水雾滞留的场所。

⑤ 产生醇类、醚类、酮类等有机物质的场所。

⑥ 在正常情况下有烟滞留的场所。

（3）不宜选择光电感烟探测器的场所

① 可能产生蒸气和油雾的场所。

② 有大量粉尘、水雾滞留的场所。

③ 在正常情况下有烟滞留的场所。

（4）通过管路采样的吸气式感烟火灾探测器的选择

① 具有高空气流量的场所。

② 低温场所。

③ 点型感烟、感温探测器不适宜的大空间或有特殊要求的场所。

④ 需要进行火灾早期探测的关键场所。

⑤ 需要进行隐蔽探测的场所。

⑥ 人员不宜进入的场所。

（5）感烟探测器的选择要求

① 污物较多并且必须安装感烟火灾探测器的场所，应选择间断吸气的点型吸气式感烟火灾探测器。

② 无遮挡的大空间或者有特殊要求的房间，宜选择红外光束感烟探测器。

③ 对于有大量粉尘、水雾滞留的场所；可能产生蒸气和油雾的场所，在正常条件下有烟滞留的场所，以及探测器固定的建筑结构因为振动等会产生较大位移的场所，均不宜选择红外光束感烟探测器。

问242：感温火灾探测器如何选择？

（1）宜选择感温探测器的场所。感温探测器应当根据使用场所的典型应用温度和最高应用温度来选择。对于温度在 0℃ 以下的场所，不宜选择感温探测器；对于可能产生阴燃火或者发生火灾不及时报警将造成重大损失的场所，不宜选择感温探测器；温度变化较大的场所，不宜选择 R 型探测器。以下场所宜选用感温探测器。

① 相对湿度经常大于 95% 的场所。

② 有大量粉尘的场所。

③ 无烟火灾的场所。

④ 厨房、锅炉房、发电机房、烘干车间等。

⑤ 在正常情况下有烟和水蒸气滞留的场所。

⑥ 吸烟室等。

⑦ 其他不宜安装感烟探测器的厅堂和公共场所。

（2）宜选择线型感温火灾探测器的场所或部位

① 不易安装点型探测器的夹层、闷顶。

② 公路隧道、铁路隧道等。

③ 其他环境恶劣不适合点型探测器安装的危险场所。

（3）宜选择缆式线型感温火灾探测器的场所或部位

① 电缆隧道、电缆竖井、电缆夹层、电缆桥架。

② 各种皮带输送装置。

③ 配电装置、开关设备、变压器等。

（4）宜选择空气管式或线型光纤感温火灾探测器的场所或部位

① 除液化石油气外的石油储罐等。

② 存在强电磁干扰的场所。

③ 需要设置线型感温火灾探测器的易燃易爆场所。

④ 需要监测环境温度的电缆隧道及地下空间等场所宜设置并具有实时温度监测功能的线型光纤感温火灾探测器。

（5）选择空气管式或线型光纤感温火灾探测器的要求

① 要求对直径小于 10cm 的小火焰或者局部过热处进行快速响应的电缆类火灾现场不宜选择线型光纤感温火灾探测器。

② 线型定温探测器的选择，应确保其动作温度高于设置场所的最高环境温度。

 问243： **火焰探测器如何选择？**

（1）宜选择火焰探测器的场所

① 无阴燃阶段的液体火灾场所。

② 火灾时有强烈火焰辐射的场所。

③ 需要对火焰做出快速反应的场所。

（2）不宜选择火焰探测器的场所

① 探测器的镜头易被污染的场所。

② 在火焰出现前有浓烟扩散的场所。

③ 可能发生无焰火灾的场所。

④ 探测器的"视线"易被物体（包括油雾、烟雾、水雾以及冰等）遮挡的场所。

（3）选择火焰探测器的要求

① 探测区域内的可燃物为金属和无机物时，不宜选择红外火焰探测器。

② 探测器易受阳光、白炽灯等光源直接或者间接照射场所，不宜选择单波段红外火焰探测器。

③ 除日光盲的红外火焰探测器外，探测区域内正常条件下有高温黑体的场所，不宜选择单波段红外火焰探测器。

④ 正常条件下有阳光、明火作业及易受 X 射线、弧光以及闪电等影响，不宜选择紫外火焰探测器。

（4）可选择图像式火灾探测器的场所

① 火灾初期有阴燃阶段，产生大量的烟和少量的热，很少或者没有火焰辐射的场所可选择图像式感烟火灾探测器。

② 火灾发展迅速，有强烈的火焰辐射和少量的烟、热的场所，可以选择图像式火焰探测器。

问244：可燃气体探测器如何选择？

（1）宜选择一般可燃气体探测器的场所

① 煤气站和煤气表房以及存储液化石油气罐的场所。

② 使用可燃气体的场所。

③ 其他散发可燃气体及可燃蒸气的场所。

（2）宜选择一氧化碳火灾探测器的场所。在火灾初期产生一氧化碳的下列场所，可采用一氧化碳火灾探测器。

① 点型感烟、感温以及火焰探测器不适宜的场所。

② 烟不容易对流及顶棚下方有热屏障的场所。

③ 需要多信号复合报警的场所。

④ 在房顶上无法安装其他点型探测器的场所。

 问245： 需要设置火灾应急照明及疏散指示标志的部位有哪些？

（1）供安全疏散用的主要房间。因为建筑火灾易导致严重的人员伤亡，其原因虽然是多方面的，但与有无应急照明也有一定的关系。为避免触电事故和通过电气设备、线路扩大火势，需要在火灾时及时切断起火部位甚至整个建筑物的电源，此时如没有应急照明，人员在漆黑环境中必定惊慌混乱，加上烟气作用更易引起不必要的伤亡。因此，楼梯间、防烟楼梯间前室、消防电梯间前室、合用前室以及高层建筑的避难层等主要供安全疏散用的疏散通道的主要部位应设置应急照明。

（2）火灾时仍需坚持工作的房间。火灾时仍需坚持工作的房间主要有配电室、消防水泵房、消防控制室、防烟排烟机房、供消防用的蓄电池室、自备发电机房以及电话总机房等房间。由于这些房间在扑救火灾过程中，为确保通信联络，保证防烟排烟和人员的安全疏散等方面的需要，必须坚持工作，因此，以上场所也应设应急照明。

（3）人员集中场所。火灾实践说明，在人员密集场所设置应急照明对火灾事故时的紧急疏散是十分重要的。对公共场所的观众厅、建筑面积大于 $400m^2$ 的展览厅、多功能厅、营业厅、餐厅；以及建筑面积大于 $200m^2$ 的演播室；建筑面积大于 $300m^2$ 的地下、半地下室，或地下、半地下室中的公共活动房间均应设置应急照明。

（4）公共疏散走道。为确保疏散顺利进行，在公共建筑内的疏散走道和居住建筑内长度超过 20m 的内走道上，也必须设应急照明。对影剧院、体育馆、多功能礼堂、医院的病房以及除二类居住建筑以外的高层建筑等，其疏散走道和疏散门，均宜设置灯光疏散指示标志。由于在火灾初期，往往烟雾很大，人们在紧急疏散时易迷失方向，设有疏散指示标志，人们就可以在浓烟弥漫的情况下，沿着灯光疏散指示标志顺利疏散，避免引起伤亡事故。

问246： **消防设备供电电源的要求有哪些？**

（1）消防控制室、消防水泵、消防电梯以及防烟排烟风机等应由两路电源供电，并在最末一级配电箱处设置自动切换装置。消防设备与为其配电的配电箱距离不宜大于30m。

（2）消防设备应急电源（FEPS）可以作为火灾自动报警系统的备用电源，为系统或系统内的设备和相关设施（场所）供电，但为消防设备供电的FEPS不能同时为应急照明供电。

问247： **消防设备供电方式如何选择？**

当为单相供电额定功率大于30kW、三相供电额定功率大于120kW的消防设备供电的FEPS不应同时为其他负载供电。其消防设备供电时，应采用下列方式。

（1）交流输出的FEPS，一台FEPS可以为一台设备或者多台互投使用的消防设备供电。

（2）直流输出、现场逆变的FEPS，可以树干式或者放射式配备多逆变/变频分机方式为一台设备或者多台互投使用的消防设备供电。

（3）有电梯负荷时，按照最不利的全负荷同时启动冲击的情况下，FEPS逆变母线电压不应低于额定电压的80%；没有电梯负荷时，FEPS的母线电压不应低于额定电压的75%。

5.2　消防系统的维护管理

问248： **消防水源如何进行维护管理？**

（1）每季度应监测市政给水管网的压力和供水能力。

（2）每年应对天然河湖等地表水消防水源的常水位、枯水位、洪水位，以及枯水位流量或蓄水量等进行一次检测。

（3）每年应对水井等地下水消防水源的常水位、最低水位、最高水位和出水量等进行一次测定。

（4）每月应对消防水池、高位消防水池、高位消防水箱等消防水源设施的水位等进行一次检测；消防水池（箱）玻璃水位计两端的角阀在不进行水位观察时应关闭。

（5）在冬季每天应对消防储水设施进行室内温度和水温检测，当结冰或室内温度低于5℃时，应采取确保不结冰和室温不低于低于5℃的措施。

问249： 如何维护管理消防供水设施设备？

（1）供水设施的维护管理规定

① 每月应手动启动消防水泵运转一次，并应检查供电电源的情况。

② 每周应模拟消防水泵自动控制的条件自动启动消防水泵运转一次，且应自动记录自动巡检情况，每月应检测记录。

③ 每日应对稳压泵的停泵启泵压力和启泵次数等进行检查和记录运行情况。

④ 每日应对柴油机消防水泵的启动电池的电量进行检测，每周应检查储油箱的储油量，每月应手动启动柴油机消防水泵运行一次。

⑤ 每季度应对消防水泵的出流量和压力进行一次试验。

⑥ 每月应对气压水罐的压力和有效容积等进行一次检测。

（2）消防水泵和稳压泵等供水设施的维护管理应符合的规定

① 每月应手动启动消防水泵运转一次，并应检查供电电源的情况。

② 每周应模拟消防水泵自动控制的条件自动启动消防水泵运转一次，且应自动记录自动巡检情况，每月应检测记录。

③ 每日应对稳压泵的停泵启泵压力和启泵次数等进行检查和记录运行情况。

④ 每日应对柴油机消防水泵的启动电池的电量进行检测，每周应检查储油箱的储油量，每月应手动启动柴油机消防水泵运行一次。

⑤ 每季度应对消防水泵的出流量和压力进行一次试验。

⑥ 每月应对气压水罐的压力和有效容积等进行一次检测。

 问250：应多长时间对减压阀进行维护管理？

（1）每月应对减压阀组进行一次放水试验，并应检测和记录减压阀前后的压力，当不符合设计值时应采取满足系统要求的调试和维修等措施。

（2）每年应对减压阀的流量和压力进行一次试验。

 问251：阀门的维护管理有哪些规定？

（1）雨淋阀的附属电磁阀应每月检查并应做启动试验，动作失常时应及时更换。

（2）每月应对电动阀和电磁阀的供电和启闭性能进行检测。

（3）系统上所有的控制阀门均应采用铅封或锁链固定在开启或规定的状态，每月应对铅封、锁链进行一次检查，当有破坏或损坏时应及时修理更换。

（4）每季度应对室外阀门井中，进水管上的控制阀门进行一次检查，并应核实其处于全开启状态。

（5）每天应对水源控制阀、报警阀组进行外观检查，并应保证系统处于无故障状态。

（6）每季度应对系统所有的末端试水阀和报警阀的放水试验阀进行一次放水试验，并应检查系统启动、报警功能以及出水情况是否正常。

（7）在市政供水阀门处于完全开启状态时，每月应对倒流防止器的压差进行检测，并应符合国家现行标准《减压型倒流防止器》（GB/T 25178—2010）、《低阻力倒流防止器》（JB/T 11151—2011）和《双止回阀倒流防止器》（CJ/T 160—2010）等的有关规定。

 问252：室外地下消火栓系统如何进行维护管理？

地下消火栓应每季度进行一次检查保养，其主要内容如下。

（1）用专用扳手转动消火栓启闭杆，观察其灵活性。在必要时加注润滑油。

（2）检查橡胶垫圈等密封件是否有损坏、老化或丢失等情况。

（3）检查栓体外表油漆是否有脱落、锈蚀，如有应及时修补。

（4）入冬前检查消火栓的防冻设施完好与否。

（5）重点部位消火栓，每年应逐一进行一次出水试验，出水应符合压力要求。在检查中可使用压力表测试管网压力，或者连接水带作射水试验，检查管网压力正常与否。

（6）随时消除消火栓井周围和井内积存的杂物。

（7）地下消火栓应有明显标志，要保持室外消火栓配套器材及标志的完整有效。

 问253： **室内消火栓系统如何进行维护管理？**

（1）室内消火栓的维护管理。室内消火栓箱内应经常保持干燥、清洁，防止锈蚀、碰伤或者其他损坏。每半年至少进行一次全面的检查维修。主要有以下内容。

① 检查消火栓和消防卷盘供水闸阀是否渗漏水，如果渗漏水及时更换密封圈。

② 对消防水带、水枪、消防卷盘及其他配件进行检查，全部附件应齐全完好，卷盘转动灵活。

③ 检查消火栓启泵按钮、指示灯及控制线路，应功能正常、没有故障。

④ 消火栓箱及箱内装配的部件外观没有破损、涂层没有脱落，箱门玻璃完好无缺。

⑤ 对消火栓、供水阀门及消防卷盘等所有转动部位应定期加注润滑油。

（2）供水管路的维护管理。室外阀门井中，进水管上的控制阀门应每个季度检查一次，核实其处在全开启状态。系统上所有的控制阀门均应采用铅封或者锁链固定在开启或者规定的状态。每月应对铅封、锁链进行一次检查，当有破坏或者损坏时应及时修理更换。

① 对管路进行外观检查，如果有腐蚀、机械损伤等及时修复。

② 检查阀门有无漏水，并及时修复。

③ 室内消火栓设备管路上的阀门为常开阀，平时不得将其关闭，应检查其开启状态。

④ 检查管路的固定是否牢固，如果有松动及时加固。

问254：如何检查自动喷水灭火系统？

采用目测观察的方法，检查系统及其组件外观、阀门启闭状态、用电设备以及其控制装置工作状态以及压力监测装置（压力表、压力开关）工作情况。

（1）喷头。建筑使用管理单位按照以下要求对喷头进行巡查。

① 观察喷头与保护区域环境是否匹配，判定保护区域使用功能、危险性级别有无发生变更。

② 检查喷头外观是否有明显磕碰伤痕或者损坏，有无喷头漏水或者被拆除等情况。

③ 检查保护区域内是否有影响喷头正常使用的吊顶装修，或新增装饰物、隔断、高大家具以及其他障碍物；如果有上述情况，采用目测、尺量等方法，检查喷头保护面积和障碍物间距等是否发生变化。

（2）报警阀组。建筑使用管理单位按照以下要求对报警阀组进行巡查。

① 检查报警阀组的标志牌是否完好、清晰，阀体上水流指示永久性标识是否易于观察，方向和水流是否一致。

② 检查报警阀组组件齐全与否，表面有无裂纹、损伤等现象。

③ 检查报警阀组是否处于伺应状态，观察其组件是否有漏水等情况。

④ 检查报警阀组设置场所的排水设施是否有排水不畅或者积水等情况。

⑤ 检查干式报警阀组、预作用装置的充气设备、排气装置及其控制装置的外观标志是否有磨损、模糊等情况，相关设备及其通用阀门是否处于工作状态；控制装置外观是否有歪斜翘曲、磨损划

痕等情况，其监控信息显示是否准确。

⑥ 检查预作用装置、雨淋报警阀组的火灾探测传动、液（气）动传动及其控制装置、现场手动控制装置的外观标志是否有磨损、模糊等情况，控制装置外观有无歪斜翘曲、磨损划痕等情况，其显示信息准确与否。

（3）末端试水装置和试水阀巡查。建筑使用管理单位按照以下要求对末端试水装置、楼层试水阀进行巡查。

① 检查系统（区域）末端试水装置、楼层试水阀的设置位置是否便于操作和观察，是否有排水设施。

② 检查末端试水装置设置正确与否。

③ 检查末端试水装置压力表，是否能准确监测系统、保护区域最不利点静压值。

（4）系统供电巡查。建筑使用管理单位按照以下要求对系统供电情况进行巡查。

① 检查自动喷水灭火系统的消防水泵及稳压泵等用电设备配电控制柜，观察其电压、电流监测是否正常，水泵启动控制和主、备泵切换控制有无设置在"自动"位置。

② 检查系统监控设备供电是否正常，系统中的电磁阀、模块等用电元器（件）通电与否。

问255： 细水雾灭火系统巡查内容包括哪些?

细水雾灭火系统巡查内容主要包括：系统的主备电源接通情况；控制阀等各种阀门的外观及启闭状态；消防泵组、稳压泵外观及工作状态；系统储气瓶、储水瓶、储水箱的外观和工作环境；系统的标志和使用说明等标识状态；释放指示灯、报警控制器、喷头等组件的外观和工作状态；闭式系统末端试水装置的压力值；系统保护的防护区状况等。

问256： 如何巡查细水雾灭火系统?

采用目测观察的方法，检查系统及其各组件的外观、阀门启闭状态、用电设备及其控制装置的工作状态和压力监测装置（压力表、压力开关）的工作情况。如下为具体巡查要求。

（1）检查系统的消防水泵及稳压泵等用电设备配电控制柜，观察其电压、电流监测是否正常；检查系统监控设备供电是否正常，系统中的电磁阀、模块等用电元器件通电与否。

（2）检查高压泵组电机有无发热现象；检查水泵控制柜（盘）当控制面板及显示信号状态是否正常；检查稳压泵是否频繁启动；检查主出水阀是否处于打开状态；检查泵组连接管道有无渗漏滴水现象；检查水泵启动控制和主、备泵切换控制是否设置在"自动"位置。

（3）检查分区控制阀（组）等各种阀门的标志牌是否完好、清晰；检查阀体上水流指示永久性标志是否易于观察，与水流方向是否一致；检查分区控制阀上设置的对应于防护区或保护对象的永久性标识是否易于观察；检查分区控制阀组的各组件是否齐全，是否有损伤，有无漏水等情况；检查各个阀门是否处于常态位置。

（4）检查储气瓶、储水瓶和储水箱的外观是否无明显磕碰伤痕或损坏；检查储水箱的液位显示装置等是否正常工作；检查储气瓶、储水瓶等的压力显示装置是否状态正常；寒冷和严寒地区检查设置储水设备的房间温度是否低于5℃。

（5）检查释放指示灯、报警控制器等是否处在正常状态；检查喷头外观有无明显磕碰伤痕或者损坏，是否有喷头漏水或者被拆除、遮挡等情况。

（6）检查系统手动启动装置和瓶组式系统机械应急操作装置上的标识是否是否正确、完整、清晰，是否处于正确位置，是否与其所保护场所明确对应；检查设置系统的场所和系统手动操作位置处是否设有明显的系统操作说明。

（7）闭式系统末端试水装置的巡查。

（8）检查系统防护区的使用性质有无发生变化；检查防护区内有无影响喷头正常使用的吊顶装修；检查防护区内可燃物的数量及布置形式有无重大变化。

问257: 细水雾灭火系统维护管理后续要求有哪些?

（1）系统维护检查中发现问题后需要针对具体问题按照规定要求进行处理。比如更换受损的支吊架、喷头、更换阀门密封件；润滑控制阀门杆、清理过滤器等。

（2）系统检查及模拟试验完毕后将系统所有的阀门恢复工作状态。

（3）将检查和模拟试验的结果与以往的试验结果或者竣工验收的试验结果进行比较，查看其是否保持一致。

 问258: 如何进行干粉灭火系统的检查与维护管理?

（1）要在干粉灭火设备存放地点设详细的操作说明，工作人员必须严格遵守操作规程，对各部件勤检查，保证处于良好工作状态。

（2）动力气瓶要定期检查，测定气体压力和质量在规定的范围内与否。低于规定的数值时，要将漏气原因找出，立即更换或修复。

（3）要检查喷嘴的位置和方向是否正确，喷嘴上是否有积存污物。对于加密封措施的喷嘴，要检查密封是否完好。

（4）要检查阀门、减压阀、探测器以及压力表等部件是否处于正常的工作状态。

（5）干粉灭火剂应每隔 2～3 年进行开罐取样检查，将样品送往专业单位检测，如不符合性能标准的要求，要立即更换干粉灭火剂。

 问259: 如何进行气体灭火系统附加功能检查和保养?

对于新的系统，或对安装后长期未做检查的系统，应进行以下附加功能试验：对二氧化碳系统一般用压缩空气或者二氧此碳气体来试验；对七氟丙烷系统一般用氮气等气体来试验。

（1）对管道用压缩空气或者二氧化碳进行快速的短期喷气

试验。

（2）必要时，还可做一次短促喷射试验（通常施放设计喷射量的10%），以测定灭火施放时间、灭火剂达到的浓度、灭火剂的分布情况和保留时间等。但是在进行此项试验时，必须做好如下准备。

① 将控制盘的电源切断。

② 将试验用灭火剂容器上的瓶头释放装置以及操作管路装配好。

③ 将与试验容器连接的其他不试验的容器和其他无关的操作管路拆下，封死接头部分用管帽或封板。

④ 检查以上各项工作均符合试验要求之后，再接通控制盘等的电源。

以上准备工作完成后，可分别进行手动或者自动喷射试验。

实施灭火前，人员必须撤离防护区；喷放七氟丙烷之后应保持必需的灭火浸渍时间才可给防护区通风换气，开放门窗；防护区没有完成通风换气前，人员不得进入，必须进入时应戴防毒面具。

问260：　如何管理气体灭火系统？

（1）建立技术档案。气体灭火系统投入使用时，应具备系统及其主要组件的使用、维护说明书、系统维护检查记录表、系统工作流程图和操作规程、值班员守则和运行日志等文件，并应有电子备份档案，永久储存。建立系统设备使用技术档案，对其使用状况、维修检查与试验做详细记录。气体灭火系统应由通过专门培训，并经考试合格的专人负责定期检查和维护。

（2）月检的内容和要求

① 灭火剂储存容器及容器阀、单向阀、集流管、连接管、安全泄放装置、选择阀、阀驱动装置、喷嘴、信号反馈装置、检漏装置、减压装置等全部系统组件应没有碰撞变形及其他机械性损伤，表面应没有锈蚀，保护涂层应完好，铭牌及保护对象标志牌应清晰，手动操作装置的防护罩、铅封以及安全标志应完整。

② 灭火剂及驱动气体储存容器内的压力，不得小于设计储存

压力的 90％。

③ 预制灭火系统的设备状态与运行状况应正常。

（3）季检的内容和要求。应每季度对气体灭火系统进行 1 次全面检查。防护区的开口情况，可燃物的种类、分布情况，应符合设计规定；连接管应无变形、裂纹及老化，必要时，送法定质量检验机构进行检测或更换；储存装置间的设备、灭火剂输送管道和支、吊架的固定，应无松动；各喷嘴孔口应无堵塞；对高压二氧化碳储存容器逐个进行称重检查，灭火剂净重不得小于设计储存量的 90％；灭火剂输送管道有损伤及堵塞现象时，应进行严密性试验和吹扫。

（4）年检的内容和要求。每年进行 1 次年检。年检时，应当对每个防护区进行 1 次模拟启动试验，并应规范要求进行 1 次模拟喷气试验。要将每个储瓶卸下，进行称重检查，灭火剂净重损失大于5％的，要查明泄漏原因并且排除，当减少量至 10％以上时应补充（按编号各就各位复值）；从启动瓶头阀上将电磁启动器卸下，应用系统自身的灭火控制线路进行通电检查，应启动正常；对 O 形圈等橡胶密封件进行抽查，检查其是否损伤、老化，如出现老化现象，应请生产厂家全部实行更换。

（5）全面检查的内容和要求。每 5 年对系统进行一次全检，全检的主要内容有：将每个灭火剂储瓶卸下，进行称重检查；对管网系统进行强度和气密性试验；对管网阀件及启动瓶组件进行拆洗重装、重新试验；对全系统重新进行调试。低压二氧化碳灭火剂储存容器的维护管理应按国家现行标准《固定式压力容器安全技术监察规程》（TSGR 0004—2009）的规定执行；钢瓶的维护管理应按国家现行标准《气瓶安全监察规程》（TSGR 0006—2014）的规定执行。灭火剂输送管道耐压试验周期应按照《压力管道安全管理与监察规定》的规定执行。

问261：如何监督检查气体灭火系统？

（1）模拟启动实验

① 检查方法。将消防控制室的消防联动控制设备设置在自动

位置。将有关灭火剂储存容器上的驱动器关断，安上相适应的指示灯泡、压力表或者其他相应装置，在被试验防护区模拟两个独立的火灾信号。

② 合格要求。指示灯泡显示正常或者压力表测定的气压足以驱动容器阀和选择阀；有关的开口部位、通风空调设备以及有关的阀门等联动设备动作正常；有关声光报警装置均能发出符合设计要求的正常信号；延时阶段触发停止按钮，可终止气体灭火系统的自动控制。

（2）模拟喷气试验

① 检查方法。按防护区总数的 10％进行模拟喷气试验（不足 10 个按 10 个计）。卤代烷灭火系统宜采用氮气进行模拟喷气试验；二氧化碳灭火系统应采用二氧化碳灭火系统进行模拟喷气试验。把消防控制室的消防联动控制设备设置于自动位置。在被试验防护区模拟两个独立的火灾信号。

② 合格要求。试验气体喷入被试验防护区内，并且能从每个喷嘴喷出；有关声、光报警信号以及灭火剂喷放指示信号正确；有关的开口部位、通风空调设备以及有关的阀门等联动设备动作正常。

问262：灭火器的管理要求都有哪些？

（1）应根据现行国家标准《灭火器配置验收及检查规范》（GB 50444—2008）的要求配置。建筑设计单位在进行新建、扩建以及改建工程的消防设计时，应按照《灭火器配置设计规范》（GB 50444—2008）的要求将灭火器的配置类型、数量、规格以及位置纳入设计内容，并在工程设计图纸上标明。建设单位必须按批准的工程涉及文件和施工技术标准来配置灭火器。

（2）使用单位应当培训员工，保证每个员工都会正确使用灭火器。使用单位必须组织员工特别是岗位责任人接受灭火器维护管理和使用操作的培训教育，适时组织灭火演练，确保每个员工都会正确使用灭火器，单位还应当保存培训及演练情况的记录。

问263：灭火器如何进行检查及维修？

（1）灭火器生产厂家应当提供安装、操作和维护保养的说明及维修手册。每具灭火器应提供一份使用者手册，其内容应有灭火器的安装、操作以及维护保养的说明、警告和提示。对灭火器的维修及再充装应提示阅读生产厂的维修手册。

生产厂应为每种类型灭火器备有维修手册，当有要求时应可以附送。其内容应有必要的说明、警告以及提示，维修时对设备的要求和说明，推荐维修的说明，同时应有易损零部件的数量、名称。对装有显示内部压力指示器的灭火器，还应指明装在灭火器上的压力指示器不能作为充装压力时的计量压力；若用高压气瓶作充装压力，还应说明应使用调压阀等。

（2）灭火器的功能性检查及维修应由相关技术人员负责。使用单位必须加强对灭火器的日常管理和维护，建立维护管理档案，明确维护管理责任人。应当定期对灭火器进行维护检查。单位应当至少每12个月组织或者委托维修单位对所有灭火器进行一次功能性检查。灭火器的检查按照表5-2的要求每月进行一次检查，而特殊场所每半月进行一次检查；灭火器的维修期限应符合表5-3的规定。

表 5-2　灭火器检查内容、要求及记录

检查内容和要求		检查记录	检查结论
配置检查	①灭火器应放置在配置图表规定的设置点位置 ②灭火器的落地、托架、挂钩等设置方式应符合配置设计要求。手提式灭火器的挂钩、托架安装后应能承受一定的静载荷，不应出现松动、脱落、断裂和明显变形 ③灭火器的铭牌应朝外，器头宜向上 ④灭火器的类型、规格、灭火级别和配置数量应符合配置设计要求 ⑤检查灭火器配置场所的使用性质，包括可燃物的种类和物态等，是否发生变化 ⑥检查灭火器是否达到送修条件和维修期限 ⑦检查灭火器是否达到报废条件和报废期限 ⑧室外灭火器应有防雨、防晒等保护措施 ⑨灭火器周围不应有障碍物、遮挡、挂系等影响取用的现象 ⑩灭火器箱不应上锁，箱内应干燥、清洁 ⑪特殊场所中灭火器的保护措施应完好 ⑫灭火器的铭牌应无残缺，清晰明了		

检查内容和要求		检查记录	检查结论
外观检查	⑬灭火器铭牌上关于灭火剂、驱动气体的种类、充装压力、总质量、灭火级别、制造厂名和生产日期或维修日期等标志及操作说明应齐全 ⑭灭火器的铅封、销闩等保险装置应未损坏或遗失 ⑮灭火器的筒体应无明显的损伤(磕伤、划伤)、缺陷、锈蚀(特别是筒底和焊缝)、泄漏 ⑯灭火器喷射软管应完好,无明显龟裂,喷嘴不堵塞 ⑰灭火器的驱动气体压力应在工作压力范围内(储压式灭火器查看压力指示器是否指示在绿区范围内,二氧化碳灭火器和储气瓶式灭火器可用称重法检查) ⑱灭火器的零部件应齐全,无松动、脱落或损伤 ⑲灭火器应未开启、喷射过		

表 5-3　灭火器的维修期限

灭火器类型		维修期限
水基型灭火器	手提式水基型灭火器	出厂期满三年 首次维修以后每满一年
	推车式水基型灭火器	
干粉灭火器	手提式(储压式)干粉灭火器	出厂期满五年 首次维修以后每满二年
	手提式(储气瓶式)干粉灭火器	
	推车式(储压式)干粉灭火器	
	推车式(储气瓶式)干粉灭火器	
洁净气体灭火器	手提式洁净气体灭火器	
	推车式洁净气体灭火器	
二氧化碳灭火器	手提式二氧化碳灭火器	
	推车式二氧化碳灭火器	

（3）灭火器报废后，应按等效替代的原则进行更换。

 问264：灭火器的报废如何处置？

（1）应当淘汰的灭火器。根据国家有关规定，化学泡沫型灭火器、酸碱型灭火器、倒置使用型灭火器、氯溴甲烷灭火器、四氯化碳灭火器以及国家政策明令淘汰的其他类型灭火器（如 1211 灭火器），都应当淘汰。

（2）应当报废的灭火器。对于筒体严重锈蚀（锈蚀面积大于等于筒体总面积的 1/3，表面产生凹坑）的灭火器；器头存在裂纹、无泄压机构的灭火器；筒体明显变形，机械损伤严重的灭火器；筒体为平底等结构不合理的灭火器；没有间歇喷射机构的手提式灭火器；没有生产厂名称及出厂年月的（含铭牌脱落，或虽有铭牌，但已看不清生产厂名称，或出厂年月钢印无法识别的）灭火器；筒体有锡焊、铜焊或者补缀等修补痕迹的灭火器；被火烧过的灭火器，都应做报废处置。灭火器出厂时间达到或者超过表 5-4 规定的报废期限时的灭火器也应当淘汰。

表 5-4　灭火器的报废期限

灭火器类型		报废期限/年
水基型灭火器	手提式水基型灭火器	6
	推车式水基型灭火器	
干粉灭火器	手提式（储压式）干粉灭火器	10
	手提式（储气瓶式）干粉灭火器	
	推车式（储压式）干粉灭火器	
	推车式（储气瓶式）干粉灭火器	
洁净气体灭火器	手提式洁净气体灭火器	
	推车式洁净气体灭火器	
二氧化碳灭火器	手提式二氧化碳灭火器	12
	推车式二氧化碳灭火器	

问265： **消防应急照明和疏散指示标志系统如何维护管理？**

系统在日常管理过程中应当保持系统连续正常运行，不得随意中断；系统内的产品寿命应符合国家有关标准要求，达到寿命极限的产品应及时更换；定期使系统进行自放电，更换应急放电时间小于 30min（超高层小于 60min）的产品或者更换其电池；当消防应急标志灯具的表面亮度小于 15cd/m^2 时，应马上进行更换。

每月检查消防应急灯具，若发出故障信号或不能转入应急工作状态，应及时检查电池电压，若电池电压过低，应及时更换电池；若光源无法点亮或有其他故障，应及时通知产品制造商的维护人员进行维修或更换。

每月检查应急照明集中电源和应急照明控制器的状态；若发现故障声光信号应及时通知产品制造商的维护人员进行维修或更换。

每季度检查和试验系统的以下功能。

（1）检查消防应急灯具、应急照明集中电源以及应急照明控制器的指示状态。

（2）检查转入应急工作状态的控制功能。

（3）检查应急工作时间。

值班人员如果发现故障，应及时进行维护、更换。除常见的灯具故障之外，设备的维修应由专业维修人员负责。常见故障及其检查方法如下。

（1）主电源故障：检查输入电源完好与否，熔丝有无烧断，接触是否不良等。

（2）备用电源故障：检查充电装置，电池损坏与否，连线有无断线。

（3）灯具故障：检测灯具控制器、光源、电池完好与否，如有损坏，应对此灯具故障部分及时更换。

（4）回路通信故障：检查该回路从主机到灯具的接线是否完好，灯具控制器是否有损坏。

（5）其他故障：对于一时排除不了的故障，应当立即通知有关专业维修单位，以便尽快修复，恢复正常工作。

每年检查和试验系统的以下功能。

（1）除季检查内容外，还应当对电池做容量检测试验。

（2）试验应急功能。

（3）试验自动和手动应急功能，进行和火灾自动报警系统的联动试验。

问266：高、中倍数泡沫灭火系统的维护管理和使用如何进行？

要有效地扑灭各种火灾，就必须确保各种灭火设施完整好用。

要充分发挥高、中倍数泡沫灭火系统的作用，也就必须把它管理好，使其时刻处于良好的战备状态，确保火灾时能充分发挥其高效的灭火作用。

(1) 设计注意事项

① 全淹没式高倍数泡沫产生器应设在便于泡沫流散至整个保护空间的安全地点。如果设在火灾危险性较大地点，应有保护设施，以避免着火爆炸对泡沫发生器（或输送混合液管路）的破坏。

② 局部应用高倍数泡沫发生器应设在泡沫消防车容易到达，并且便于操作的地点。在设有局部应用式高倍数泡沫发生器的建筑物室外，应设置室外消火栓，消火栓到发生器接口的距离不应超过40m，方便火场使用。

③ 全淹没式高倍数泡沫灭火系统，宜设有自动报警、自动关闭房间各开口部位以及远距离启动的设备。

④ 采用移动式高倍数泡沫灭火系统灭火的房间、矿井、地下室以及洞室等，应设有泡沫喷射口，以便消防人员向保护空间内喷射高倍数泡沫，有效地将火灾扑灭。

(2) 高倍数泡沫灭火系统的管理。高倍数泡沫灭火系统的管理应注意下列几点。

① 设有全淹没式或者局部应用式的高倍数泡沫灭火系统的企业单位，应设专人值勤和维护。

② 制订值班制度及操作规程，并严格执行。

③ 经常保持泡沫发生器的清洁卫生和机件的润滑。高倍数泡沫发生器是此系统的关键部件，其喷嘴的畅通、网孔的完整和清洁、喷头座的润滑，直接关系到泡沫发生器是否能产生泡沫以及泡沫的质量。所以要定期疏通喷嘴、清洗网孔和润滑喷头座。

④ 经常检查水源、水泵充水设备和动力可靠与否，局部应用式泡沫发生器接口及消火栓是否良好可用。

⑤ 定期检查泡沫液的质量符合要求与否。

⑥ 消防泵的运行管理要求、管路的维护要求相同于低倍数泡沫灭火系统的要求。

(3) 应用注意事项。因为高倍数泡沫是发泡倍数为201～1000倍的空气泡沫，它的泡沫群体质量很小，每立方米的高倍数泡沫大约 1.5～3.5kg，所以容易受风的作用而飞散，造成堆积和流动困难，使泡沫不能尽快地覆盖和淹没着火物质，影响了灭火性能，在严重时会使灭火失败；中倍数泡沫虽然比高倍数泡沫重些，试验证明，风速和风向对泡沫发生器产生泡沫及泡沫的分布同样有不利影响。因此，要求发生器在室外或坑道应用时，应采取防风措施，并应注意下列几点。

① 如在泡沫发生器的发泡网周围增设挡风装置时，其挡板应与发泡网有一定的距离，使之不影响泡沫的发生或者损坏泡沫。

② 如在矿井或地下建筑使用泡沫发生器时，因为发生火灾的部位千变万化，无论是竖井、斜井还是地下场所发生火灾，火的风压都很大，泡沫较难达到起火物体的根部，所以可在泡沫发生器前增设导泡筒，让泡沫沿导泡筒输送至火灾部位，达到扑灭火灾的目的。

 问267： **火灾自动报警系统系统检测的内容包括哪些?**

系统检测内容包括系统中以下装置的安装位置、施工质量和功能，其功能应符合设计文件的要求。

（1）火灾报警系统装置（包括各种火灾探测器、火灾报警控制器、手动火灾报警按钮以及区域显示器等）。

（2）消防联动控制系统［含消防联动控制器、防火卷帘控制器、气体（泡沫）灭火控制器、防火门监控器、消防电气控制装置、消防应急广播控制设备、消防设备应急电源、消防专用电话、传输设备（火灾报警传输设备或用户信息传输装置）、消防控制室图形显示装置、消防电动装置、模块以及消火栓按钮等设备］。

（3）自动灭火系统控制装置（包括自动喷水、气体、干粉以及泡沫等固定灭火系统的控制装置）。

（4）通风空调、防烟排烟及电动防火阀等控制装置。

（5）消火栓系统的控制装置。

（6）防火门监控器、防火卷帘控制器。

（7）火灾警报装置。

（8）消防电梯和非消防电梯的回降控制装置。

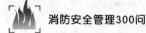

（9）消防应急照明和疏散指示控制装置。

（10）电动阀控制装置。

（11）切断非消防电源的控制装置。

（12）系统内的其他消防控制装置。

（13）消防联网通信。

（14）可燃气体报警探测系统装置（包括可燃气体探测器与可燃气体报警控制器等）。

（15）电气火灾监控系统装置（包括电气火灾监控探测器与电气火灾监控设备等）。

6 消防安全检查与火灾事故处置

6.1 消防安全检查

 问268： 消防安全检查的作用都有哪些？

消防安全检查的作用，主要是通过实施检查活动而表现出来的。

（1）通过开展消防安全检查能够督促各种消防规章、规范和措施的贯彻落实。同时，对执行情况可以及时反馈给制订规章的领导机关，使领导机关可根据执行情况提出改进、推广或总结提高的措施。

（2）通过开展消防安全检查，能够及时发现所属单位及其下属单位和职工在生产和生活中存在的火灾隐患，督促各有关单位和职工本人按规范及规章的要求进行整改或采取其他补救措施，从而消除火灾隐患，避免火灾事故的发生。

（3）通过开展消防安全检查还可体现上级领导对消防工作的重视程度和对人民群众生命、财产的关心、爱护以及高度负责的精神，使职工群众看到消防安全工作的重要性；同时在检查过程中发现隐患、举证隐患，能够起到宣传消防安全知识的作用，从而提高领导干部和群众的防火警惕性，督促他们自觉能够做好防火安全工作，做到防患于未然。

（4）通过消防安全检查，可提供司法证据。在开展消防安全检查的活动中，通过填写消防安全检查记录表和火灾隐患整改报告、公安消防机关签发的《火灾隐患责令当场改正通知书》《火灾隐患责令限期改正通知书》以及《火灾隐患责令整改通知书》等文书，在一定的时间和场合便是最好的司法证据，在法律上起着其他任何证据都难以替代的作用。

（5）通过开展消防安全检查，对所提出的整改意见及拟订的整改计划，经过反复论证，选择出认为是最科学、最简便以及最经济的最佳方案，可以使企业或公民个人以尽可能少的资金达到消除隐患的目的。同时，通过检查及时发现并整改了隐患，杜绝了火灾的发生，或将火灾消灭在萌芽状态，从而避免经济损失，也就收到了经济效益。

 问269： **政府消防安全检查的组织形式和其要求及内容都有哪些?**

（1）政府消防安全检查的组织形式

① 政府领导挂帅，组织有关部门参加的对所属消防安全工作的考评检查。

② 以政府名义组织，由消防监督机关牵头，政府有关部门参加的联合消防安全检查。

③ 以消防安全委员会的名义组织政府有关部门参加的消防安全检查。

（2）政府消防安全检查的内容

① 消防监督管理职责。

② 涉及消防安全的行政许可、审批职责。

③ 开展消防安全检查，督促主管的单位整改火灾隐患的职责。

④ 城乡消防规划、公共消防设施建设及管理职责。

⑤ 多种形式消防队伍建设职责。

⑥ 消防宣传教育职责。

⑦ 消防经费保障职责。

⑧ 其他依照法律、法规应当落实的消防安全职责。

（3）政府消防安全检查的要求

① 地方各级人民政府对有关部门履行消防安全职责的情况检查之后，应当及时予以通报。对不依法履行消防安全职责的部门，

应责令限期改正。

②县级以上地方人民政府的国家资产管理委员会、教育、民政、铁路、交通运输、文化、农业、卫生、广播电视、体育、旅游、文物以及人防等部门和单位，应当建立健全监督制度，根据本行业及本系统的特点，有针对性地开展消防安全检查，及时督促整改火灾隐患。

③对于公安机关消防机构检查发现的火灾隐患，政府各有关部门应采取措施，督促有关单位整改。

④县级以上人民政府对公安机关依据《消防法》第70条第5款报请的对经济及社会生活影响比较大的涉及供水、供热、供气以及供电的重要企业、重点基建工程、交通、通信、广电枢纽、大型商场等重要场所，以及其他对经济建设和社会生活构成重大影响事项的责令停产停业、停止使用、停止施工处罚的请示，应在10个工作日内做出明确批复，并组织公安机关等有关部门实施。

⑤对各级人民政府有关部门的工作人员不履行消防工作职责，对涉及消防安全的事项未按照法律、法规规定实施审批、监督检查的，或对重大火灾隐患督促整改不力的，尚不构成犯罪的，依法给予处分。

 问270：公安机关消防机构消防监督检查如何分类？

根据《消防法》的规定，公安机关消防机构所实施的监督检查，按照检查的对象和性质，通常有下列5种。

（1）对公众聚集场所在投入使用、营业前的消防安全检查。

（2）对单位履行法定消防安全职责情况的监督抽查。

（3）对举报投诉的消防安全违法行为的核查。

（4）对大型群众性活动举办前的消防安全检查。

（5）根据需要进行的其他消防监督检查。

问271：公安机关消防机构消防监督检查如何分工？

（1）直辖市、市（地区、州、盟）、县（市辖区、县级市、旗）公安机关消防机构具体实施消防监督检查。

（2）公安派出所可以实施对居民住宅区的物业服务企业、居民委员会、村民委员会履行消防安全职责的情况以及上级公安机关确定的未设自动消防设施的部分非消防安全重点单位的日常消防监督检查。

（3）上级公安机关消防机构应当对下级公安机关消防机构实施消防监督检查的情况进行指导和监督。

（4）公安机关消防机构应对公安派出所开展日常消防监督检查工作进行指导，定期对公安派出所民警进行消防监督业务培训。

（5）县级公安机关消防机构应当落实消防监督员，分片负责指导公安派出所共同做好辖区消防监督工作。

 问272： 消防监督检查有哪些方式？

公安机关消防机构对单位履行消防安全职责的情况进行监督检查，可通过以下基本方式进行。

（1）询问单位消防安全责任人、消防安全管理人以及有关从业人员。

（2）查阅单位消防安全工作有关文件及资料。

（3）抽查建筑疏散通道、安全出口、消防车通道保持畅通，以及防火分区改变、防火间距占用情况。

（4）实地检查建筑消防设施的运行情况。

（5）根据需要采取的其他方式。

 问273： 消防监督检查有哪些内容？

消防监督检查的内容根据检查对象和形式确定。

（1）对单位履行法定消防安全职责情况监督抽查的内容。公安机关消防机构，应结合单位履行消防安全职责情况的记录，每季度制订消防监督检查计划，对单位遵守消防法律以及法规的情况；单位建筑物及其有关消防设施符合消防技术标准及管理规定的情况进行抽样检查。对单位履行法定消防安全职责情况的监督检查，应针对单位的实际情况检查以下内容。

① 建筑物或者场所是否依法通过消防验收或者进行竣工验收消防备案，公众聚集场所是否通过投入使用、营业前的消防安全检查。

② 建筑物或者场所的使用情况是否与消防验收或者进行竣工验收消防备案时确定的使用性质相符。

③ 消防安全制度、灭火和应急疏散预案是否制订。

④ 消防设施、器材和消防安全标志是否定期组织维修保养，是否完好有效。

⑤ 电器线路、燃气管路是否定期维护保养、检测。

⑥ 疏散通道、安全出口、消防车通道是否畅通，防火分区是否改变，防火间距是否被占用。

⑦ 是否组织防火检查、消防演练和员工消防安全教育培训，自动消防系统操作人员是否持证上岗。

⑧ 生产、储存、经营易燃易爆危险品的场所是否与居住场所设置在同一建筑物内。

⑨ 生产、储存、经营其他物品的场所与居住场所设置在同一建筑物内的，是否符合消防技术标准。

⑩ 其他依法需要检查的内容。

对人员密集场所还应当抽查室内装修材料是否符合消防技术标准、外墙门窗上是否设置影响逃生和灭火救援的障碍物。

（2）对消防安全重点单位检查的内容。对消防安全重点单位履行法定消防安全职责情况的监督检查，除消防监督抽查的内容外，还应当检查以下内容。

① 是否确定消防安全管理人。

② 是否开展每日防火巡查并建立巡查记录。

③ 是否定期组织消防安全培训和消防演练。

④ 是否建立消防档案、确定消防安全重点部位。

对属于人员密集场所的消防安全重点单位，还应当检查单位灭火和应急疏散预案中承担灭火和组织疏散任务的人员是否确定。

（3）大型人员密集场所及特殊建设工地监督检查的内容。对大型密集场所及特殊建设工程的施工工地进行消防监督抽查，应重点检查施工单位履行以下消防安全职责的情况。

① 是否明确施工现场消防安全管理人员，是否制订施工现场消防安全制度、灭火和应急疏散预案。

② 在建工程内是否设置人员住宿、可燃材料及易燃易爆危险品储存等场所。

③ 是否设置临时消防给水系统、临时消防应急照明，是否配备消防器材，并确保完好有效。

④ 是否设有消防车通道并畅通。

⑤ 是否组织员工消防安全教育培训和消防演练。

⑥ 施工现场人员宿舍、办公用房的建筑构件燃烧性能、安全疏散是否符合消防技术标准。

（4）大型群众性活动举办前活动现场消防安全检查的内容

① 室内活动使用的建筑物（场所）是否依法通过消防验收或者进行竣工验收消防备案，公众聚集场所是否通过使用、营业前的消防安全检查。

② 临时搭建的建筑物是否符合消防安全要求。

③ 是否制订灭火和应急疏散预案并组织演练。

④ 是否明确消防安全责任分工并确定消防安全管理人员。

⑤ 活动现场消防设施、器材是否配备齐全并完好有效。

⑥ 活动现场的疏散通道、安全出口和消防车通道是否畅通。

⑦ 活动现场的疏散指示标志和应急照明是否符合消防技术标准并完好有效。

（5）错时监督抽查的内容。错时消防监督抽查指的是公安机关消防机构针对特殊监督对象，把监督执法警力部署到火灾高发时段及高发部位，在正常工作时间以外时段开展的消防监督抽查。实施错时消防监督抽查，公安机关消防机构可以会同治安、教育以及文化等部门联合开展，也可以邀请新闻媒体参加，但检查结果应当通过适当方式予以通报或者向社会公布。公安机关消防机构夜间对营业的公众聚集场所进行消防监督抽查时，应重点检查单位履行以下消防安全职责的情况。

① 自动消防系统操作人员是否在岗在位，是否持证上岗。

② 消防设施正常运行是否，疏散指示标志和应急照明是否完好有效。

③ 场所疏散通道及安全出口是否畅通。

④ 防火巡查是否按照规定开展。

问274：人员密集场所消防监督检查要点都有哪些?

（1）单位消防安全管理检查

① 消防安全组织机构健全。

② 消防安全管理制度完善。

③ 日常消防安全管理落实。火灾危险部位有严格的管理措施；定期组织防火检查及巡查，能够及时发现和消除火灾隐患。

④ 重点岗位人员经专门培训，持证上岗。员工会报警、会灭初期火灾以及会组织人员疏散。

⑤ 对消防设施定期检查、检测、维护保养，并且有详细完整的记录。

⑥ 灭火和应急疏散预案完备，并且有定期演练的记录。

⑦ 单位火警处置及时准确。对于设有火灾自动报警系统的场所，随机选择一个探测器吹烟或手动报警，发出警报之后，值班员或专（兼）职消防员携带手提式灭火器到现场确认，并及时向消防控制室报告。值班员或者专（兼）职消防员会正确使用灭火器、消防软管卷盘以及室内消火栓等扑救初期火灾。

（2）消防控制室检查要点

① 值班员不少于2人，经过培训，持证上岗。

② 有每日值班记录，记录完整准确。

③ 有设备检查记录，记录完整准确。

④ 值班员能熟练掌握《消防控制室管理及应急程序》，可以熟练操作消防控制设备。

⑤ 消防控制设备处于正常运行状态，能正确显示火灾报警信号及消防设施的动作、状态信号，能正确打印有关信息。

（3）防火分隔设施检查要点

① 防火分区和防火分隔设施满足要求。

② 防火卷帘下方无障碍物。自动、手动启动防火卷帘，卷帘能够下落至地板面，反馈信号正确。

③ 管道井、电缆井，以及管道、电缆穿越楼板和墙体处的孔洞应封堵密实。

④ 厨房、配电室、锅炉房以及柴油发电机房等火灾危险性较大的部位与周围其他场所采取严格的防火分隔，并且有严密的火灾防范措施和严格的消防安全管理制度。

（4）人员安全疏散系统检查要点

① 疏散指示标志及应急照明灯的数量、类型以及安装高度符合要求，疏散指示标志能在疏散路线上明显看到，并且明确指向安全出口。

② 应急照明灯主、备用电源切换功能正常，将主电源切断后，应急照明灯能正常发光。

③ 火灾应急广播可以分区播放，正确引导人员疏散。

④ 封闭楼梯、防烟楼梯及其前室的防火门向疏散方向开启，具有自闭功能，并且处于常闭状态；平时由于频繁使用需要常开的防火门能自动、手动关闭；平时需要控制人员随意出入的疏散门，不用任何工具可从内部开启，并有明显标识和使用提示；常开防火门的启闭状态在消防控制室能够正确显示。

⑤ 安全出口、疏散通道、楼梯间保持畅通，未锁闭，无任何物品堆放。

（5）火灾自动报警系统检查要点

① 检查故障报警功能。摘掉一个探测器，控制设备能够正确显示故障报警信号。

② 检查火灾报警功能。任选一个探测器进行吹烟，控制设备能够正确显示火灾报警信号。

③ 检查火警优先功能。摘掉一个探测器，同时给另一探测器吹烟，控制设备能够优先显示火灾报警信号。

④ 检查消防电话通话情况。在消防控制室和水泵房及发电机房等处使用消防电话，消防控制室与相关场所能相互正常通话。

（6）湿式自动喷水灭火系统检查要点

① 报警阀组件完整，报警阀前后的阀门、通向延时器的阀门处在开启状态。

② 对自动喷水灭火系统进行末端试水。把消防控制室联动控

制设备设置在自动位置,任选一楼层,进行末端试水,水流指示器动作,控制设备可以正确显示水流报警信号;压力开关动作,水力警铃发出警报,喷淋泵启动,控制设备能正确显示压力开关动作和启泵信号。

(7)消火栓、水泵接合器检查要点

① 室内消火栓箱内的水枪及水带等配件齐全,水带与接口绑扎牢固。

② 检查系统功能。任选一个室内消火栓,将水带、水枪接好,水枪出水正常;把消防控制室联动控制设备设置在自动位置,按下消火栓箱内的启泵按钮,消火栓泵启动,控制设备能够正确显示启泵信号,水枪出水正常。

③ 室外消火栓不被埋压、圈占以及遮挡,标识明显,有专用开启工具,阀门开启灵活、方便,出水正常。

④ 水泵接合器不被埋压、圈占、遮挡,标识明显,并且标明供水系统的类型及供水范围。

(8)消防水泵房、给水管道、储水设施检查要点

① 配电柜上控制消火栓泵、喷淋泵以及稳压(增压)泵的开关设置在自动(接通)位置。

② 消火栓泵及喷淋泵进、出水管阀门,高位消防水箱出水管上的阀门,以及自动喷水灭火系统、消火栓系统管道上的阀门保持常开。

③ 高位消防水箱、消防水池以及气压水罐等消防储水设施的水量达到规定的水位。

④ 北方寒冷地区的高位消防水箱及室内外消防管道有防冻措施。

(9)防烟排烟系统检查要点

① 检查加压送风系统。自动、手动启动加压送风系统,相关送风口开启,送风机启动,送风正常,且反馈信号正确。

② 检查排烟系统。自动、手动启动排烟系统,相关排烟口开启,排烟风机启动,排风正常,且反馈信号正确。

(10)灭火器检查要点

① 灭火器配置类型正确,若有固体可燃物的场所配有能扑灭A类火灾的灭火器。

② 储压式灭火器压力满足要求，压力表指针在绿区。

③ 灭火器设置在明显和方便取用的地点，不影响安全疏散。

④ 灭火器有定期维护检查的记录。

（11）室内装修检查要点

① 疏散楼梯间及其前室和安全出口的门厅，其顶棚、墙面以及地面采用不燃材料装修。

② 房间、走道的顶棚、墙面以及地面使用符合规范规定的装修材料。

③ 疏散走道两侧和安全出口附近无误导人员安全疏散的反光镜子及玻璃等装修材料。

（12）外墙及屋顶保温材料和装修检查要点

① 了解掌握建筑外墙及屋顶保温系统构造和材料使用情况。

② 了解外墙及屋顶使用易燃可燃保温材料的建筑，其楼板与外保温系统之间的防火分隔或封堵情况，以及外墙和屋顶最外保护层材料的燃烧性能。

③ 对外墙和屋顶使用易燃可燃保温、防水材料的建筑，有严格的动火管理制度及严密的火灾防范措施。

（13）消防监督检查其他检查要点

① 消防主、备电源供电以及自动切换正常。切换主、备电源，检查其供电功能，设备运行正常。

② 电气设备、燃气用具、开关、插座以及照明灯具等的设置和使用，以及电气线路、燃气管道等的材质和敷设满足要求。

③ 室内可燃气体、液体管道采用金属管道，并且设有紧急事故切断阀。

④ 防火间距符合要求。

⑤ 消防车道符合要求。

 问275： 消防监督检查的步骤有哪些？

工作程序的正确与否，会对工作效果的好坏有着十分重要的影响。工作程序正确往往会收到事半功倍的效果，反之则不然。根据实践，消防安全检查应当按下列程序进行。

（1）拟订计划。在进行消防监督检查前，要首先拟订检查计划，确定检查目标和主要目的，根据检查目标及检查目的，选抽各类人员组成检查组织；确定被检查的单位，进行时间安排；将检查的主要内容明确，并提出检查过程中的要求。

（2）检查准备。在实施消防监督检查前，负责检查的有关人员，应当对所要检查的单位或部位的基本情况有所了解。若被检查单位所在位置及四邻单位情况，单位的消防安全责任人、管理人以及安全保卫部门负责人、专职防火干部情况，生产工艺及原料、产品、半成品的性质，火灾危险性类别及储存和使用情况，重点要害部位的情况，以往火灾隐患的查处情况和是否有火灾发生的情况等，均应有一个基本的了解。必要时还应当对所要检查单位、部位的检查项目一一列出消防安全检查表，防止检查时有所遗漏。

（3）联系接洽。在具体实施消防监督检查前，应当与被检查单位进行联系。联系的部门通常是被检查单位的消防安全管理部门或者专职的消防安全管理人员或者是基层单位的负责人。把检查的目的、内容、时间以及需要哪一级领导人参加或接待等需要被检查单位做的工作告知被检查单位，以便单位有所准备和接待上的安排。但是不宜通知过早，以防造假应付。在必要时也可采取突然袭击的方式进行检查，以利问题的发现。

与被检查单位的接待人员接洽时，应当首先自我介绍，并应主动出示证件，向接待的有关负责人重申本次检查的目的、内容以及要求。在检查过程中，一般情况下被检查单位的消防安全责任人或者管理人，以及消防安全管理部门的负责人和防火安全管理人员都应当参加。

（4）情况介绍。在具体实施实地检查前，首先要听取被检查单位有关的情况汇报。汇报通常由被检查单位的消防安全责任人或者消防安全管理部门的负责人介绍。汇报及介绍的主要内容应包括：消防安全制度的建立和执行情况；本单位的消防工作基本概况、消防安全管理的领导分工情况；消防安全组织的建立和活动情况；职工的消防安全教育情况；工业企业单位的生产工艺过程和产品的变更情况；是否有火灾等情况；上次检查发现的火灾隐患的整改情况及未整改的理由；消防工作的奖惩情况；其他有关防火灭火的重要情况等内容。

（5）实地检查。在汇报和介绍完情况后，被检查单位应当派熟悉单位情况的负责人或者其他人员等陪同上级消防安全检查人员深入到单位的实际现场进行实地检查，以协助消防安全检查人员发现问题，并要随时回答检查人员提出的问题。亦可随时质疑检查人员提出的问题。

在对被检查单位的消防安全工作情况进行实地检查时，应当从显要的并在逻辑上的必然地点开始。在通常情况下，应根据生产工艺过程的顺序，从原料的储存、准备，到最终产品的包装入库等整个过程进行，特殊情况也可以例外。但是，无论情况如何，消防安全检查人员不可只是跟随陪同人员简单观察，而必须是整个检查过程的主导；不能假定某个部位没有火灾危险而不去检查。疏散通道的每一扇门均应打开检查，对锁着的疏散门应要求陪同人员通知有关人员开锁。

（6）检查评议，填写法律文书。检查评议，就是将在实地检查中听到及看到的情况，进行综合分析，最后做出结论，提出整改意见及对策。对出具的《消防安全检查意见书》《责令当场改正书》以及《责令限期改正通知书》等法律文书，要抓住主要矛盾，情况概括要全面，归纳要条理，用词要准确，并且要充分听取被检查单位的意见。

（7）总结汇报，提出书面报告。消防安全检查工作结束，应对整个检查工作进行总结。总结要全面、系统，对好的单位要给予表扬及适当奖励，对差的单位应当给予批评，对检查中发现的重大火灾隐患，应通报督促整改。

（8）复查督促整改和验收。对于公安机关机构在监督检查中发现的火灾隐患，在整改过程中，消防部门应现场检查，督促整改避免出现新隐患。整改期限届满或单位申请时，消防监督部门应主动或者在接到申请后及时（通常2天内）前往复查。

问276： 消防监督检查的要求有哪些？

根据多年的实践，公安机关消防机构进行消防监督检查应注意下列几点。

(1) 检查人员应当具备一定的素质。消防监督检查人员应具有一定的素养,具备一定的知识结构,不能随便安排一个人就能够充当消防安全检查人员。公安消防监督检查人员必须是经公安部统一组织考试合格,并且具有监督检查资格的专业人员。一般消防安全检查人员应当具备下列知识结构。

① 应当具有一定的政治素养及正派的人品。所谓政治素养就是有为人民服务的思想,有满腔热忱和对技术精益求精的工作态度,有严格的组织纪律性和拒腐蚀、不贪财的素养。要具备这些素养,就不能够见到好的东西就想跟被检查单位要,就不能够几杯酒下肚就信口开河,就不能够接受特殊招待。

② 应当具有一定的专业知识。消防监督检查所需要的专业知识主要包括:建筑防火知识、火灾燃烧知识、电气防火知识、危险物品防火知识、生产工艺防火知识、消防安全管理知识和公共场所管理知识,以及灭火剂、灭火器械和灭火设施系统知识、消防法等同消防安全有关的行政法规知识等。

③ 应当具有一定的社交协调能力和满足社会行为规范的举止。消防监督检查不仅仅是一项专业工作,它所面对的工作对象是各种不同的企业事业单位或者是机关团体,或是不同的社会组织。它所代表的是上级领导机关或是国家政府机关的行为,因此,消防监督检查人员还应当具有一定的社会交际能力,其言谈、举止以及着装等,都应当符合社会行为规范。

(2) 发现问题要随时解答,并说明理由。在实地检查过程中,要注意提出并解释问题,引导陪同人员解释所观察到的情况。每发现一处火灾隐患,均要给被检查单位解释清楚,为什么说它是火灾隐患,它如何会导致火灾或造成人员伤亡,应当怎样消除或减少和避免此类火灾隐患等。对发现的每一处不寻常的作业和新工艺、新产品和所使用的新原料(包括温度、压力、浓度配比等新的工艺条件、新的原料产品的特性)等值得提及的问题,均要记录下来,并分项予以说明,以供今后参考。当被检查单位提出质疑的问题时,能回答的尽量予以回答;若难以回答,则应当直率地告诉对方,"此问题我还不太清楚,待我弄清楚后再告诉你",但事后一定找出答案，并及时告诉对方。不可不懂装懂，装腔作势，信口蒙人。

（3）提出问题不可使用"委婉之术"。对在消防监督检查中发现的火灾隐患或者不安全因素，应当非常慎重地、有理有据地以及直言不讳地向被检查单位指出，不可竭力追求"委婉之术"。如有的采用"我所指出的这些问题仅仅是个人看法，不一定正确，请贵单位参考"的"参考式"；有的采用"××同志已指出了贵单位还需要整改的问题，我的看法也大同小异，希望你们引起注意"的"符合式"，这就失去了安全检查的意义。

在消防监督检查工作中，指出被检查单位存在的问题，适当运用委婉的语气及态度，不搞盛气凌人、颐指气使那一套，无疑是正确的。但如果采取这种不痛不痒、触而无感的隔靴搔痒的"委婉"之术，则对督促火灾隐患的整改是十分不利的，必须克服。

（4）要有政策观念、法制观念、群众观念以及经济观念。具体问题的解决，要以政策和法规为尺度，绝不能随心所欲；要有群众观念，充分地相信和依靠群众，深入群众及生产第一线，倾听职工群众的意见，以更多得到真实情况，掌握工作主动权，达到检查的目的；还要有经济观念，将火灾隐患的整改建立在保卫生产安全及促进生产安全的指导思想基础之上，并且看成是一种经济效益，当成一项提高经济效益的措施去下力气抓好。

（5）要科学安排时间。科学安排时间是一个时间优化问题。因为检查时间安排不同，所以收到的效果也不尽相同。如生产工艺流程中的问题，只有在开机生产过程中才会暴露得更充分一些，检查时间就应当选择在易暴露问题的时间进行；再如，值班问题在夜间及休假日最能暴露薄弱环节，那么就应该选择夜间及休假日检查值班制度的落实情况和值班人员尽职尽责情况。因为防火干部管理范围广，部门数量多，所以科学地安排好防火检查时间，将会大大地提高工作效率，收到事半功倍的效果。

（6）要认真观察、系统分析、实事求是，做到原则性与灵活性相结合。对消防监督检查中发现的问题需要认真观察，对问题进行合乎逻辑规律的、全面的、系统的、由此及彼、由表及里的分析，抓住问题的实质及主要方面；并有针对性地、实事求是地提出切合实际的解决办法。对于重大问题，要敢于坚持原则，但是在具体方法上要有一定的灵活性，做到严得合理，宽得得当；检查要同指导相结合，检查不仅要能够发现问题，更重要的是解决问题，所以应提出正确合理的解决问题的办法和防止问题再发生的措施，且上级机关应给予具体的帮助及指导。

（7）要注重效果，不走过场。消防监督检查是集社会科学和自然科学于一体的一项综合性的管理活动，是实施消防安全管理的最具体、最生动、最直接以及最有效的形式之一，所以必须严肃认真、尊重科学、脚踏实地、注重效果。切不可以图形式、走过场，只图检查的次数，不图问题解决的多少。检查一次就应有一次的效果，就应解决一定的问题，就应对某一方面的工作有一个大的推动。但也不应有靠一两次大检查即可以一劳永逸、岁岁平安的思想。要根据本单位的发展情况和季节天气的变化情况，有重点地定期组织检查。但是平时有问题，要随时进行检查，不要使问题久拖，以致酿成火灾。

（8）要注意检查通常易被人们忽略的隐患。要注意寻找易燃易爆危险品的储存不当之处及垃圾堆中的易燃废物；检查需要设"严禁吸烟"标志的地方是否有醒目的警示标志，在"严禁吸烟"的区域内有无烟蒂；爆炸危险场所的电气设备、线路以及开关等是否符合防爆等级的要求，以及防静电和防雷的接地连接紧密、牢固与否等；寻找被锁或被阻塞的出口，查看避难通道是否阻塞或标志合适与否；灭火器的质量、数量，以及与被保护的场所和物品是否相适应等。这些隐患常常易被人们忽略而导致火灾，故应当引起特别注意。

（9）态度要和蔼，注意礼节礼貌。在整个检查过程中，消防监督检查人员一定要注意礼节礼貌，举止大方，着装规范，谈吐要文雅，提问题要有理有据有逻辑。切不可以着奇装异服，讲话杂乱无章，低级趣味，说话必须言而有信。在检查结束离去时，应对被检查单位的合作表示感谢，以建立友好的关系。

（10）监督抽查应保证一定的频次。公安机关消防机构应根据本地区火灾规律、特点以及结合重大节日、重大活动等消防安全需要，组织监督抽查。消防安全重点单位应作为监督抽查的重点，但是非消防安全重点单位必须在抽查的单位数量中占有一定比例。一般情况下，对消防安全重点单位的监督抽查每半年至少应组织一次，对属于人员密集场所的消防安全重点单位每年至少组织一次，对于其他单位的监督抽查每年至少组织一次。

公安机关消防机构组织监督抽查，宜采取分行业或地区、系统随机方式确定检查单位的方法。抽查的单位数量，依据消防监督检查人员的数量和监督检查的工作量化标准和时间安排确定。公安机关机构组织监督检查时，可事先公告检查的范围、内容、要求以及时间。监督检查的结果可通过适当方式予以通报或者向社会公布。本地区重大火灾隐患情况应当定期公布。

（11）消防监督检查应当着制式警服，出示执法身份证件，填写检查记录。公安机关消防机构实施消防监督检查时，检查人员不得少于两人，应着制式警服并出示执法身份证件。

消防监督检查应当填写检查记录，如实记录检查情况，并且由消防监督检查人员、被检查单位负责人或有关管理人员签名；被检查单位负责人或有关管理人员对记录有异议或者拒绝签名的，检查人员应在检查记录上注明。

（12）实施消防监督检查不得妨碍被检查单位正常的生产经营活动。为不妨碍被检查单位正常的生产经营活动，公安机关消防机构实施消防监督检查时，可事先通知有关单位，以便被检查单位的生产经营活动有所准备及安排。被检查单位应当如实提供：消防设施、器材以及消防安全标志的检验、维修、检测记录或者报告；防火检查、巡查及火灾隐患整改情况记录；灭火和应急疏散预案及其演练情况；开展消防宣传教育和培训情况记录；依法可查阅的其他材料等。

问277：消防监督检查必须要严格遵守法定时限都是多长时间？

（1）举报投诉消防安全检查的法定时限。公安机关消防机构接到举报投诉的消防安全违法行为，应当及时受理、登记。属于本单位管辖范围内的事项，应当及时调查处理；属于公安机关职责范围，但不属于本单位管辖的，应当在受理后的 24h 内移送有管辖权的单位处理，并告知举报投诉人；对不属于公安机关职责范围内的事项，应当告知当事人向其他有关主管机关举报投诉。

① 对举报投诉占用、堵塞、封闭疏散通道、安全出口或者其他妨碍安全疏散行为的，应当在接到举报投诉后 24h 内进行核查。

② 对举报投诉其他消防安全违法行为的，应当在接到举报投诉之日起 3 个工作日内进行核查。

核查后，对消防安全违法行为应当依法处理。处理情况应当及时告知举报投诉人，无法告知的，应当在受理登记中注明。

（2）消防安全检查责令改正的法定时限

① 在消防监督检查中，公安机关消防机构对发现的依法应当责令限期改正或者责令改正的消防安全违法行为，应当当场制发责令改正通知书，并依法予以处罚。

② 对违法行为轻微并当场改正，依法可以不予行政处罚的，可以口头责令改正，并在检查记录上注明。

③ 对于依法需要责令限期改正的，应当根据消防安全违法行为改正难易程度合理确定改正的期限。

④ 公安机关消防机构应当在改正期限届满之日起 3 个工作日内进行复查。对逾期不改正的，依法予以处罚。

（3）恢复施工、使用、生产、营业检查的法定时限

① 对于被责令停止施工、停止使用、停产停业处罚的当事人申请恢复施工、使用、生产、经营的，公安机关消防机构应当自收到书面申请之日起 3 个工作日内进行检查，自检查之日起 3 个工作日内做出书面意见，并送达当事人。

② 对当事人已改正消防安全违法行为、具备消防安全条件的，公安机关消防机构应当同意恢复施工、使用、生产、营业；对违法行为尚未改正、不具备消防安全条件的，公安机关消防机构应当不同意恢复施工、使用、生产、经营，并说明理由。

（4）报告政府的情形、程序和时限。在消防监督检查中，发现城乡消防安全布局、公共消防设施不符合消防安全要求，或者发现本地区存在影响公共安全的重大火灾隐患的，公安机关消防机构负责人应当组织集体研究。自检查之日起 7 个工作日内提出处理意见，由公安机关书面报告本级人民政府解决。对本地区存在影响公

共安全的重大火灾隐患的，还应当在确定之日起3个工作日内书面通知存在隐患的单位进行整改。

 问278： 公安机关消防机构在消防监督检查中有哪些法律责任？

公安机关消防机构及其人员在消防监督检查中违反《消防监督检查规定》，有以下行为尚不构成犯罪的，应当依法给予有关责任人处分。

① 不按规定制作、送达法律文书，不按照规定履行消防监督检查职责，拒不改正的。

② 对不符合消防安全要求的公众聚集场所准予消防安全检查合格的。

③ 无故拖延消防安全检查，不在法定期限内履行职责的。

④ 未按照本规定组织开展消防监督抽查的。

⑤ 发现火灾隐患不及时通知有关单位或者个人整改的。

⑥ 利用消防监督检查职权为用户指定消防产品的品牌、销售单位或者指定消防安全技术服务机构、消防设施施工、维修保养单位的。

⑦ 接受被检查单位或者个人财物或者其他不正当利益的。

⑧ 近亲属在管辖区域或者业务范围内经营消防公司、承揽消防工程、推销消防产品的。

⑨ 其他滥用职权、玩忽职守、徇私舞弊的行为。

问279： 公安派出所日常检查要求有哪些？

（1）公安派出所对其监督检查范围的单位进行消防监督检查，应当每半年至少检查一次。

（2）公安派出所对群众举报、投诉的消防安全违法行为，应当及时受理，依法处理；对属于公安机关消防机构管辖的举报、投诉，应当依照《公安机关办理行政案件程序规定》及时移送公安机关消防机构处理。

（3）公安派出所可以受公安机关消防机构的委托，对发现的消防安全违法行为，给予警告或者 500 元以下数额罚款的处罚。

 问280： 公安派出所消防监督检查的内容包括哪些，应如何进行处罚？

（1）公安派出所日常消防监督检查的内容。公安派出所对单位进行日常消防监督检查应当检查以下内容，并对检查内容负责。

① 建筑物或者场所是否依法通过消防验收或者进行竣工验收消防备案，公众聚集场所是否依法通过投入使用、营业前的消防安全检查。

② 是否制订消防安全制度。

③ 是否组织防火检查、消防安全宣传教育培训、灭火和应急疏散演练。

④ 消防车通道、疏散通道、安全出口是否畅通，室内消火栓、疏散指示标志、应急照明、灭火器是否完好有效。

⑤ 生产、储存、经营易燃易爆危险品的场所是否与居住场所设置在同一建筑物内。

对设有建筑消防设施的单位，公安派出所还应当检查单位是否对建筑消防设施定期组织维修保养。

对居民住宅区的物业服务企业进行日常消防监督检查，公安派出所除检查本条第一款第②～④项内容外，还应当检查物业服务企业对管理区域内共用消防设施是否进行维护管理。

（2）公安派出所检查居民委员会、村民委员会内容。公安派出所应当对居民委员会、村民委员会履行消防安全职责的情况进行检查，主要包括以下内容。

① 消防安全管理人是否确定。

② 消防安全工作制度、村（居）民防火安全公约是否制订。

③ 是否开展消防宣传教育、防火安全检查。

④ 是否对社区、村庄消防水源（消火栓）、消防车通道、消防器材进行维护管理。

⑤ 是否建立志愿消防队等多种形式消防组织。

问281：　公安派出所应如何处罚消防安全违法行为？

公安派出所民警在消防监督检查时，发现被检查单位有下列行为之一的，应当责令改正，并在委托处罚的权限内依法予以处罚。

（1）未制订消防安全制度、未组织防火检查和消防安全教育培训、消防演练的。

（2）占用、堵塞、封闭疏散通道、安全出口的。

（3）占用、堵塞、封闭消防车通道，妨碍消防车通行的。

（4）埋压、圈占、遮挡消火栓或者占用防火间距的。

（5）室内消火栓、灭火器、疏散指示标志和应急照明未保持完好有效的。

（6）人员密集场所在外墙门窗上设置影响逃生和灭火救援的障碍物的。

（7）违反消防安全规定进入生产、储存易燃易爆危险品场所的。

（8）违反规定使用明火作业或者在具有火灾、爆炸危险的场所吸烟、使用明火的。

（9）生产、储存和经营易燃易爆危险品的场所与居住场所设置在同一建筑物内的。

（10）未对建筑消防设施定期组织维修保养的。

 问282：　公安派出所实施消防监督检查的要求有哪些？

（1）公安派出所民警进行消防监督检查时，应当记录发现的消防安全违法行为、责令改正的情况。

（2）公安派出所发现被检查单位的建筑物未依法通过消防验收，或者进行竣工验收消防备案，擅自投入使用的；公众聚集场所未依法通过使用、营业前的消防安全检查，擅自使用、营业的，应当在检查之日起5个工作日内书面移交公安机关消防机构处理。

（3）公安派出所在日常消防监督检查中，发现存在严重威胁公共安全的火灾隐患，应当在责令改正的同时书面报告乡镇人民政府或者街道办事处和公安机关消防机构。

问283： 单位消防安全检查有哪些组织形式？

消防安全检查不是一项临时性措施，不能一劳永逸，它是一项长期的、经常性的工作，因此，单位在组织形式上应采取经常性检查和季节性检查相结合、群众性检查和专门机关检查相结合、重点检查和普遍检查相结合的方法。根据消防安全检查的组织情况，通常有以下几种形式。

（1）单位本身的自查。单位本身的自查，是在各单位消防安全责任人的领导之下，由单位安全保卫部门牵头，有单位生产、技术以及专、兼职防火干部以及志愿消防队员和有关职工参加的检查。单位本身的自查，是单位组织群众开展经常性防火安全检查的最基本的形式，它对火灾的预防起着非常重要的作用，应当坚持厂（公司）月查、车间（工段）周查、班（组）日查的三级检查制度。基层单位的自查按检查实施的时间和内容，可分为下列几种。

① 一般检查。这种检查也叫日常检查，是根据岗位防火安全责任制的要求，以班组长、安全员以及消防员为主，对所在的车间（工段）库房、货场等处防火安全情况所进行的检查。这种检查一般以班前、班后和交接班时为检查的重点。这种检查能够及时发现火险因素，及时消除火灾隐患，应很好落实。

② 防火巡查。防火巡查是消防安全重点单位常用的一种形式，是为预防火灾发生采取的有效措施。根据《消防法》第 16 条的规定，消防安全重点单位应当实行每日防火巡查，并且建立巡查记录。公共聚集场所在营业期间的防火巡查应当至少 2h 一次；营业结束时应对营业现场进行安全检查，消除遗留火种。医院、养老院，寄宿制的学校、托儿所、幼儿园应当加强夜间的防火巡查，每晚巡逻不应少于 2 次。其他消防安全重点单位应当结合单位的实际情况进行夜间防火巡查。防火巡查主要依靠单位的保安（警卫），单位的领导或值班的干部和专职、兼职防火员要注意检查巡查情况。检查的重点是电源、火源，并注意其他异常情况，及时堵塞漏洞，消除事故隐患。

③ 定期检查。这种检查也称季节性检查，按照季节的不同特点，并与有关的安全活动结合起来或在元旦、春节、"五一"劳动

节、国庆节等重大节日进行，一般由单位领导组织并参加。定期检查除了对所有部位进行检查外，应对重点要害部位进行重点检查。通过检查，解决平时检查很难解决的重大问题。

④ 专项检查。专项检查是根据单位的实际情况及当前的主要任务，针对单位消防安全的薄弱环节进行的检查。常见的有电气防火检查、用火检查、消防设施设备检查、安全疏散检查、危险品储存与使用检查、防雷设施检查等。专项检查应有专业技术人员参加，也可以与设备的检修结合进行。对生产工艺设备、压力容器、电气设施设备、消防设施设备、危险品生产储存设施以及用火动火设施等，为了检查其功能状况和安全性能等，应当有专业部门，使用专门仪器设备进行检查，以检查细微之处的事故隐患，真正做到防患于未然。

（2）单位上级主管部门的检查。这种检查由单位的上级主管部门或者母公司组织实施，它对推动和帮助基层单位或子公司落实防火安全措施、消除火灾隐患，具有十分重要的作用。此种检查通常有互查、抽查以及重点查三种形式。此种检查，单位主管部门应每季度对所属重点单位进行一次检查，并应当向当地公安消防机关报告检查情况。

（3）单位消防安全管理部门的检查。这种检查是单位授权的消防安全管理部门，为督促查看消防工作情况和查寻验看消防工作中存在的问题而对不具有隶属关系的所辖单位进行的检查。这是单位的消防安全管理活动，也是单位实施消防安全管理的一条重要措施。

问284： 单位消防安全检查的方法有哪些？

消防安全检查的方法指的是在实施消防安全检查过程中所采取的措施或手段。实践证明，只有运用方法正确才可以顺利实施检查，才能对检查对象的安全状况做出正确的评价。总结各地的做法，消防安全检查的具体方法，主要有下列几种。

（1）直接观察法。直接观察法就是用眼看、手摸、耳听以及鼻子嗅等人的感官直接观察的方法。这是日常采用的最基本的方法。

比如在日常防火巡查时，用眼看一看哪些不正常的现象，用手摸一摸是否过热等不正常的感觉，用耳听一听有无不正常的声音，用鼻子嗅一嗅是否有不正常的气味等。

（2）询问了解法。询问了解法即是找第一线的有关人员询问，了解本单位消防安全工作的开展情况和各项制度措施的执行落实情况等。这种方法为消防安全检查中不可缺少的手段之一。通过询问可了解到有些平时根本查不出来的火灾隐患。

（3）仪器检测法。仪器检测法指的是利用消防安全检查仪器对电气设备、线路，安全设施，可燃气体、液体危害程度的参数等进行测试，利用定量的方法评定单位某个场所的安全状况，确定是否存在火灾隐患等。

问285：工业企业单位消防安全检查的主要内容是什么？

（1）生产属于什么火灾危险性类别。

（2）四至的防火间距是否足够。

（3）建筑物的耐火等级、防火间距是否足够。

（4）车间、库房所存物质是否构成重大危险源。

（5）车间、库房的疏散通道、安全门是否符合规范要求。

（6）消防设施、器材的设置是否符合规范要求。

（7）电气线路敷设、防爆电器标识、工艺设备安全附件情况是否良好。

（8）用火用电管理有何漏洞等。

问286：大型仓库消防安全检查的主要内容是什么？

（1）储存物资是什么火灾危险性类别。

（2）库房所存物质是否构成重大危险源。

（3）四至的防火间距是否足够。

（4）库房建筑物的耐火等级、防火间距是否足够。

（5）物资储存、养护是否符合《仓库防火规则》的要求。

（6）库房的疏散通道、安全门是否符合规范要求。

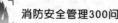
(7) 防、灭火设施，灭火器材的设置是否符合规范要求。

(8) 用火用电管理有何漏洞等。

问287： 商业大厦消防安全检查的主要内容是什么？

(1) 本大厦是什么保护级别，高层建筑时属于何类别。

(2) 消防通道及防火间距是否足够。

(3) 所售商品库房所存物质是否构成重大危险源。

(4) 安全疏散通道、安全门是否符合规范要求。

(5) 防火分区、防烟排烟是否符合规范要求。

(6) 用火用电管理有何漏洞等。

(7) 防、灭火设施，灭火器材的设置是否符合规范要求。

(8) 有无消防水源，或虽有是否符合国家现行规范规定。

问288： 公共娱乐场所消防安全检查的内容是什么？

(1) 本场所是什么保护级别，高层建筑时属于何类别。

(2) 消防通道及防火间距是否足够。

(3) 防火分区、防烟排烟是否符合规范要求。

(4) 安全疏散通道、安全门是否符合规范要求。

(5) 用火用电管理有无漏洞等。

(6) 消防设施、器材的设置是否符合规范要求。

(7) 有无消防水源，或虽有是否符合国家现行规范规定。

(8) 有无紧急疏散预案，是否每年都进行实际演练。

问289： 建筑施工的消防安全检查的主要内容是什么？

(1) 检查该工程是否履行了消防审批手续。

(2) 检查消防设施的安装与调试单位是否具备相应的资格。

(3) 消防设施安装施工是否履行了消防审批手续，是否符合施工验收规范要求。

(4) 选用的消防设施、防火材料等是否符合消防要求，是否选用经国家产品质量认证、国家核发生产许可证或者消防产品质量检测中心检测合格的产品。

（5）检查施工单位是否按照批准的消防设计图纸进行施工安装，有没有擅自改动现象。

（6）检查有无其他违反消防法规的行为。

6.2 火灾隐患整改

 问290： 何为火灾隐患？

火灾隐患应当有广义和狭义之分：广义讲，应当指的是在生产和生活活动中可能直接造成火灾危害的各种不安全因素；狭义讲，指的是违反消防安全法规或者不符合消防安全技术标准，增加了发生火灾的危险性，或发生火灾时会增加对人的生命、财产的危害，或在发生火灾时严重影响灭火救援行动的一切行为和情况。据此分析，火灾隐患通常应包含以下三层含义。

（1）增加了发生火灾的危险性。例如违反规定生产、储存、运输、销售、使用以及销毁易燃易爆危险品；违反规定用火、用电以及用气，明火作业等。

（2）如果发生火灾，会增加对人身、财产的危害。如建筑防火分隔、建筑结构防火以及防烟排烟设施等随意改变，失去应有的作用；建筑物内部装修及装饰违反规定，使用易燃材料等；建筑物的安全出口及疏散通道堵塞，不能畅通无阻；消防设施、器材不完好有效等。

（3）一旦导致火灾会严重影响灭火救援行动。如缺少消防水源，消防车通道堵塞，消火栓、水泵结合器以及消防电梯等不能使用或者不能正常运行等。

 问291： 火灾隐患如何分类？

火灾隐患根据其火灾危险性的大小及危害程度，按国家消防监督管理的行政措施可分为下列三类。

（1）特大火灾隐患。特大火灾隐患指的是违反国家消防安全法律法规的有关规定，不能立即整改，可能造成火灾发生或使火灾危害增大，并可能造成特大人员伤亡或特大经济损失的严重后果及特大社会影响的重大火灾隐患。特大火灾隐患一般是指需要政府挂牌督导整改的重大火灾隐患。

（2）重大火灾隐患。重大火灾隐患指的是违反消防法律法规，可能导致火灾发生或火灾危害增大，并由此可能导致特大火灾事故后果和严重影响社会的各类潜在不安全因素。

（3）一般火灾隐患。指除特大、重大火灾隐患之外的隐患。因为在我国消防行政执法中只有重大火灾隐患与一般火灾隐患之分，还未将特大火灾隐患确定为具体管理对象，所以，我们常说的重大火灾隐患也包括特大火灾隐患。

问292：火灾隐患如何确认？

火灾隐患与消防安全违法行为应是互有交集的关系。火灾隐患并不一定都是消防安全违法行为，消防安全违法行为则一定是火灾隐患。虽然绝大多数火灾隐患均为违反消防法规和消防技术规范、标准造成的，但是对于由于国家消防技术标准的修改而造成的火灾隐患就不属于违法行为。因此，一定要正确区分火灾隐患与消防安全违法行为的关系。确定一个不安全因素是否是火灾隐患，不仅要从消防行政法律上有依据，还应当在消防技术上有标准，其专业性、思想性以及科学性很强，应当根据实际情况，全面细致地考察和了解，实事求是地分析和判定，并注意区分火灾隐患和消防安全违法行为的界限。

消防工作中存在的问题，包括的范围很广，通常是指思想上、组织上、制度上和包括火灾隐患在内的所有影响消防安全的问题。火灾隐患只是能够引起火灾和火灾危害的那部分问题。正确区别火灾隐患和一般工作问题很有实际意义。如果把消防工作中存在的一般性工作问题也视为火灾隐患，采取制发通知书的法律文书方式，将不适宜用消防行政措施解决的问题也不加区别地用消防行政措施去解决，就失去了消防安全管理的科学性及依法管理的严肃性，不利于火灾隐患的整改，所以这些都是在实际工作中值得注意的。

综上所述，对于影响人员安全疏散或灭火救援行动，不能立即改正的；消防设施不完好有效，影响防火灭火功能的；擅自改变防火分区，容易造成火势蔓延、扩大的；在人员密集场所违反消防安全规定，使用、储存易燃易爆危险品，不能立即改正的；不满足城市消防安全布局要求，影响公共安全的情况等，通常应当确定为火灾隐患。

根据公安部《消防监督检查规定》（公安部令 107 号），以下情形可以直接确定为火灾隐患。

（1）影响人员安全疏散或者灭火救援行动，不能立即改正的。

（2）消防设施未保持完好有效，影响防火灭火功能的。

（3）擅自改变防火分区，容易导致火势蔓延、扩大的。

（4）在人员密集场所违反消防安全规定，使用、储存易燃易爆危险品，不能立即改正的。

（5）不符合城市消防安全布局要求，影响公共安全的。

（6）其他可能增加火灾实质危险性或者危害性的情形。

问293：火灾隐患的整改可分为哪几类？如何定义？

火灾隐患的整改，根据隐患的危险、危害程度和整改的难易程度，可以分为立即改正和限期整改两种方法。

（1）立即改正。立即改正的方法，指的是不立即改正随时就有发生火灾的危险，或对整改起来比较简单，不需要花费较多的时间、人力、物力以及财力，对生产经营活动不产生较大影响的隐患等，存在隐患的单位、部位当场进行整改的方法。消防安全检查人员在安全检查时，应责令立即改正，并在《消防安全检查记录》上记载。

（2）限期整改。限期整改指的是对过程比较复杂，涉及面广，影响生产比较大，又要花费较多的时间、人力、物力以及财力才能整改的隐患，而采取的一种限制在一定期限内进行整改的方法。限期整改通常情况下都应由隐患存在单位负责，成立专门组织，各类人员参加研究，并根据公安机关消防机构的《重大火灾隐患整改通知书》或者《停产停业整改通知书》的要求，结合本单位的实际情况制订出一套切实可行并限定在一定时间或者期限内整改完毕的方案，并将方案报请上级主管部门和当地公安机关消防机构批准。火灾隐患整改完毕之后，应申请复查验收。

问294： 整改火灾隐患的基本要求是什么？

（1）抓住主要矛盾，重大火灾隐患要组织集体讨论和专家论证。隐患即为矛盾，一个隐患可能包含着一对或者多对矛盾，因此整改火灾隐患必须学会抓主要矛盾的方法。通过抓主要矛盾及解决主要问题的方法来达到其他矛盾的迎刃而解，起到纲举目张的作用，使问题得到彻底解决。抓整改火灾隐患的主要矛盾，要分析影响火灾隐患整改的各种因素及条件，制订出几种整改方案，经反复研究论证，选择最经济、最有效以及最快捷的方案，防止顾此失彼而导致新的火灾隐患。确定重大火灾隐患及其整改期限应当组织集体讨论；涉及复杂或者疑难技术问题的，应当在确定前组织专家论证。

（2）树立价值观念，选最佳方案。整改火灾隐患应当树立价值观念，分析隐患的危险性和危害程度。若虽有危险性，但危害程度比较小，就应提出简便易行的办法，从而得到投资少及消防安全价值大的整改方案。如拆除部分建筑，提高建筑物的耐火等级，改变部分建筑的使用性质，堵塞建筑外墙上的门窗孔洞或者安装水幕装置，设置室外防火墙等，以解决防火间距不足的问题；安装火灾自动报警、自动灭火设施和防火门、防火卷帘以及水幕装置等，以解决防火分区面积过大的问题；增加建筑开口面积，加强室内通风，既可达到防爆泄压的目的，又可防止可燃气体、蒸气以及粉尘的聚积；向室内输送适量水蒸气或者经常往地面上洒水，还可降低可燃气体、蒸气的浓度，避免可燃粉尘飞扬；改变电气线路型号，减少用电设备，采取错峰用电措施，解决电气线路超负荷的问题，延缓电线绝缘的老化过程。

但是，对于关键性的设备及要害部位存在的火灾隐患，要严格整改措施，拟订可行方案，力求解决问题干净、彻底，不留后患，从根本上保证消防安全。

（3）严格遵守法定整改期限。对于依法投入使用的人员密集场所和生产、储存易燃易爆危险品的场所（建筑物），当发现有关消防安全条件未达到国家消防技术标准要求的，单位应当按照下列要求限期整改。

① 安全疏散设施未达到要求，不需要改动建筑结构的，应当在 10 日内整改完毕；需要改动建筑结构的，应当在 1 个月内整改完毕。应当设置自动灭火系统、火灾自动报警系统而未设置的，应当在 1 年内整改完毕。

② 对于应当限期整改的火灾隐患，公安机关消防机构应当制作《责令限期改正通知书》；构成重大火灾隐患的，应当制作《重大火灾隐患限期整改通知书》，并自检查之日起 3 个工作日内送达。限期整改，应当考虑隐患单位的实际情况，合理确定整改期限和整改方式。组织专家论证的，可以延长 10 个工作日送达相应的通知书。

单位在整改火灾隐患过程中，应当采取确保消防安全、防止火灾发生的措施。

③ 对于确有正当理由不能在限期内整改完毕的，隐患单位在整改期限届满前应当向公安机关消防机构提出书面延期申请。公安机关消防机构对申请应当进行审查并做出是否同意延期的决定；同意或不同意的《延期整改通知书》应当自受理申请之日起 3 个工作日内制作、送达。

④ 公安机关消防机构应当自整改期限届满次日起 3 个工作日内对整改情况进行复查，并自复查之日起 3 个工作日内制作并送达《复查意见书》。对逾期不改正的，应当依法予以处罚；对无正当理由，逾期不改正的，应当依法从重处罚。

（4）从长计议，纳入企业改造和建设规划加以解决。对于建筑布局、消防通道以及水源等方面的火灾隐患，应从长计议，纳入建设规划解决。比如对于厂、库区布局或功能分区不合理，主要建筑物之间的防火间距不足等隐患，可结合厂、库区改造以及建设，纳入企业改造和建设规划中加以解决；对于厂、库位置不当等，可以结合城镇改造、建设，将危险建筑迁至安全地点。

（5）报请当地人民政府整改。在消防安全检查中发现城市消防安全布局或公共消防设施不符合消防安全要求的，应书面报请当地人民政府或者通报有关部门予以解决；发现医院、养老院、学校、托儿所、幼儿园、地铁以及生产、储存易燃易爆危险品的单位等存在重大火灾隐患，单位自身确无能力解决的，或本地区存在影响公共安全的重大火灾隐患难以整改的，以及涉及几个单位的比较重大的火灾隐患，应取得当地公安机关消防机构及上级主管部门的支持。公安机关消防机构应书面报请当地人民政府协调解决。

无论什么火灾隐患，在问题未解决前，均应采取必要的临时性防范补救措施，防止火灾的发生。

（6）消防安全检查人员要严格遵守工作纪律。消防安全检查人员要严格遵守工作纪律，不得滥用职权、玩忽职守以及徇私舞弊。对于不按规定制作、送达法律文书，超过规定的时限复查，或有其他不履行或拖延履行消防监督检查职责的行为，经指出不改正的；依法受理的消防安全检查申报，未经检查或经检查不符合消防安全条件，同意其施工、使用、生产、营业或举办的；利用职务为用户指定消防产品的销售单位、品牌或者消防设施施工、维修、检测单位的；对当事人故意刁难的或在消防安全检查工作中弄虚作假的；接受、索要当事人财物或者谋取不正当利益的；向当事人强行摊派各种费用、乱收费的；以及其他滥用职权、玩忽职守、徇私舞弊的行为。构成犯罪的，应依法追究刑事责任，尚不构成犯罪的，应当依法给予责任人员行政处分。

问295：　重大火灾隐患如何判定？

重大火灾隐患的判定，应当依照公共安全行业标准《重大火灾隐患判定方法》（GA 653—2006）进行。根据判定的程序，重大火灾隐患可采取要件、要素综合分析判定的方法。所谓要件、要素综合判定法是指根据事物的构成要件和制约事物的要素进行对照、综合分析判定的方法。根据重大火灾隐患这一事物的构成要件和制约重大火灾隐患的要素进行对照、综合分析判定的方法，就是重大火灾隐患要件、要素综合判定法。要件是指构成事物的主要条件；要素是指制约事物存在和发展变化的内部因素。

问296：　**重大火灾隐患的构成要件都有哪些？**

根据隐患的火灾危险程度及一旦导致火灾的危害程度，以及火灾自救、逃生、扑救的难度，构成重大火灾隐患这一事物的要件一般应包括以下几点。

（1）场所或者设备内的物品属于易燃易爆危险品（包括甲、乙类物品和棉花、秫秸、麦秸等丙类易燃固体），并且其量达到了重大危险源的标准。

（2）场所建筑物属于二类以上保护建筑物。

（3）建筑物属于高层民用建筑。

这三个要件的任一要件为构成重大火灾隐患的最基本要件，不具备任意一个要件都不构成重大火灾隐患。影响火灾隐患的任一因素，只能是一般火灾隐患。

问297：　**影响火灾隐患的要素有哪些？**

（1）违反规定进行生产、储存以及装修等，增加了原有火灾危险性和危害性的要素

①　场所或设备改变了原有的性质，增加了其火灾危险性及危害性的（如温度、压力、浓度超过规定，丙类液体、气体储罐改处甲类液体及气体等）；违反安全操作规程操作，增加了可燃性气体、液体的泄漏及散发。

②　生产或储存设备、设施违反规定未设置或者缺少必要的安全阀、压力表、温度计、爆破片、安全连锁控制装置、紧急切断装置、阻火器、放空管、水封以及火炬等安全设施，或虽有但不符合要求或存在故障不能安全使用的。

③　设备及工艺管道违反规定安装造成火灾危险性增加的（如加油站储罐呼气管的直径小于 50mm 而导致卸油时憋气、不安装阻火器等）；场所或者设备超量储存、运输、营销、处置的。

④　违反规定使用可燃材料装修的（如建筑内疏散走道、疏散楼梯间以及前室室内的装修材料燃烧性能低于 B₁ 级的）。

⑤　原普通建筑物改为人员密集场所，或场所超员使用的。

（2）违反规定从事用火、用电以及产生明火等能够形成着火源而导致火灾的要素

① 违反规定进行电焊、气焊等明火作业的，或者存在其他足以导致火灾的引火源的。

② 违反规定使用能够产生火星的工具和进行开槽及凿墙眼等能够产生火星作业的。

③ 违反规定使用电气设备、敷设电气线路（如违反规定，在可燃材料或者可燃构件上直接敷设电气线路或安装电气设备）的。

④ 违反规定在易燃易爆场所使用非防爆电器设备或者防爆等级低于场所气体、蒸气的危险性的。

⑤ 未按规定设置防雷、防静电设施（含接地及管道法兰静电搭接线），或者虽设置但不符合要求的。

（3）建筑物的防火间距、防火分隔以及建筑结构，防火、防烟排烟、安全疏散违反国家消防规范标准，如果发生火灾，会增加对人身、财产危害的要素

① 建筑物的防火间距（包括建筑物之间、建筑物与火源；或者重要公共建筑物与重大危险源之间的间距等）不能符合国家消防规范标准的；或建筑之间的已有防火间距被占用的。

② 建筑物的防火分区不能符合国家消防规范标准，或擅自改变原有防火分区，造成防火分区面积超过规定的。

③ 厂房或库房内有着火、爆炸危险的部位未采取防火防爆措施，或者这些措施不能满足防止火灾蔓延要求的。

④ 擅自改变建筑内的避难走道、避难间、避难层及其他区域的防火分隔设施，或者避难走道、避难间、避难层被占用、堵塞而无法正常使用的。

⑤ 建筑物的安全疏散通道、疏散楼梯、安全出口、安全门以及消防电梯或防烟排烟设施等安全设施应设置但未设置，或者虽已设置但不能满足国家消防规范标准的；未按规定设置疏散指示标志、应急照明，或者虽已设置但不符合要求的。

如按规定安全出口应独立设置而未独立，或数量、宽度不满足规定或被封堵的；安全出口、楼梯间的设置形式不符合规定的；疏散走道、楼梯间以及疏散门或安全出口设置栅栏、卷帘门，或者未

按规定设置防烟排烟设施，或已设置但不能正常使用或运行的等。

（4）违反国家消防规范标准，消防设施、器材不完好有效，一旦引起火灾会严重影响灭火救援行动的要素

① 根据国家现行消防规范标准应当设置消防车通道但未设，或者虽设置但不能满足国家消防规范标准的，以及消防车道被堵塞、占用不可正常通行的。

② 根据国家消防规范标准应当设置消防水源、室（内）外消防给水设施，或者备置相关灭火器材但未设置或者配置，或虽设置或配置不符合国家消防规范标准的；或者已设置但不能正常使用或运行的。

③ 根据国家消防规范标准应设置火灾自动报警系统、自动灭火系统、但未设置，或虽设置或配置但不满足国家消防规范标准的；或系统处于故障状态不能正常使用或运行、不能恢复正常运行，或者不能正常联动控制的。

④ 消防用电设备未按规定采用专用的供电回路、设备末端自动切换装置，或者虽设置但不能正常工作的；消防电梯无法正常运行的。

⑤ 举高消防车作业场地被占用，影响消防扑救作业的；建筑既有外窗被封堵或者被广告牌等遮挡，影响灭火救援的。

问298： 重大火灾隐患的判定原则有哪些？

（1）重大火灾隐患的三个构成要件为构成重大火灾隐患的最基本要件，不具备任意一个要件都不构成重大火灾隐患。

（2）根据以上要件，若任一要素只要有一个因素与任一要件同时具备的，则应当确定为重大火灾隐患。但以下隐患违反规定达到一定的量时才能确定为重大火灾隐患。

① 场所或设备可燃物品（含易燃易爆危险品）的储存量超过原规定储存量的 25％ 的。

② 人员密集场所（商店营业厅）内的疏散距离超过规定距离，或超员使用达 25％ 的。

③ 高层建筑和地下建筑未按规定设置疏散指示标志、应急照

明，或损坏率超过 30% 的；其他建筑未按规定设置疏散指示标志、应急照明，或损坏率超过 50% 的。

④ 设有人员密集场所的高层建筑的封闭楼梯间、防烟楼梯间门的损坏率超过 20% 的；其他建筑的封闭楼梯间、防烟楼梯间门的损坏率超过 50% 的。

⑤ 建筑物的或防火分区不能满足国家消防规范标准，或擅自改变原有防火分区，造成防火分区面积超过规定的 50% 的；防火门、防火卷帘等防火分隔设施损坏的数量超过该防火分区防火分隔设施数量的 50% 的。

（3）根据上述要件，如果任一要素只要有 2 个以上因素与任一要件同时具备的，则应当确定为特大火灾隐患，即省政府挂牌督办的重大火灾隐患。

（4）其他的任一要素只有具备了其中 1 个要素的，则可以认定为一般火灾隐患。

（5）可以立即整改的，或由于国家标准修订引起的（法律法规有明确规定的除外），或依法进行了消防技术论证，发生火灾不足以造成特大火灾事故后果或严重社会影响并已采取相应技术措施的火灾隐患，可以不判定为重大火灾隐患。

问299：可直接判定的重大火灾隐患的有哪些？

（1）根据上题条件，以下情形均可直接判定为重大火灾隐患。

① 生产、储存和装卸易燃易爆危险物品的工厂、仓库和专用车站、码头、储罐区，未设置在城市的边缘或相对独立的安全地带的。

② 甲、乙类厂房设置在建筑的地下、半地下室的。

③ 甲、乙类厂房与人员密集场所或住宅、宿舍混合设置在同一建筑内的。

④ 公共娱乐场所、商店、地下人员密集场所的安全出口、楼梯间的设置形式及数量不符合规定的。

⑤ 旅馆、公共娱乐场所、商店、地下人员密集场所未按规定设置自动喷水灭火系统或火灾自动报警系统的。

⑥ 可燃性液体、气体储罐（区）未按规定设置固定灭火和冷却设施的。

（2）重大火灾隐患要件、要素综合判定法。为了便于在实际工作中使用，可按表 6-1 进行判定。

 问300：重大火灾隐患整改程序包括哪些？

（1）发现。消防监督检查人员在进行消防监督检查或核查群众举报、投诉时，发现被检查单位存在可能构成重大火灾隐患的情形，应在《消防安全检查记录》中详细记明，并收集建筑情况、使用情况等能够证明火灾危险性、危害性的资料，并在 2 个工作日内书面报告本级公安消防部门有关负责人。

（2）论证。公安机关消防机构负责人对消防监督人员报告的可能构成重大火灾隐患的不安全因素，应当及时组织集体讨论；涉及复杂或疑难技术问题的应当由支队（含支队）以上地方公安消防机构组织专家论证。专家论证应根据需要邀请当地政府有关行业主管部门、监管部门和相关技术专家参加。

经集体讨论、专家论证，存在《重大火灾隐患判定标准》可能造成严重后果的，应当提出判定为重大火灾隐患的意见，并且提出合理的整改措施和整改期限。集体讨论、专家论证应当形成会议记录或纪要。

论证会议记录或者纪要的主要内容应当包括：会议主持人及参加会议人员的姓名、单位、职务、技术职称；拟判定为重大火灾隐患的事实及依据；讨论或论证的具体事项、参会人员的意见；具体判定意见、整改措施以及整改期限；集体讨论的主持人签名，参加专家论证的人员签名。

（3）立案并跟踪督导。构成重大火灾隐患的，报本级公安机关消防机构负责人批准之后，应及时立案并制作《重大火灾隐患限期整改通知书》，公安机关消防机构应当自检查之日起 3 个工作日内，将《重大火灾隐患限期整改通知书》送达重大火灾隐患单位。若系组织专家论证的，送达时限可以延长至 10 个工作日。同时，应当抄送当地人民检察院、法院、有关行业主管部门、监管部门和上一级地方公安机关消防机构。

表 6-1　重大火灾隐患构成要件、要素综合判定法

重大火灾隐患的构成要件	影响重大火灾隐患的要素	重大火灾隐患的判定方法
(1)场所或设备存放的物品属于易燃易爆危险品,且其量达到了重大危险源的标准 (2)场所或建筑物属于二类以上保护单位的 (3)建筑物属于高层民用建筑 注:这三个要件的任一要件构成重大火灾隐患的最基本要件,不具备重大火灾隐患构成要件的任一影响重大火灾隐患的因素,只能认定是一般火灾隐患	违反规定生产、储存、经营、使用等,增加了原有火灾危险性和危害性的要素 (1)场所或设备改变了原有的性质,增加了其火灾危险性和危害性的(如温度、压力、浓度超过规定,气体储罐改处中类液体、丙类液体等);违反安全操作规程操作,增加了可燃性气体、液体的泄漏和散发 (2)生产或缺少必要的安全设备、设施或违反规定未设置或爆破片、安全阀、压力表、紧急切断装置、灭火器、放空管、水封等火柜安全设施,或虽有但不符合安全要求或存在故障不能安全使用的 (3)设备及工艺管道违反规定导致火灾危险增加的(如加油站储罐呼气管的直径小于50mm而导致超压呼气等;场所或设备超温储存、运输、营销、处置的 (4)违反规定疏散走道、疏散楼梯间、前室内的装修材料装修性能低于B1级的建筑的 (5)原普通建筑物改为人员密集场所或原使用的	(1)根据以上要件一要件同时具备的,则应当确定为重大火灾隐患,但下列隐患违反规定达到一定的量时才能确定为重大火灾隐患 ①场所或设备可燃物品(含易燃易爆危险品)的储存量超过规定储存量的25%的 ②人员密集场所(商店营业厅内)的疏散距离超过规定距离,或疏散使用达25%的 ③高层建筑和地下建筑未按规定设置疏散指示标志,应设置未按规定设置疏散指示标志,应急照明、应急指示标志、或损坏率超过50%的 ④设有人员密集场所的高层建筑的封闭楼梯间、防烟楼梯间门或防烟楼梯间门的损坏率超过20%的;其他建筑的封闭楼梯间、防烟楼梯间门的损坏率超过50%的 ⑤建筑物的防火分区不能满足国家消防规范标准,或擅自改变原有防火分区,造成防火分区面积超过规定的50%的,或防火门、防火卷帘等防火分隔设施损坏的数量超过该防火分区分隔设施数量的50%的 (2)根据以上要件一要件,如果一要件具备的,则应当有2个以上因素同时具备的重大火灾隐患,则应当确定为省政府挂牌督办重大火灾隐患(特大火灾隐患) (3)其他的任一要素只要具备了其中1个要素的,则可以认定为一般火灾隐患

续表

重大火灾隐患的构成要件	影响重大火灾隐患的要素	重大火灾隐患的判定方法
(1)场所或设备存放的物品属于易燃易爆危险品,且其量达到了重大危险源的标准 (2)场所属于建筑保护的属于二类以上民用建筑 (3)建筑物属于高层建筑 注:这三个要件的任一要件是构成重大火灾隐患的最基本要件,不具备任一个要件都不影响火灾隐患的构成。影响火灾隐患的一因素,只能是一般火灾隐患	违反规定用火、用电等火灾事明火产生和能够形成着火源而导致火灾的要素	(1)违反规定进行电焊、气焊等明火作业的,或存在其他足以导致火灾的引火源的 (2)违反规定使用能够产生火星作和进行开槽、凿墙眼等能够产生火星作业的 (3)违反规定使用电器设备、敷设电气线路(如电气直接敷设在可燃材料或构件上直接敷设电气线路或安装电气设备)的 (4)违反规定在防爆易燃易爆场所使用非防爆电器设备或敷设电气线路低于场所气体、蒸气的危险性的 (5)未按规定设置防雷、防静电设施(含接地、管道法兰静电搭接线)或虽设置但不符合要求的	(1)根据以上要件,如果任一要件只要有1个要素与任一要件同时具备的,则应当为重大火灾隐患。但下列隐患违反规定一定的量时才能确定为重大火灾隐患。 ①场所或设备超过规定储存量超过原规定储存量的25%的 ②人员密集场所(商店营业厅)内的疏散距离超过规定距离,或疏散使用占25%的规定宽度 ③高层建筑和地下建筑未按规定设置疏散指示标志、应急照明,或损坏率超过30%的;其他建筑未按规定设置疏散指示标志、应急照明,应急照明标志、或损坏疏散指示标志超过50%的 ④设有人员密集场所的高层建筑的封闭楼梯间、防烟楼梯间门的损坏超过20%的;其他建筑的封闭楼梯间、防烟楼梯间门的损坏超过50%的 ⑤建筑物的或擅自改变原有防火分区,造成防火分区不能满足国家消防规范标准,或擅自改变原有防火分区,或防火卷帘等符等防火分隔设施过规定的50%的,或防火分区超过规定防火分隔设施的数量的;损坏率超过规定防火分隔设施数量的50%的 (2)根据以上要件,如果任一要素只要有2个以上因素与任一要素同时具备的,则应当为省政府挂牌督办的重大火灾隐患(特大火灾隐患) (3)其他可以认定为一般火灾隐患的

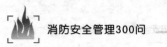
重大火灾隐患的构成要件	影响重大火灾隐患的要素	重大火灾隐患的判定方法
(1)场所或设备存放的物品属于易燃易爆危险品,且其量达到了重大危险源的标准 (2)场所以上保护建筑物属于一类以上保护建筑物,或建筑物属于高层建筑、采用民用建筑 注:在这三个要件的任一要件是构成重大火灾隐患的最基本要件,不具备任一个要件都不影响火灾隐患的构成要素,只能是一般火灾隐患	建筑物的防火间距、防火分区、防火结构、建筑结构,防火、防烟、排烟、安全疏散等防火设施违反国家消防规范标准,一旦发生火灾,会增加对人身、财产危害的要素 (1)建筑物的防火间距(包括建筑物之间,建筑物与水源或重要公共建筑之间的间距等)不能满足国家现行消防技术规范标准的,或建筑之间的既有防火间距被占用的 (2)建筑物的防火分区不能满足国家现行防火分区,造成防火分区面积超过规定的 (3)厂库房内存有着火、爆炸危险的部位,未采取防火防爆措施,或这些措施不能满足防止火灾蔓延时的要求 (4)擅自改变建筑内的避难走道、避难间、避难层与其他区域的防火分隔设施,或避难走道、避难间、避难层被占用、堵塞而无法正常使用的 安全疏散通道、安全门、消防电梯或安全门、烟排烟设施等应符合设置,或未按规定设置施但不能满足国家现行消防规范标准,应急照明,或已设置但不符合要求的如按规定设置安全出口利疏散楼梯而不设置,或被封堵的,楼梯间的设置不符合规定,或数量、宽度不符合规定的;疏散走道、楼梯间,疏散或未按规定设置防烟排烟设施,或已设置但不能正常使用或运行的等	(1)根据以上要件,如果任一要素只要具备的,则应当确定为重大火灾隐患;但下列隐患违反现行规定的量才能确定为重大火灾隐患 ①场所或设备可燃物(含易燃易爆危险品)的储存量超过原规定储存量的25%的 ②人员密集场所(商店营业厅)内的疏散距离超过规定距离,或疏散区域标志、应急照明,或损坏率超过25%的 ③高层建筑和地下建筑未按规定设置疏散指示标志,应急照明,或损坏率超过30%的;其他建筑未按规定设置疏散指示标志,应急照明,或损坏率超过50%的 ④设有人员密集场所的高层建筑超过20%的损坏率的 ⑤设有防烟楼梯间门被损坏,防烟楼梯间的封闭防排烟设施损坏率超过50%的 ⑥建筑物的或改变原有防火分区,或改变自改变防火分区不能满足国家防火规范设计标准,造成防火分区面积超过规定的50%,或防火卷帘等防火分隔设施的数量超过该规定数量的50%的 (2)根据以上要件,如果任一要素同时具备的,则应当确定为2个以上因素与任一要素同时具备的重大火灾隐患(特大火灾隐患) (3)其他的以上要素具备了其中1个要素的,则可以认定为一般火灾隐患

续表

重大火灾隐患的构成要件	影响重大火灾隐患的要素	重大火灾隐患的判定方法
(1) 场所或设备存放的物品属于易燃易爆危险品,且其量达到了重大危险源的标准 (2) 场所所属建筑物属于二类以上保护建筑的 (3) 建筑物属于高层民用建筑 注:这三个要件是构成重大火灾隐患的最基本要件——因素,只要具备任一个要件都是一般火灾隐患	违反国家消防规范标准,消防设施、器材不完好、有效,一旦导致重大火灾会严重影响灭火救援行动的要素	
	(1) 根据国家消防规范标准应当设置消防车通道但未设,或虽已设有但设施未能满足国家消防规范标准的,以及消防车道被堵塞,占用不能正常通行的 (2) 根据国家消防规范标准应当设置消防水源(室内)外消防给水设施,或虽设置或设备配置但相关消防器材不符合国家消防规范标准的,不能正常使用的 (3) 根据国家消防规范标准,自动灭火系统,自动灭火系统未设置或虽已设置或处于故障状态不能恢复正常运行,或有灾自动联动控制的 (4) 消防用电设备未按规定采用专用的供电回路,或虽有但设备末端自动切换装置或灾自动设备未能正常工作的;消防电梯无法正常运行的 (5) 准高消防车作业的;建筑既有外窗被封堵或被消防扑救作业遮挡,影响灭火救援的;消防广告牌等遮挡,影响灭火救援的	(1) 根据以上要件,如果任一要素只要有1个要素与任一要素同时具备的,则可以确定为重大火灾隐患,但下列隐患违反规定一定的量时才能确定为重大火灾隐患: ① 场所所设备可燃物(含易燃易爆危险品)的储存量超过原规定储存量的25%的 ② 人员密集场所(商店营业厅)内的疏散距离超过规定疏散距离,或超过原规定达25%的 ③ 高层建筑未按规定设置应急照明,或疏散指示标志,应急照明损坏率超过30%的;其他建筑未按规定设置的应急照明或疏散指示标志,应急照明损坏率超过50%的 ④ 设有人员密集场所的高层建筑的封闭楼梯间,防烟楼梯间或门,或防火卷帘等防火分隔设施损坏数量超过该防火分区防火分隔设施数量的50%的 (2) 根据以上要件,如果任一要素只要有2个以上因素与任一要素同时具备的,则应当确定为省政府挂牌督办的重大火灾隐患(特大火灾隐患) 其他的任一要素只要具备了其中1个要素的,则可以认定为一般火灾隐患

注:1. 消防设施,是指火灾自动报警系统、自动灭火系统、消火栓系统、防烟排烟系统和应急照明、安全疏散设施等。
2. 重要场所,是指发生火灾可能造成重大社会影响和经济损失的场所。如:国家机关、重要科研单位中的关键建筑设施、城市供水、供电、供气、供暖调度中心、广播、电视、邮政、电信局(站)、发电厂、省级以上博物馆、档案馆及重要物品保护单位,包括工厂、仓库、专业商店(区)、储罐(区)、车站和码头,可燃气体储备站、充装站、调压站、供应站、加油加气站和支库、棉花、黄麻、稻草、桔秆、芦苇等属于易燃固体的易燃材料料场。

公安机关消防机构应当督促重大火灾隐患单位落实整改责任、整改方案以及整改期间的安全防范措施，并根据单位的需要提供技术指导。

（4）报告政府，提请政府督办。公安机关消防机构应定期公布和向当地人民政府报告本地区重大火灾隐患情况。对于医院、养老院、学校、托儿所、幼儿园、车站、码头以及地铁站等人员密集场所；生产、储存及装卸易燃易爆化学物品的工厂、仓库和专用车站、码头、储罐区、堆场，易燃气体和液体的充装站、供应站以及调压站等易燃易爆单位或者场所；不符合消防安全布局要求，必须拆迁的单位或场所；其他影响公共安全的单位和场所。若存在重大火灾隐患自身确无能力解决，但是又严重影响公共安全的，公安机关消防机构应当及时提请当地人民政府列入督办事项或者予以挂牌督办，协调解决。对经当地人民政府挂牌督办逾期仍未整改的重大火灾隐患，公安机关消防机构还应提请当地人民政府报告上级人民政府协调解决。

（5）复查与延期审批。公安机关消防机构应当自重大火灾隐患整改期限届满之日起3个工作日内进行复查，自复查之日起3个工作日内制作并送达《复查意见书》。

对确有正当理由不能在限期内整改完毕，单位在整改期限届满前提出书面延期申请的，公安机关消防机构应当对申请进行审查并作出是否同意延期的决定，自受理申请之日起3个工作日内制作、送达《同意/不同意延期整改通知书》。

（6）处罚。对于存在的重大火灾隐患，经复查，逾期未整改的，应依法进行处罚。其中对经济和社会生活影响较大的重大火灾隐患，公安机关消防机构应报请当地人民政府批准，给予责令单位停产停业的处罚。对存在重大火灾隐患的单位和其责任人逾期不履行消防行政处罚决定的，公安机关消防机构可依法采取措施、申请当地人民法院强制执行。

（7）舆论监督。公安机关消防机构对发现影响公共安全的火灾隐患，可向社会公告，以提示公众注意消防安全。如定期公布本地区的重大火灾隐患及整改情况，并视情况组织报刊、广播、电视以及互联网等新闻媒体对重大火灾隐患进行公示曝光和跟踪报道等。

（8）销案。重大火灾隐患经公安机关消防机构检查确认整改消除，或经专家论证认为已经消除的，报公安机关消防机构负责人批准之后予以销案。

政府挂牌督办的重大火灾隐患销案之后，公安机关消防机构应当及时报告当地人民政府予以摘牌。

（9）建立档案。公安机关消防机构应建立重大火灾隐患专卷。专卷的内容应当包括：卷内目录；《消防监督检查记录》；重大火灾隐患集体讨论、专家论证的会议记录、纪要；《重大火灾隐患限期整改通知书》；《同意/不同意延期整改通知书》；《复查意见书》或者其他法律文书；政府挂牌督办的有关资料；行政处罚情况登记；相关的影像、文件等其他材料。

问301：哪些消防安全违法行为应处以责令当场改正？

在消防监督检查中，发现有以下消防安全违法行为之一的，应当责令当场改正，当场填发《责令改正通知书》，并依照《消防法》的规定予以处罚。

（1）违反有关消防技术标准和管理规定生产、储存、运输、销售、使用、销毁易燃易爆危险品的；或非法携带易燃易爆危险品进入公共场所或者乘坐公共交通工具的。

（2）违反消防安全规定进入生产、储存易燃易爆危险品场所的；违反消防安全规定使用明火作业或者在易燃易爆危险场所吸烟、使用明火的。

易燃易爆场所是指生产、储存、装卸、销售、使用易燃易爆危险品的场所；或者存在或在不正常情况下偶尔短时间存在可达燃烧浓度范围的可燃的气体、液体、粉尘或氧化性气体、液体、粉尘的场所。由于与其他场所相比，易燃易爆场所用油、用气多，火灾致灾因素多；火灾危险大，一旦发生事故，易造成重大人员伤亡和严重的经济损失，而且往往会对社会产生较大影响。所以，易燃易爆危险场所都必须严格限制用火、用电和可能产生火星的操作。

（3）消防设施、器材或者消防安全标志的配置、设置不符合国家标准、行业标准，或者损坏、挪用或者擅自拆除、停用，未保持完好有效的；埋压、圈占、遮挡消火栓或者占用防火间距的。

（4）占用、堵塞、封闭消防车通道、疏散通道、安全出口或者有其他妨碍安全疏散行为、妨碍消防车通行的行为。

（5）人员密集场所在门窗上设置影响逃生和灭火救援的障碍物的。

（6）消防设施检测和消防安全监测等消防技术服务机构出具虚假文件的。

（7）对火灾隐患经公安机关消防机构通知后不及时采取措施消除的。

在消防监督检查中，公安机关消防机构对发现的依法应当责令改正的消防安全违法行为，应当当场制作责令改正通知书，并依法予以处罚。对违法行为轻微并当场改正完毕，依法可以不予行政处罚的，可以口头责令改正，并在检查记录上注明。

 问302： **哪些消防安全违法行为应处以责令限期改正的处罚？**

在消防监督检查中，发现有以下消防安全违法行为之一的，应当责令限期改正，自检查之日起3个工作日内填发并送达《责令限期改正通知书》；逾期不改正的，应当依照《消防法》规定予以处罚或者行政处分。

（1）人员密集场所使用不合格的消防产品或者国家明令淘汰的消防产品的。

（2）电器产品、燃气用具的安装、使用及其线路、管路的设计、敷设、维护保养、检测不符合消防技术标准和管理规定的。

（3）生产、储存、销售易燃易爆危险品的场所与居住场所设置在同一建筑物内，或者未与居住场所保持安全距离的。

（4）生产、储存、销售其他物品的场所与居住场所设置在同一建筑物内，不符合消防技术标准的。

（5）依法应当经公安机关消防机构进行消防设计审核的建设工程，未经依法审核或者审核不合格，擅自施工的。

（6）消防设计经公安机关消防机构依法抽查不合格，不停止施工的。

（7）依法应当进行消防验收的建设工程，未经消防验收或者消防验收不合格，擅自投入使用的。

（8）建设工程投入使用后经公安机关消防机构依法抽查不合格，不停止使用的。

（9）公众聚集场所未经消防安全检查或者经检查不符合消防安全要求，擅自投入使用、营业的。

（10）建设单位要求建筑设计单位或者建筑施工企业降低消防技术标准设计、施工的。

（11）建筑设计单位不按照消防技术标准强制性要求进行消防设计的。

（12）建筑施工企业不按照消防设计文件和消防技术标准施工，降低消防施工质量的。

（13）工程监理单位与建设单位或者建筑施工企业串通，弄虚作假，降低消防施工质量的。

（14）未履行《消防法》规定的消防安全职责或消防安全重点单位消防安全职责的。

（15）住宅区的物业服务企业未对其管理区域的共用消防设施进行维护管理、提供消防安全防范服务的。

（16）进行电焊、气焊等具有火灾危险作业的人员和自动消防系统的操作人员，未持证上岗或者违反消防安全操作规程的。

对责令限期改正的消防安全违法行为，公安机关消防机构应当根据违法行为改正的难易程度和所需时间，合理确定改正期限。

责令限期改正的，公安机关消防机构应当在改正期限届满之日起3个工作日内进行复查；对在改正期限届满前，违法行为人申请复查，公安机关消防机构应当在接到申请之日起3个工作日内进行复查。复查应当填写《消防监督检查记录》。

问303：公安机关对危险场所临时查封如何实施？

（1）需临时查封的行为。公安机关消防机构在消防监督检查中发现火灾隐患，应当通知有关单位或者个人立即采取措施消除；对不及时消除可能严重威胁公共安全的，或经责令改正拒不改正的以下行为，应当对危险部位或者场所予以临时查封。

① 疏散通道、安全出口数量不足或者严重堵塞，已不具备安全疏散条件的。

② 消防设施严重损坏，不再具备防火灭火功能的。

③ 人员密集场所违反消防安全规定，使用、储存易燃易爆危险品的。

④ 公众聚集场所违反消防技术标准，采用可燃材料装修装饰，可能导致重大人员伤亡的。

⑤ 其他可能严重威胁公共安全的火灾隐患。

⑥ 占用、堵塞、封闭疏散通道、安全出口或者有其他妨碍安全疏散行为的。

⑦ 埋压、圈占、遮挡消火栓或者占用防火间距的。

⑧ 占用、堵塞、封闭消防车通道，妨碍消防车通行的。

⑨ 人员密集场所在门窗上设置影响逃生和灭火救援的障碍物的。

⑩ 当事人逾期不执行公安机关消防机构做出的停产停业、停止使用、停止施工决定的有关场所、部位、设施或者设备。

（2）临时查封的实施程序

① 告知当事人拟做出临时查封的事实、理由及依据，并告知当事人依法享有的权利，听取并记录当事人的陈述和申辩。

② 公安机关消防机构负责人应当组织集体研究决定是否实施临时查封。决定临时查封的，应当明确临时查封危险部位或者场所的范围、期限和实施方法，并自检查之日起3个工作日内制作和送达临时查封决定。

③ 实施临时查封的，应当在被查封的单位或者场所的醒目位置张贴临时查封决定，并在危险部位或者场所及其有关设施、设备上加贴封条或者采取其他措施，使危险部位或者场所停止生产、经营或者使用。

④ 对实施临时查封情况制作笔录。必要时，可以进行现场照相或者录音录像。

情况危急、不立即查封可能严重威胁公共安全的，消防监督检查人员可以在口头报请公安机关消防机构负责人同意后立即对危险部位或者场所实施临时查封，并在临时查封后 24h 内按照以上规定做出临时查封决定，送达当事人。

（3）临时查封的要求

① 临时查封由公安机关消防机构负责人组织实施。需要公安机关其他部门或者公安派出所配合的，公安机关消防机构应当报请所属公安机关组织实施。

② 实施临时查封后，当事人请求进入被查封的危险部位或者场所整改火灾隐患的，应当允许。但不得在被查封的危险部位或者场所生产、经营或者使用。

③ 临时查封期限不得超过 1 个月。但逾期未消除火灾隐患的，不受查封期限的限制。

（4）临时查封的解除。火灾隐患消除后，当事人应当向做出临时查封决定的公安机关消防机构申请解除临时查封。公安机关消防机构应当自收到申请之日起 3 个工作日内进行检查，自检查之日起 3 个工作日内做出是否同意解除临时查封的决定，并送达当事人。

对检查确认火灾隐患已消除的，应当做出解除临时查封的决定。

6.3 火灾报警与处警

要想在易于控制和扑救阶段扑灭火灾，关键问题在于早发现、早报警以及早扑救。发现起火后，首先应该保持冷静，依据火警情形向单位职能部门、主管部门或者公安消防指挥中心报告火情。拨通电话后，应简练准确地讲清下列两个方面内容。

（1）火灾概况。火灾概况主要包括：火灾的性质；发生的时间；火灾的类型；发生的地点；伤亡情况；危害程度；火场态势；涉事人员。

（2）报警人情况。报警人情况主要包括：基本身份（姓名、性别、年龄、住址、单位或者部门）；联系电话或者寻呼号码；所报火警获取的途径。

当报警人将火警情况迅速简明做出报告之后，还要耐心回答接警人员的询问，单位主管职能部门的负责人确定火警之后应将火情向公安消防指挥中心报告。

问305：火警如何受理？

火警受理是指单位消防安全管理机构或主管部门借助各种信息渠道，接收和处理火灾情况报告的过程。准确地受理火警，及时以及合理地启用灭火和应急疏散预案，调度灭火和组织人员疏散力量，关系到灭火、应急疏散的成败，同时也是灭火应急疏散的重要环节。

（1）火警受理的方式。火警受理通常也称接警。按接警区域的划分方法分为分散接警、集中接警以及集中与分散结合接警。

① 分散接警。分散接警是指在消防安全管辖区域内按一定的规则区分为若干个接警区域，对应设置若干个防火值班室或者控制室点，分别独立受理火警报告。当各接警区域发生火灾、各防火值班室或者控制室只接报处本管辖区的火警，其他单位监听了解火情。安全分散接警因为各消防安全管理值班室或控制室直接受理火警、启动消防预案、组织灭火以及人员疏散的响应时间短，差错率低。

② 集中接警。集中接警是在单位消防安全管理范围之内，只设置一处火警受理点，在其管辖区域内发生的火警均由此集中受理。集中接警方式适合防火重点单位及易出现火灾蔓延、扩大危险的部门。具有准确率高、处理火警程序化、易于统一指挥的特点，能迅速及时启动单位消防预案，组织起整修单位的人力、物力进行灭火以及应急疏散。

③ 集中与分散结合接警。集中与分散结合接警是依据单位消防安全管理辖区的情况和特点，具体在人员密集的区域实施集中接警，在人员疏散的区域内实施分散接警。

无论采取哪种接警形式，均应依据本单位的特点、结构、类型以及电话网的现实结构而确定。

（2）受理火警的方法。单位消防安全管理部门受理火警的主要任务是要掌握发生单位的火灾确切地点，了解火灾的性质、规模，为启动灭火和急疏散预案调集灭火力量提供信息。所以受理火警时要准确掌握如下几情况。

① 火灾发生的地点：问清街区、道路、门牌或者楼牌号码及单位及部门的名称。

② 火灾的性质和规模：了解火灾的性质、种类、燃烧物以及现实规模。

③ 火场周围的基本情况：了解火场周围有无易燃易爆物品、种类以及数量。

④ 报案人的基本情况：记录报案人的基本情况及联系电话号码。在接受火警的报告后，要根据经验综合分析判识真伪，先行向"119"报警，并把情况报告上级领导或按照规定程序处置。

6.4 初期火灾的扑救

 问306： 初期灭火的基本方法都有哪些？

灭火的基本方法，就是依据起火物质燃烧的状态和方式，为破坏燃烧必须具备的基本条件而采取的一些措施。具体有下列 4 种方法。

（1）冷却灭火法。冷却灭火法就是把灭火剂直接喷洒在可燃物上，使可燃物的温度降低到自燃点以下，从而使燃烧停止。用水扑救火灾，其主要作用就是冷却灭火。一般物质起火，均可以用水来冷却灭火。

火场上，除用冷却法直接灭火外，还经常使用水冷却尚未燃烧的可燃物质，避免其达到自燃点而着火；还可用水冷却建筑构件、生产装置或者容器等，以防止其受热变形或爆炸。

（2）隔离灭火法。隔离灭火法即将燃烧物和附近可燃物隔离或者疏散开，从而使燃烧停止。这种方法适用于扑救各种固体、液体以及气体火灾。

采取隔离灭火的具体措施很多。例如，把火源附近的易燃易爆物质转移到安全地点；关闭设备或管道上的阀门，阻止可燃气体、液体流入燃烧区；排除生产装置及容器内的可燃气体、液体；阻拦、疏散可燃液体或者扩散的可燃气体；拆除同火源相毗连的易燃建筑结构，造成阻止火势蔓延的空间地带等。

（3）窒息灭火法。窒息灭火法即采取适当的措施，阻止空气进入燃烧区，或借助惰性气体稀释空气中的氧含量，使燃烧物质缺乏或者断绝氧气而熄灭。这种方法适用于扑救封闭式的空间、生产设备装置及容器内的火灾。

火场上运用窒息法扑救火灾时，可采用石棉被、湿麻袋、湿棉被、沙土以及泡沫等不燃或难燃材料覆盖燃烧物或封闭孔洞；用水蒸气及惰性气体（如二氧化碳、氮气等）充入燃烧区域；借助建筑物上原有的门窗以及生产储运设备上的部件来封闭燃烧区，阻止空气进入。此外，在无法采取其他扑救方法而条件又允许的情况下，可以采用水淹没（灌注）的方法进行扑救。但是在采取窒息法灭火时，必须注意下列几点。

① 燃烧部位较小，容易堵塞封闭，在燃烧区域内无氧化剂时，适于采取这种方法。

② 在采取用水淹没或者灌注方法灭火时，必须考虑到火场物质被水浸没后能否产生不良后果。

③ 采取窒息方法灭火之后，必须确认火已熄灭时，方可打开孔洞进行检查。严防过早地打开封闭的空间或生产装置，而使空气进入，造成复燃或爆炸。

④ 采用惰性气体灭火时，一定要把大量的惰性气体充入燃烧区，迅速使空气中氧的含量降低，以达窒息灭火的目的。

（4）抑制灭火法。抑制灭火法是把化学灭火剂喷入燃烧区参与燃烧反应，终止链反应而使燃烧反应停止。采用这种方法可以使用的灭火剂有干粉和卤代烷灭火剂。灭火时，将足够数量的灭火剂准确地喷射到燃烧区内，使灭火剂阻断燃烧反应，同时还要采取必要的冷却降温措施，以避免复燃。

在火场上采取哪种灭火方法，应根据燃烧物质的性质、燃烧特点、火场的具体情况以及灭火器材装备的性能进行选择。

问307: 初期火灾扑救的基本战术原则是什么?

火灾现场人员在扑救初期火灾时,应运用"先控制,后消灭""救人重于救火""先重点,后一般"的基本战术原则。

(1)先控制、后消灭的原则。先控制、后消灭,指的是对于不可能立即扑灭的火灾,要首先控制火势的继续蔓延扩大,在具备了扑灭火灾的条件时,再展开全面进攻,一举消灭。义务消防队灭火时,应当根据火灾情况和本身力量灵活运用这一原则。对于能扑灭的火灾,要抓住战机,迅速消灭。若火势较大,灭火力量相对薄弱,或由于其他原因不能立即扑灭时,就要把主要力量放在控制火势发展或防止爆炸、泄漏等危险情况发生上,为避免火势扩大、彻底扑灭火灾创造有利条件。先控制、后消灭,在灭火过程中是紧密相连、不能截然分开的,只有首先控制住火势,才能迅速将其扑灭。控制火势要依据火场的具体情况,采取相应措施。根据不同的火灾现场,常见的做法有下列几种。

① 建筑物失火。当建筑物一端起火向另一端蔓延时,可由中间适当部位控制;建筑物的中间着火时,应从两侧控制,以下风方向为主,发生楼层火灾时,应由上下控制,以上层为主。

② 油罐失火。油罐起火之后,要冷却燃烧油罐,以降低其燃烧强度,保护罐壁;同时要注意冷却邻近油罐,防止由于温度升高而爆炸起火。

③ 管道失火。当管道起火时,要迅速关闭阀门,以断绝可燃物;堵塞漏洞,避免气体或液体扩散;同时要保护受火势威胁的生产装置及设备等。

④ 易燃易爆单位(或部位)失火。要设法消灭火灾,以排除火势扩大及爆炸的危险;同时要疏散保护有爆炸危险的物品,对不能迅速灭火及不易疏散的物品要采取冷却措施,防止受热膨胀爆裂或者起火爆炸而扩大火灾范围。

⑤ 货场堆垛失火。一垛起火,应当控制火势向邻垛蔓延。货区的边缘堆垛起火,应控制火势向货区内部蔓延;中间垛起火,应当保护周围堆垛,以下风方向为主。

(2)救人重于救火的原则。救人重于救火,指的是火场上如果有人受到火势威胁，义务消防队员的首要任务就是把被火围困的人员抢救出来。运用这一原则，要依据火势情况和人员受火势威胁的程度而定。在灭火力量较强时，灭火和救人可以同时进行，但绝不能由于灭火而贻误救人时机。人未救出之前，灭火是为了将救人通道打开或减弱火势对人员威胁程度，从而更好地为救人脱险、及时扑灭火灾创造条件。

（3）先重点、后一般的原则。先重点、后一般，是就整个火场情况而言的。运用这一原则，要全面了解并认真分析火场的情况。

① 人与物相比，救人是重点。

② 贵重物资与一般物资相比，保护和抢救贵重物资是重点。

③ 火势蔓延猛烈的方面及其他方面相比，控制火势蔓延猛烈的方面是重点。

④ 有爆炸、毒害以及倒塌危险的方面和没有这些危险的方面相比，处置这些危险的方面是重点。

⑤ 火场上的下风方向与上风、侧风方向相比，下风方向为重点。

⑥ 可燃物资集中区域与这类物品较少的区域相比，可燃物资集中区域是保护重点。

⑦ 要害部位与其他部位相比，要害部位是火场上的重点。

 问308： 初期火灾扑救的指挥要点都有哪些？

实践证明，扑灭火灾的最有利时机是在火灾的初期阶段。要做到及时控制及消灭初起火灾，主要是依靠群众义务消防队。由于他们对本单位的情况最了解，发生火灾后能在公安消防队和企业专职消防队到达之前，最先到达火场。因此发生火灾后，首先由起火单位的领导或者义务消防队的领导进行组织指挥；当本单位企业专职消防队到达火场时，由企业专职消防队的领导负责组织指挥；当公安消防队到达火场时，由公安消防队的领导统一组织指挥。扑救初起火灾的组织指挥工作主要做好下列几点。

（1）及时报警，组织扑救。无论在任何时间和场所，如果发现起火，都要立即报警，并参与和组织群众扑救火灾。报警的对象、内容、方法以及要求如前所述。

（2）积极抢救被困人员。当火场上有人被围困时，要组织身强力壮人员，积极抢救人命。

（3）疏散物资，建立空间地带。火场上要组织一定的人力及机械设备，将受到火势威胁的物资疏散到安全地带，以防止火势的蔓延，减少火灾损失。

（4）防止扩大环境污染。火灾的发生，常常会对环境造成污染。泄漏的有毒气体、液体和灭火用的泡沫等还会对大气或水体造成污染。有时，燃烧的物料不扑灭只会对大气造成污染，若扑灭早了反而还会对水体造成更严重的污染。若燃烧的火焰不会对人员或其他建筑物、设备构成威胁时，在泄漏的物料无法收集的情况下，灭火指挥员应果断地决定，宁肯让其烧完也不宜将火扑灭，以避免对环境造成更大的污染等危害。

6.5 安全疏散与自救逃生

 问309：人员如何安全疏散？

（1）稳定情绪，维护现场秩序。火灾时，在场人员有烟气中毒、窒息以及被热辐射、热气流烧伤的危险。所以，发生火灾后，首先要了解火场有无被困人员及被困地点和抢救的通道，以便于安全疏散。当遇有居民住宅、集体宿舍以及人员密集的公共场所起火，人员安全受到威胁时，或由于发生爆炸着火，在建筑物倒塌的现场上或者浓烟、充满毒气的房屋里，人员受伤、被困时，必须采取稳妥可靠的措施，积极进行抢救和疏散。有时人们虽然未受到火的直接威胁，但是处于惊慌失措的紧张状态（如影剧院、医院等公共场所发生火灾），有导致伤亡事故的危险，在喊话宣传稳定情绪的同时，也要尽快地组织疏散，撤离火灾现场。通常情况下，绝大多数的火灾现场被困人员可以安全疏散或自救，脱离险境。所以，必须坚定自救意识，不惊慌失措，冷静观察，采取可行的措施进行疏散自救。

（2）能见度差，鱼贯地撤离。疏散时，比如人员较多或能见度很差时，应在熟悉疏散通道的人员带领下，鱼贯地撤离起火点。带领人可用绳子牵领，以"跟着我"的喊话或者前后扯着衣襟的方法将人员撤至室外或者安全地点。

（3）烟雾较浓，做好防护，低姿撤离。如果在撤离火场途中被浓烟所围困时，由于烟雾一般是向上流动，地面上的烟雾相对来说比较稀薄，所以可采取低姿势行走或匍匐穿过浓烟区的方法，若有条件，可用湿毛巾等捂住嘴、鼻或用短呼吸法，用鼻子呼吸，以便于迅速撤出浓烟区。

（4）楼房着火，利用有利条件，不盲目跳楼。楼房的下层着火时，楼上的人不要惊慌失措，应依据现场的不同情况采取正确的自救措施。若楼梯间只是充满烟雾，则可采取低姿势手扶栏杆迅速而下；若楼梯已被烟火堵住但未坍塌，还有可能冲得出去时，则可向头部、上身淋些水，用浸湿的棉被、毯子等物披围在身上从烟火中冲过去；若楼梯已被烧断、通道已被堵死，可利用屋顶上的老虎窗、阳台以及落水管等处逃生，或者在固定的物体（如窗框、水管）上，也可将被单、窗帘撕成条连接起来，然后手拉绳缓缓而下；如果上述措施行不通，则应退回室内，将通往着火区的门窗关闭，还可向门窗上浇水，延缓火势蔓延，并向窗外伸出衣物或者抛出小物件发出求救信号或呼喊引起楼外人员注意，设法求救。在火势猛烈时间来不及的情况下，若被困在二楼要跳楼时，可先往楼外地面上抛掷一些棉被等物，或者由地面人员在地上垫席梦思等软垫，以增加缓冲，然后手拉着窗台或阳台往下滑，这样可使双脚先着地，又可以缩小高度。如果被困于三楼以上，则不能盲目跳楼，可转移到其他较安全地点，耐心等待救援。

（5）自身着火，快速扑打，不能奔跑。一旦衣帽着火，应尽快地脱掉衣帽，如来不及，可把衣服撕碎扔掉，切记不能奔跑，那样会使身上的火越烧越旺，还会将火种带到其他场所，引发新的火点。身上着火，着火人也可就地倒下打滚，压灭身上的火焰；在场的其他人员也可以用湿麻袋、毯子等物把着火人包裹起来以窒息火焰；或向着火人身上浇水，帮助受害者将烧着的衣服撕下；或跳入附近池塘、小河中熄掉身上的火。

（6）保护疏散人员的安全，避免再入"火口"。火场上脱离险境的人员，往往因某种心理原因的驱使，不顾一切，想重新回到原处达到抢救或施救的目的。若自己的亲人还被围困在房间里，急于救出亲人；怕珍贵的财物被烧，急切地想抢救出来等。这不仅会使他们重新陷入危险境地，而且给火场扑救工作带来困难。因此，火场指挥人员应组织人安排好这些脱险人员、做好安慰工作，以确保他们的安全。

问310：　如何安全疏散物资？

（1）应急于疏散的物资

① 疏散那些可能扩大火势及有爆炸危险的物资。例如起火点附近的汽油及柴油油桶，充装有气体的钢瓶以及其他易燃、易爆和有毒的物品。

② 疏散性质重要，价值昂贵的物资。例如高级仪器、档案资料、珍贵文物以及经济价值大的产品、原料、设备等。

③ 疏散影响灭火战斗的物资。例如妨碍灭火行动的物资及怕水的物资（糖、电石）等。

（2）组织疏散的要求

① 将参加疏散的职工或者群众编成组，指定负责人，使整个疏散工作有秩序地进行。

② 先疏散受水、火、烟威胁最大的物资。

③ 尽量利用各类搬运机械进行疏散，如企业单位的起重机、输送机、汽车以及装卸机等。

④ 怕水的物资应用苫布进行保护。

⑤ 单位应明确疏散引导员，负责在楼层、疏散通道以及安全出口组织引导在场人员安全疏散。

问311：　人员密集场所火灾如何安全疏散？

体育馆、影剧院、礼堂、医院、学校以及商店等人员密集场所，一旦起火，如果疏散不力，就会造成重大伤亡事故。所以，人员疏散是头等任务。这些场所的安全出口数量，走道、楼梯和门的宽度以及到达疏散出口的距离等，均必须符合防火设计要求。同时，还应做好各种情况下的安全疏散准备工作，以满足火灾时安全疏散的需要。

（1）制订安全疏散计划。根据人员的分布情况，制订在火灾等紧急情况下的安全疏散路线，并绘制平面图，利用醒目的箭头标示出出入口和疏散路线。路线要尽量简捷，安全出口的利用率要平均。对工作人员要明确分工，平时要进行训练，以便火灾时按照疏散计划组织人流有秩序地进行疏散。

（2）在经营时间里，工作人员要坚守岗位，并确保安全走道、楼梯和出口畅通无阻、安全出口不得锁闭，通道不得堆放物资。组织疏散时应进行宣传，稳定情绪，使大家能够积极配合，按照指定路线尽快将在场人员疏散出去。

（3）安全疏散时要维持好秩序，注意不要相互拥挤，要扶老携幼，要帮助残疾人和患病、行动不便的人一道撤离火场。

（4）人员密集场所应配置应急疏散器材箱：消防安全重点单位每 1000m² 至少配置 1 个器材箱，而总数不少于 2 个；非消防安全重点单位 1000m² 以下至少配置 1 个器材箱，1000m² 以上至少配置 2 个器材箱。在每个器材箱内应配备不少于 1 根疏散荧光棒、1 个电源型移动疏散指示标志、4 个口哨、1 个手持扩音器、2 件反光背心、2 只防烟面具、2 个手电筒、20 条毛巾、10 瓶瓶装矿泉水等器材。应急疏散器材箱应均匀分布在场所显眼位置，方便取用，并不得影响疏散。

 问312： **地下建筑火灾如何安全疏散？**

地下建筑包括地下旅馆、游艺场、商店、物资仓库等，这些场所发生火灾时，烟气流对人的危害很大，所以需要在更短的时间内将人员疏散出去。地下建筑由于空间较小，疏散设施有限，起火时烟气很快充满空间，能见度极差，空间温度高，人们在惊慌中又易迷失方向等，人员疏散只能通过出入口。安全疏散的难度要比地面建筑大得多，因此，这种场所的安全疏散工作更需要加强。

（1）应制订区间（两个出入口之间的区域）疏散计划。计划应明确指出区间人员疏散路线及每条路线上的负责人。计划要通过平面图展示出来。

（2）服务管理人员都必须熟悉计划，特别是要明确疏散路线，一旦发生紧急情况，能够沉着地引导人流撤离起火场所。

（3）地下建筑内的走道两侧附设的招牌、广告以及装饰物均不得突出于走道内。

（4）地下建筑失火时，如果发生断电事故，营业单位应立即启用平时备好的事故照明设施或者使用手电筒及电池灯等照明器具，以引导疏散。

（5）单位负责安全的管理人员在人员撤离后应清理现场，避免有人在慌乱中采取躲藏起来的办法而引发中毒或被烧死的事故。

问313：　高层建筑火灾如何安全疏散？

（1）要冷静地观察从哪里可以疏散逃生，并要呼叫他人，提醒他人及时进行疏散。疏散时应按安全出口的指示标志，尽快地从安全通道及室外消防楼梯安全撤出。

（2）切勿盲目乱窜或奔向电梯，那样反而贻误逃生的时机或被困在电梯间而致死。这是由于火灾时常常切断电梯的电源，同时电梯井烟囱效应很强，烟火极易向此处蔓延。如果情况危急，急欲逃生，可利用阳台之间的空隙、落水管或者自救绳等滑行到没有起火的楼层或地面上，但千万不要跳楼。

（3）如果确实无力或者没有条件用上述方法进行自救，可紧闭房门，减少烟气、火焰侵入，躲在窗户下或者到阳台避烟，单元式住宅楼也可沿通道到屋顶的楼梯进入楼顶，等待到达火场的消防人员解救。总之，在任何情况之下，都不要放弃求生的希望。

（4）高层建筑内人员密集场所要确定疏散引导员，引导人员进行疏散，火灾时，要通过音响设备通报和指导按一定程序疏散，避免拥挤，影响疏散或导致踩伤事故。当烟雾弥漫到走道或楼梯间时，要及时排烟，并尽可能地引导人员由远离着火区的疏散楼梯疏散。

问314：仿古建筑、影视基地火灾的安全疏散通道如何设计？

仿古建筑多数位于旅游景区，人流量大，消防安全疏散是防火措施中的重点。

（1）仿古建筑群内的每个防火分区、一个防火分区内的每个院落，安全出口的数量应通过计算确定，且不应少于2个。当平面上有2个或者2个以上防火分区相邻布置时，每个防火分区可通过防火墙上一个通向相邻分区的防火门作为第二安全出口。

（2）不受烟火威胁的室外开敞空间可以作为安全区域。

（3）位于院落两个安全出口之间房间的最大疏散距离不大于80m。院落内尽端房间门到院落安全出口的最大疏散距离不大于40m。

（4）院落内房间疏散门的净宽度不应小于0.9m，院门净宽度不小于1.4m，并且不宜设置门槛。院落之外的疏散小巷的净宽度不应小于3m。

（5）不超过三层的木结构建筑每层建筑面积不大于200m²，第二层与第三层的人数之和不超过50人时，可只设一个楼梯。不超过三层的一、二级耐火等级的建筑，每层面积小于500m²，并且第二层和第三层的人数之和不大于100人的，可只设一个楼梯。

（6）仿古建筑用作旅馆、商店以及歌舞、娱乐、放映、游艺场所等用途时，室内疏散楼梯形式应根据相关规范设计。

（7）高度大于24m的仿古建筑室内疏散楼梯应采用防烟楼梯间或者设室外疏散楼梯。依山而建的仿古建筑可根据地形修建山体平台作为安全疏散设施。

问315：娱乐场所火灾的安全疏散通道如何设计？

（1）安全疏散出口的数量、宽度满足相关规范条文的规定。

（2）安全疏散出口严禁装设铁栅栏、铁门以及铝合金门等金属材质栅栏、门。

（3）窗户禁止封堵、遮挡或者装设铁栅栏。

问316：商场、集贸市场的安全疏散通道如何设计？

（1）商店（市场）建筑物之间不应设置连接顶棚，当必须设置时应符合以下要求。

① 严禁在消防车通道上部设置连接顶棚。

② 顶棚所连接的建筑总占地面积不应大于 $2500m^2$。

③ 顶棚材料的燃烧性能不应低于 B_1 级。

④ 顶棚下面不应设置摊位，堆放可燃物。

⑤ 顶棚四周应敞开，其高度应比建筑檐口 1.0m 高出以上。

（2）商店的仓库应采用耐火极限不低于 3.0h 的隔墙同营业、办公部分分隔，通向营业厅的门应为甲级防火门。

（3）营业厅内的柜台与货架应合理布置，疏散走道设置应符合规范的规定，并应符合以下要求。

① 营业厅内的主要疏散走道应直通到安全出口。

② 主要疏散走道的净宽度应不小于 3m，其他疏散走道净宽度应不小于 2m；当一层的营业厅建筑面积小于 $500m^2$ 时，主要疏散走道的净宽度可以为 2m，其他疏散走道净宽度可以为 1.5m。

③ 疏散走道与营业区之间应在地面上设置较为明显的界线标识。

④ 营业厅内任何一点至最近安全出口的直线距离不宜大于 30m，并且行走距离不应大于 45m。

（4）营业厅内设置的疏散指示标志应符合的要求

① 应在疏散走道转弯和交叉部位两侧的墙面及柱面距地面高度 1.0m 以下设置灯光疏散指示标志；确有困难时，可设置于疏散走道上方 2.2～3.0m 处；疏散指示标志的间距应不大于 20m。

② 灯光疏散指示标志的规格应不小于 $0.85m×0.30m$，当一层的营业厅建筑面积小于 $500m^2$ 时，疏散指示标志的规格应不小于 $0.65m×0.25m$。

③ 应在疏散走道的地面上设置视觉连续的蓄光型辅助疏散指示标志。

（5）营业厅的安全疏散不应穿越仓库。当必须穿越时，应设置疏散走道，并且采用耐火极限不低于 2.0h 的隔墙与仓库分隔。

（6）营业厅内食品加工区的明火部位应靠外墙布置，并且应采用耐火极限不低于 2.0h 的隔墙与其他部位分隔。敞开式的食品加工区不应使用液化石油气作燃料，而应采用电能加热设施。

（7）防火卷帘门两侧各 0.5m 范围内不得堆放物品，并且应用黄色标识线划定范围。

问317：旅馆的安全疏散通道如何设计？

（1）高层旅馆的客房内应配备应急手电筒和防烟面具等逃生器材及使用说明，其他旅馆的客房内宜配备应急手电筒和防烟面具等逃生器材及使用说明。

（2）客房内应设置醒目、耐久的"请勿卧床吸烟"提示牌及楼层安全疏散示意图。

（3）客房层应按有关建筑火灾逃生器材及配备标准设置辅助疏散、逃生设备，并且应有明显的标志。

（4）制订应急疏散和灭火预案，每年开展一次演练。

问318：展览馆的安全疏散通道如何设计？

（1）场馆建筑直接通向公共走道的房间门至最近的外部出口或者楼梯间的距离，应符合规范标准表，展览厅（室）内任何一点到最近安全出门的直线距离不宜大于 30m。

（2）安全疏散宽度指标。场馆建筑的安全疏散，除应满足安全出口数量、楼梯间型式以及安全疏散距离的要求外，尚应满足相关规范对疏散宽度指标的规定。展览建筑中的安全出口、疏散走道、疏散楼梯以及房间疏散门的各自总宽度，应按以下规定经计算确定。

① 疏散楼梯应符合耐火等级以及疏散门的净宽度的要求。若每层人数不等，则疏散楼梯的总宽度可以分层进行计算，下层楼梯的总宽度应按其上层人数最多一层的人数计算；地上建筑中下层楼梯的总宽度应按其上层人数最多一层的人数计算；地下建筑中上层楼梯的总宽度应按照其下层人数最多一层的人数计算。

② 当展览厅、室设置在地下或者半地下及高层建筑中，其疏散走道、安全出口以及房间疏散门的各自总宽度，应根据其通过人数每 100 人不小于 1m 计算确定。

③ 首层外门的总宽度应根据该层或该层以上人数最多的一层人数计算确定，不供楼上人员疏散的外门，可根据本层人数计算确定。

 问319： **体育场馆的安全疏散通道如何设计？**

（1）疏散宽度。体育建筑的疏散走道、疏散楼梯以及安全出口的各自总宽度，应根据其通过的人数及疏散净宽度指标计算确定。

① 安全出口和走道的有效总宽度均应按照不小于《建筑设计防火规范》（GB 50016—2014）的规定计算。

② 每一安全出口和走道的有效宽度除应符合计算外，还应符合以下条件：安全出口的宽度应为人流股数的倍数，4 股与 4 股以下人流时每股宽按 0.55m 计，大于 4 股人流时每股宽按 0.5m 计。

通向安全出口的纵走道设计总宽度应和安全出口的设计总宽度相等，经过纵横走道通向安全出口的设计人流股数应等于安全出口的设计通行人流股数。看台观众席内疏散走道的净宽度应按每百人不小于 0.6m 的净宽度计算，并且主要纵横走道不应小于 1.1m（指走道两边有观众席），次要纵横走道不应小于 0.9m（指走道一边有观众席）。活动看台的疏散设计和固定看台同等对待。

（2）疏散门。疏散门的净宽度不应小于 1.4m。疏散门开启方向应与疏散方向相同。疏散门不应设置门槛，在紧靠门口内外各 1.4m 范围内不应设踏步。疏散门应采用推闩外开门，不应采用推拉门、转门。有等场需要的入场门不得计入疏散门的总宽度。观众厅、比赛厅以及训练厅的安全出口应设置乙级防火门。

（3）观众厅外的疏散走道

① 室内坡道坡度不应大于 1:8，室外坡道坡度不应大于 1:10，并且应有防滑措施。为残疾人设置的坡道应满足相关规范的要求。

② 疏散通道穿越休息厅或前厅时，厅内陈设物的布置不应影

响疏散的畅通。

③ 当疏散走道有高差变化时宜做坡道。当设置台阶时应有明显标志及采光照明。疏散通道上的大台阶应设便于人员分流的护栏。

④ 疏散走道宜有天然采光与自然通风（设有排烟设施和事故照明者除外）。

（4）疏散楼梯。超过2层的体育建筑的疏散楼梯应采用室外疏散楼梯或室内封闭楼梯间（包括首层扩大封闭楼梯间）。踏步深度不应小于0.28m，踏步高度不应大于0.16m，楼梯的最小宽度不得小于1.2m，转折楼梯平台深度不应比楼梯宽度小。直跑楼梯的中间平台深度不应小于1.2m。不得采用螺旋楼梯和扇形踏步。踏步上下两级形成的平面角度不超过10°，但是每级离扶手0.25m处踏步宽度超过0.22m时，不受此限。

（5）火灾应急照明和疏散标识。体育建筑应设置火灾应急照明。观众席的安全出口上方及疏散走道出口、转折处应设疏散标志灯。疏散走道内应设疏散指示标志。疏散路线的疏散指示、导向标志灯以及疏散标志灯，必须符合疏散时视觉连续的需要。

 问320： **学校的安全疏散通道如何设计？**

（1）图书馆、教学楼、实验楼以及集体宿舍的公共疏散走道、疏散楼梯间不应设置卷帘门及栅栏等影响安全疏散的设施。

（2）集体宿舍禁止使用蜡烛、电炉等明火；当需要使用炉火采暖时，应设专人负责，夜间应定时进行防火巡查。

（3）每间集体宿舍都应设置用电超载保护装置。

（4）集体宿舍应设置醒目的消防设施、器材以及出口等消防安全标志。

问321： **医院的安全疏散通道如何设计？**

（1）病房疏散通道内不得堆放可燃物品和其他杂物，不得加设病床。为划分防火防烟分区设在走道上的防火门，如平时需要保持常开状态，在发生火灾时则必须自动关闭。

（2）按相关规定设置的封闭楼梯间、防烟楼梯间以及消防电梯前室一律不得堆放杂物，防火门必须保持常关状态。疏散门应采用向疏散方向开启的平开门，不应采用推拉门、卷帘门、转门、吊门。

（3）除医疗有特殊要求外，疏散门不得上锁；疏散通道上应按照规定设置事故照明、疏散指示标志和火灾事故广播并且保持完整好用。

问322：火场逃生的原则有哪些？

火场逃生原则基本上可用 16 个字来说明，即保证安全，迅速撤离，顾全大局，救助结合。

"确保安全，迅速撤离"是指被火灾围困的人员或者灭火人员要抓住有利时机，就近利用一切可利用的工具及物品，想方设法迅速撤离火灾危险区。一个人的正确行为能带动更多人的跟随，就会避免一大批人的伤亡。不要因抢救个人贵重物品或者钱财、存折而贻误逃生良机。这里需强调的是，若逃生的通道均被封死时，在无任何安全保障的情况下，不要急于采取过激的行为，防止造成不必要的伤亡。

"顾全大局，救助结合"，包含三方面的含义。

（1）自救与互救相结合。当被困人员较多，尤其是有老、弱、病、残、妇女以及儿童在场时，要主动、积极帮助他们首先逃离危险区，有秩序地疏散。

（2）自救与扑救相结合。火场是千变万化的，若不扑灭火灾，不及时消除险情，就会导致毁灭性灾害，带来更多的人员伤亡，给国家财产造成更大的经济损失。在能力及条件可能时，要发扬自我牺牲精神，把自己的生死置之度外，千方百计、奋不顾身地消除险情，延缓灾害发生的时间。

（3）逃生与救援相结合。当逃生的途径被大火封死之后，要注意保护自己，待救援人员开辟通道，撤离火灾危险区。

问323：火场逃生需要做哪些准备？

火场逃生准备指的是在火灾发生之前，对有关人员进行逃生知识的教育，不定期地组织逃生方法演练，在有必要的地方设置简便可行的救生器材。

（1）健全组织，明确分工。消防安全重点单位要制订应急疏散预案，指定专人负责并确定相应的职责。同时建立若干个小组，比如报警引导组主要负责火灾报警应急广播，以稳定被困人员情绪。火灾发生时，报警引导人员还要迅速将安全通道打开并保持通道畅通；疏散抢救组主要负责被烟火围困的火场人员和老、幼、病、残者的疏导及抢救；安全救护组主要负责维护现场秩序，配合医务人员把伤员护送至医院抢救。

（2）制订周密的方案。火场逃生应根据火势大小及不同部位制订出不同类型的逃生方案。要明确规定出疏散信号、疏散路线、疏散通道和疏散方法。切忌大量人员涌向一个出口，导致踩伤和挤伤事故。同时，还要定期或不定期地进行演练，以便于全体人员都能熟悉疏散路线，了解疏散方案和逃生自救行为要求。在制订方案及加强演练的同时，还要对有关人员开展防烟防毒基本知识的教育。

（3）要加强火场逃生知识的学习和训练。一是将火灾逃生知识的宣传普及抓好，提高全民自我保护意识，掌握火场逃生知识；二是进行逃生技能项目的应用演练，使其熟悉掌握逃生的本领。

（4）出差、购物或在娱乐场所游玩时，每到一处陌生的地方均要养成熟悉环境的习惯。常言道：不怕一万，就怕万一。尤其是出差住宿或乘坐车船等，更应格外留心观察安全出口和救生设施设置在什么地方。

（5）要克服惊慌的心理状态，谨防心理崩溃。有许多火灾死亡者大多是"先亡于心，后亡于身"的，这就要求我们要具备良好的心理素质，遇险沉着冷静。

（6）新建民用和高层建筑，特别是地下工程、商场、旅店、宾馆、影剧院、歌舞厅以及高层民用住宅、劳动密集型工厂等，必须按照国家防火技术规范要求设计、建设。疏散楼梯的数量和宽度以及安全通道、火灾自动报警、自动灭火装置等必须按照规范设置，同时还要配备必要的逃生应急器材，如应急灯和各种救生网、袋、梯、绳以及垫等。

 问324：火场逃生自救的方法有哪些？

在火场上一定要强制自己保持头脑冷静，按照周围环境和各种自然条件，行动之前一定要事先做好判断和选择。自救逃生时常用方法如下。

（1）迅速撤至安全地点。撤离时将房间里的门窗关闭，这样可以控制火势发展，延长逃生的时间。逃离时所经过的通道已经有了烟雾时，要用毛巾（最好是湿毛巾）捂住口及鼻子，低身匍匐前进。烟是导致人窒息的重要原因，国外某研究机构曾对393起建筑火灾中死亡的1464人做过统计分析，其中，由于吸入烟雾缺氧窒息死亡的有1062人，占死亡总数的70%左右。所以在逃离火场时，一定要避开浓烟的威胁。

（2）利用现有救生器材逃生。一般大型商场或高级宾馆大多安装有救生袋及缓降器等自救器材，在处于火灾的情况下，可以通过它们逃生。

（3）利用建筑物本身及附近的自然条件逃生。高层建筑发生火灾时，可以通过建筑物的阳台、窗口、落水管、楼顶、避雷线以及晾衣竹竿逃生。当然，这些不是所有的人都能够做到的。逃生时，除了充分利用这些自然条件外，更重要的是还要依据各人自身的能力，在对本身能力没有一定把握的情况之下，千万不要贸然行事。

（4）因地制宜，就地取材，创造条件逃生。衣裤是逃生时最为方便利用的物品。火场上如果楼梯已开始着火燃烧，但尚未烧断，在火势并不非常猛烈时，可以将衣裤用水浸湿，披在身上，从楼上快速冲下。

绳子和床单能够为逃生创造条件。多层建筑发生火灾时，被大火围困人员如果无其他自救方法时，可用绳子或床单连接起来，一端紧拴在牢固的门窗框架或者其他承重物上，再顺着绳子或布条滑下。比如1985年4月15日哈尔滨某饭店发生火灾，有两名旅客系好3条床单作为自救绳，从发生火灾的第11层楼窗口下滑至第10

层而脱险。

棉被和地毯等也是火场能够利用逃生的物品。多层建筑火灾中，如无条件采取其他任何自救方法，在烟火威胁、时间紧迫的情况下，可先向地面抛下一些棉被、地毯以及席梦思床垫等物品，然后手扶窗台往下滑，以使跳落高度缩小，并保持双脚首先落在抛下的棉被、地毯或席梦思床垫上。使用这个办法逃生需要说明的是，在楼层大于三楼以上时要慎重，不到万不得已最好不要使用。

问325： 火场互救的方法有哪些？

火场互救指的是在火灾事故中表现出舍己救人，以帮助他人为目的的救助行为，如一家发生火灾时，周围的邻居跑来帮助灭火，在火场上帮助救人等。当一人（家）有难时，旁人伸出援助之手去帮助，这是中华民族几千年以来的传统美德。火场互救分为自发性互救及有组织的互救。

自发性互救指的是在火灾现场，在无组织无领导的情况下，群众所采取的一种自觉自愿的救助行为，如当火灾发生时高喊"着火了"或者敲门向左邻右舍报警。当周围的邻居听到着火的消息后，年轻力壮和有行为能力的人都会纷纷跑来救火，并帮助年老体弱者、妇女以及儿童逃离火场。

有组织的互救是指在火灾初期，消防人员尚未到达火场之前，由起火单位的干部及职工组织起来的互救行为。表现为火灾发生时利用喊话、广播通知，引导被火围困人员撤离险境。当疏散通道被烟火封锁时，协助架设梯子、抛绳子以及递竹竿等帮助被困人员逃生。有时候还能在楼下拉起救生网、放置软体物质，救助从楼上往下跳的人员。在配置有一般消防器材的建筑物火灾中，群众还可以通过建筑物内的水带及水枪等为被围人员开辟通道，帮助迅速逃离火场。

问326： 火场等待救援的注意事项有哪些？

等待救援是在自救和互救均不能使自己逃离火场时，采用的一种被动逃生方法。这里重谈谈被困者应该采取哪些方法才能够保全自己，等待援救。

（1）树立信心，保持镇静。信心就是战胜困难的保证，当自己的生命受到威胁时，千万不能产生畏怯情绪，要树立起战胜火魔的信心与决心，保持镇静，这样才能使自己的头脑清晰，思维敏捷，判断准确。信心和镇静是火场逃生时必不可少的先决条件。

（2）严密防护，待机营救。如何变被动为主动，延缓时间，保护自己，等待营救，不能一概而论，要根据情况而定。在建筑物火灾中，在疏散通道被大火封死的情况之下，要选择安全的房间（如洗手间、卫生间、厨房以及阳台）把门窗关好，堵塞门窗空隙，不间断地用水将门窗浇湿，避免烟火窜入，以延长保护的时间。同时要向火场周围发出呼救，可以敲击金属物品，大声呼喊，在夜间时，还要用手电筒的亮光向窗外发出信号，以引起救援人员的注意，及时被发现和实施营救工作。

问327：火场逃生的注意事项有哪些？

每次火灾均有各自不同的特点，下面介绍遇到一般的火灾事故时的注意事项。

（1）火场逃生要迅速，动作越快越好，切不要为穿衣或者寻找贵重物品而延误时间，要树立时间就是生命、逃生第一的思想。

（2）逃生时要注意随手将通道上的门窗关闭，以阻止和延缓烟雾向逃离的通道流窜。通过浓烟区时，要尽可能以最低姿势或匍匐姿势快速前进，并且用湿毛巾捂住口鼻。不要向狭窄的角落退避，如床下、墙角、桌子底下以及大衣柜里等。

（3）若身上衣服着火，应迅速脱下衣服，如果来不及脱掉可就地翻滚，将火压灭，不要身穿着火衣服跑动，如附近有水池、河塘等，要迅速跳入水中。如果人体已被烧伤，应注意尽量不要跳入污水中，以防感染。

（4）火场上不要轻易乘坐普通电梯。其一，发生火灾后，往往容易断电而造成电梯"卡壳"，给逃生及救援工作增加难度；其二，电梯口直通大楼各层，火场上烟气涌入电梯并极易形成"烟囱效应",人在电梯里随时就会被浓烟毒气熏呛而窒息。

(5)火灾刚刚发生时,应迅速拨打119报警,同时积极参加初起火灾的扑救。

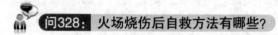

问328:火场烧伤后自救方法有哪些?

(1)烧伤后的处置方法。假如一个人身上衣服着了火,最为重要的是保护好双手。如果身边没有水,可以找厚密的棉织物或棉被盖在着火的身上。但不能把头包起来,由于燃烧时释放出来的气体可能引起严重的上呼吸道损伤。只要火一熄灭,就要立即将衣服脱下来。

脱下衣服后,用清洁的干纱布将烧伤的创面盖起来,并服用止痛药。当烧伤程度较轻时,可以先用清洁的冷水冲洗伤处,再多抹些酒精或者花露水。稍停片刻,在烧伤的皮肤上贴几片干净的白菜片或大头菜的叶子。对于小面积创伤不能立即涂抹植物油,由于油脂在创血上形成薄油膜,影响皮肤散热。

当烧伤程度较重时,切不可将创面的水泡挑破,也不能涂抹任何药物,否则将会发生感染,这时应立即送至医院紧急处置。

(2)人体能忍受的高温。消防队员经常冒着高温去执行灭火任务,所以研究人体在高温环境中的忍耐程度,对减少火灾中的人员伤亡及对消防工作很有益处。

科学家对人体在干燥空气环境中,能够忍受的最高温度做过试验:人体在71℃的环境中,能坚持1h;82℃时,能坚持49min;93℃时,能坚持33min;104℃时,能坚持26min。

据记载,似乎人体能忍受的极限温度还要高些,比如1864年,曾有个妇女在132℃的高热炉中待了12min。1928年,一位男子在温度高达170℃的炉子里熬过14min;1958年在比利时,曾经有人在200℃的酷热环境中坚持了5min。

美国航空医学界专家指出,人体耐热时间受到痛觉的限制,并同所穿的衣服有关。在裸体情况下,人体能忍受的上述快速升温极限为210℃,而穿上消防服,则人体能够忍受骤然升温的极限可达270℃。

问329： **火灾现场浓烟的危害有哪些？**

在正常的情况下，空气中的二氧化碳含量为0.06%，发生火灾的时候，二氧化碳增加至13%以上。在人类生存的空间，若空气中二氧化碳含量达到2%时，就会感觉到呼吸困难、头晕以及咳嗽；如果二氧化碳含量超过5%时，生命就会有危险；若含量达到20%时，即可在短时间内致人死亡。

发生火灾的初期，烟雾中的一氧化碳开始增加，通常可达1%；如果室内门窗关闭，通风不良，则一氧化碳含量迅速上升，超过2%。一氧化碳的毒性大家是知道的，所谓的煤气中毒便是一氧化碳中毒。一氧化碳与人体血液中的血红蛋白结合，形成碳氧血红蛋白，从而使血红蛋白丧失了输氧的能力，使人缺氧、窒息。

物质燃烧时要消耗掉空气中大量的氧气，随着燃烧时间的延长，氧含量就会逐渐下降。在正常情况下，空气中的氧含量约为21%；在高原地区，氧含量不足20%，有的人就会感到呼吸困难。而在火灾现场，大火初期的氧含量就可能降至19%，甚至16%；火势猛烈时，氧含量可能降至6%～7%。当氧含量降到10%时，人们的呼吸就会感到十分困难；如果降至6%，就会立刻窒息致死。

以上说的是一般物质燃烧时的情况，若燃烧的是塑料、化纤物质（如化纤毯、化纤服装等），还会产生另外一些气体，如光气、氯气以及氰化氢等。虽然浓度有限，但危险却极大，如氯气，当空气中含量达0.01%时，人吸入后便会发生痉挛和严重的眼损害，并导致肺炎、肺气肿和肺出血；当其含量超过0.25%时，可立即使人窒息而死。空气中的氰化氢含量若达到0.0027%，光气含量达到0.0005%时，都能够立即致人死亡。

 问330： **火灾现场如何防止烟雾的袭击？**

烟的危害如此之大，因此在火灾现场，人被烈火包围时，要想尽办法。通常可以采取以下几种办法。

（1）阻止烟气进入房间。火灾发生时，烟气的流动速度比火势蔓延的速度快。烟的水平流动速度在1m/s左右，而垂直流动速度可达5m/s以外。因此，一幢建筑物内虽然燃烧范围不大，但能使整幢房子都充满浓烟。所以，如果你发现临近处已着火，而周围通路又被截断而难以逃生时，应当立即关闭与燃烧处相通的门窗，但不要上锁。如果有条件的话，再用浸水的衣服等堵住门窗的隙缝，这样就能阻止或者减少烟气侵入。

（2）用湿毛巾捂住口鼻，以减少吸入浓烟。从事灭火的消防队员及救护人员大都配备有防毒面具等，能够抵御烟气的袭击，一般居民可以采用最简便的手帕捂住口鼻的方法防烟，若用折叠起来的湿毛巾捂鼻，更具有一定的过滤作用，防烟效果会更好。

火灾发生后，大多数人会大喊大叫，殊不知大喊大叫中会有更多的烟雾吸入呼吸道。如某市南京路的一场大火中，一户居民惊慌失措，大喊大叫被呛死，其实在人乱嘈杂的火灾现场仅凭声嘶力竭地喊叫是起不了什么作用的，因而吸入了更多烟雾窒息而亡；另一户居民较为镇静机智，没有大声喊叫，而是用不断向窗外抛掷小物件及打灯光等办法，代替呼救信号，最后全家得救。

（3）寻找适当位置暂时避烟。烟气中的大多数气体均比空气重，但在高温情况下烟雾仍向上浮动，所以室内的烟雾越是高处浓度越高。据试验，在火灾发生之后11～13min内房间顶部的二氧化碳含量约为9%，中部约为5%，地面约为2%。一氧化碳要轻于二氧化碳，大部分集中在房间中部，相当于人呼吸的部位，因此顶部含量约为0.8%，中间约为1%，地面约为0.4%。因此，在烟雾弥漫的房间里蹲下或匍匐的位置所吸入的一氧化碳和二氧化碳都比较少。但这只不过是权宜之计，仍以及早争取逃离火场至达安全地带为上策。

问331：高层建筑火灾如何逃生？

随着我国改革开放的不断深化及社会主义现代化建设步伐的加快，各大中城市里的高层建筑如雨后春笋般地耸立起来，其发展速度之快、数量之多都是非常惊人的。高层建筑有其自身的特殊性，发生火灾时人员的逃生与疏散比普通建筑难度更大。按照国家颁布的《建筑设计防火规范》（GB 50016—2014）的规定，高层建筑指的是 10 层或 10 层以上的住宅建筑及高度超过 24m 的公共建筑。建筑高度超过 100m 的为超高层建筑。建筑高度超过 24m 的两层及两层以上的厂房和库房为高层工业建筑。城市的高层建筑一般用作宾馆、宿舍、饭店、办公楼、商店等，也有一些综合性的大厦。一旦发生火灾，火势蔓延迅速，疏散难度大，往往会导致人员伤亡。所以，了解高层建筑火灾特点，掌握火灾时逃生的方法，对减少火灾人员伤亡尤为重要。

（1）基本特点

① 主体建筑高，层数多。高层建筑的最重要的特点。

② 建筑形式多样。高层建筑的形式有四方形、塔形、凹形、阶梯形、人字形等。

③ 竖井、管道多。高层建筑因其功能需要，设有各种竖井及管道。常见的竖井有电梯井、电缆井、楼梯井、管道井等，这些竖井使楼层上下相通。水平位置的管道有排风管、水管以及电线管道等，这些管道通向各个房间，使整个楼层相互贯穿。

④ 用电设备多。高层建筑内用电设备多，除了各种照明灯具、电视机、电冰箱、电梯以外，许多高层建筑内还设有自控空调及自动窗帘等智能电器设备。

⑤ 功能复杂、人员密集。有些高层建筑，同一幢大楼有多种功能，有办公室、会议室、卧室、文娱室、图书室、变（配）电室、厨房、机房、餐厅、仓库等。有的高层建筑既住旅客，又办公、营业，成为综合性大楼，人员复杂而且密集，火灾时更容易造成人员伤亡。

⑥ 可燃物多，火灾荷载大。在高层建筑内部有大量的可燃装饰材料，比如可燃材料吊顶、塑料墙布、墙纸以及窗帘等。有些管道、电缆的隔热材料和缠料也是用的可燃材料。这些材料多数为高分子材料，在燃烧过程中能够析出大量的热和可燃气体以及带有毒性的烟气，生成的这些物质能加快燃烧速度，又容易发生爆炸，严重地威胁人员的生命安全。

（2）火灾特点

① 热气流升腾快。由于起火房间可燃物多，在密闭型的建筑

内温度升高很快，烟气、高温热气流利用各种途径扩散，首先是向上升腾。

② 内外蔓延，容易形成立体火灾。房间起火之后，烟火首先冲向房顶然后向水平方向扩散，烟雾越来越多时开始下沉蔓延向起火楼层的四周。

③ 客易造成人员伤亡。一旦房间起火，有毒烟气迅速充满走廊，人们很快会受到烟气的袭击，加之高层建筑疏散的距离远，竖向疏散难度大，疏散所需要的时间长，在人员疏散时，容易出现拥挤甚至出现阻塞，造成人员疏散速度减慢。所以，高层建筑起火时，人员中毒、窒息死亡或者被火烧死的事件屡屡发生。

（3）逃生技术。在火灾中，被困人员应有良好的心理素质，保持镇静，并且不惊慌、不盲目地行动，从而选择正确的逃生方法。必须注意的是，火灾现场温度是非常惊人的，而且烟雾会挡住你的视线。火灾现场能见度非常低，甚至在你长期居住的房间里也搞不清窗户及门的位置。在这种情况下，更需要保持镇静，不能惊慌，利用一切可以利用的有利条件，选择正确的逃生路线。

以下列举几种常见的逃生技术。

① 尽量利用建筑物内设施逃生。通过建筑物内已有的设施进行逃生，是争取逃生时间、提高逃生率的重要方法，详见表6-2。

表6-2　利用建筑物内设施逃生的方法

序号	逃生方法
1	利用消防电梯进行疏散逃生，但是火灾时普通电梯千万不能乘坐
2	利用室内防烟楼梯、普通楼梯、封闭楼梯进行逃生
3	利用建筑物的阳台、通廊、避难层及室内设置的缓降器、救生袋、安全绳等进行逃生
4	利用观光楼梯避难逃生
5	利用墙边落水管进行逃生
6	利用房间床单等物连接起来进行逃生

② 不同部位，不同条件下人员逃生方法，见表6-3。

表6-3 不同部位，不同条件下人员逃生方法

部位及条件	逃生方法
高楼层某部位起火	当高楼层某部位起火，且火势已经开始发展时，应注意听广播通知，广播会告知着火的楼层，以及安全疏散的路线、方法等，不要一听有火灾就惊慌失措地行动
房间内起火	当房间内起火，门被火封死，人员不能顺利疏散时，可另寻其他通道，如通过阳台或走廊转移到相邻未起火的房间，再利用这个房间的通道疏散
晚上听到报警	如果是晚上听到报警，首先应该用手背去接触房门，试一试房门是否已变热，如果是热的，门不能打开，否则烟和火就会冲进卧室。如果房门不热，火势可能还不大，通过正常的途径逃离房间是可能的，离开房间以后，一定要随手关好身后的房门，以防止空气对流造成火势蔓延。如在楼梯间或过道上遇到浓烟要马上停下来，千万不要试图从烟火里冲出，也不要躲藏到顶楼或壁橱等地方，应选择别人易发现的地方，向消防队员求救
某一防火分区着火时	当某一防火分区着火时，如楼房中的某一单元着火，楼层的大火已将楼梯间封住，致使着火层以上楼层的人员无法从楼梯间向下疏散时，被困人员可先疏散到屋顶，再从相邻未着火楼房的楼梯间往地面疏散
着火层的走廊、楼梯被烟火封锁时	当着火层的走廊、楼梯被烟火封锁时，被困人员要尽量靠近当街窗口或阳台等容易被人看到的地方，向救援人员发出求救信号，如呼唤、向楼下抛掷一些小物品、用手电筒往下照等，以便让救援人员及时发现，采取救援措施
充满烟雾的房间和走廊内	在充满烟雾的房间和走廊内时，由于烟和热气上升的规律，在离地面近的地方，烟雾相对少一点，呼吸时可少吸些烟，逃离时最好弯腰使头部尽量接近地板，必要时应匍匐前进
处于楼层较低(三层以下)的被困位置	如果处于楼层较低(三层以下)的被困位置，当火势危及生命又无其他方法可自救时，可将室内床垫、被子等软物从窗口抛到楼底，人从窗口跳至软物上逃生

③ 自救、互救逃生。

a. 利用各楼层的消防器材，如干粉及泡沫灭火器或水枪扑灭初起火灾是积极的逃生。

b. 互相帮助，共同逃生。对老、弱、病、孕妇、儿童及不熟悉环境的人需要引导疏散，帮助逃生。

c. 自救逃生。发生火灾时，要积极行动，不能坐以待毙，要充分借助身边的各种利于逃生的东西，如把床单、窗帘以及地毯等接成绳，进行滑绳自救，或将洗手间的水淋湿墙壁和门，阻止火势蔓延等。

　　④ 注意事项，见表6-4。

表6-4　自救、互救逃生的注意事项

序号	注　意　事　项
1	不能因为惊慌而忘记报警。进入高层后应注意通道、警铃、灭火器的位置，一旦发生火灾，要立即按警铃或打电话，延误报警是很危险的
2	不能一见低层起火就往下跑，低楼层发生火灾后，如果上层的人都往下跑，反而会给救援增加困难，且易被烟气侵害，正确的做法应是向上跑
3	不能因清理行李和贵重物品而延误时间。起火后，如果发现通道被阻，则应关好房门，打开窗户，设法逃生
4	不能盲目从窗口往下跳。当被大火困在房内无法脱身时，要用湿毛巾捂住鼻子，阻挡烟气侵袭，耐心等待救援，并想方设法报警呼救
5	不能乘普通电梯逃生。高楼起火后容易断电，这时候乘普通电梯就有"卡壳"的可能，使疏散逃生失败
6	不能在浓烟弥漫时直立行走。大火伴着浓烟腾起后，应在地上爬行，以避免呛烟和中毒

 问332： 地下建筑火灾如何逃生？

　　地下建筑是指建筑在岩石或者土层中的军事、工业、交通和民用建筑物。尤其是现在，有许多人防工程被开发利用，成为商场、旅店以及车库等，远远超出了它原有的设计使用范围。因为地下建筑结构复杂，人员高度集中，以致于发生火灾时，常常不知所措。所以，必须掌握地下建筑的基本结构及其火灾规律，以利于紧急情况下顺利逃生。

　　(1) 地下建筑的布置特点和结构形式，见表6-5。

　　(2) 火灾特点。地下建筑外部由岩石及土层包围，它只有内部空间、出入口等，地下建筑火灾同其他建筑物火灾相比，有其自己的特殊性。地下建筑的火灾特点见表6-6。

表 6-5 地下建筑的布置特点和结构形式

项目	内　容
布置特点	地下建筑主要由出入口、通道和洞室三部分组成。出入口有主要出入口、安全出入口、连通口、特殊用途出入口和垂直式出入口。通道由主干道、连接道和迂回通道组成。洞室的平面形式是根据使用要求，结合地质等客观条件而确定的，可归纳为贯通式、梯式、环式、棋盘式和厅式五种类型
结构形式	拱形结构：分为锚喷结构、半衬砌、厚拱薄墙、曲墙拱、落地拱等 圆管结构：软土中的地下铁道或穿越江河底部的交通隧道，通常采用圆管结构 框架结构：软土中明挖施工的地下铁道大都采用框架结构，也叫箱形结构 薄壳结构：岩石中地下油库或油罐室的顶盖多采用穹顶，软土中地下厂房圆形沉井结构的其他顶盖也采用穹顶

表 6-6 地下建筑的火灾特点

特点	具体内容
火场温度高，烟雾大，且不易散出	由于地下建筑绝大多数无窗，只有少量与建筑外部相连的通道，发生火灾后，在封闭空间内，烟气集聚，散热困难，温度上升快。火灾时产生的大量高温烟气，不易散出，烟的浓度不断增大，能见度降低
毒气重	许多地下建筑物内装修时使用了大量高分子材料，塑料制品多，尤其是地下商场，存放大量的商品，这些可燃物质燃烧时产生大量毒气。火灾时，由于缺氧严重，致使可燃物燃烧不完全而产生大量一氧化碳，更增加了烟气的毒性
疏散困难	地下建筑难以采取天然采光措施，火灾时往往断电，地下照明无保障，火场内烟的浓度大，人员高度集中，在火灾状态中惊慌失措，互相拥挤，使逃离火场难度加大，即使地下通道有疏散指示标志，也难以被人们发现
火灾扑救困难	地下建筑发生火灾时灭火进攻路线少，从地面进入地下需要较长的准备时间（佩戴防毒面具等），能见度低，难于找到或接近着火点，出入口少，通道狭窄，拐弯多，灭火手段难以施展，加上高温、浓烟和毒气比一般火场严重，更增加了扑救火灾的难度

（3）火灾中人们的心理及行为特点。地下建筑因为通道少而狭窄、周围密封、空气对流差、浓烟和高温不易散失以及火灾扑救困难等众所周知的原因，一旦发生火灾，人们往往会比在其他地方发生火灾更为紧张，逃生心情更为急迫，更需要得到别人的帮助，这是特殊的环境所导致的。这时熟悉环境和平时训练有素的人要控制人群的慌乱气氛，有秩序地引导及帮助在场人员迅速脱离险境。

地下建筑中通常都标有明显的疏散出口、标语牌或指示灯等，只要稍加留心就会发现。但受到高温或浓烟影响时，往往失去平常的冷静，以致不知消防通道或者安全出口的位置，疏散时辨不清方向，不择路线，不顾后果。

（4）逃生方法

① 首先要有逃生意识。凡进入地下建筑的人员，一定要对其内部设施及结构布局进行观察，熟记疏散通道及安全出口的位置。

② 地下建筑一旦发生火灾，要立即将空调系统关闭停止送风，避免火势扩大。同时，应立即开启排烟设备，迅速排出地下室内烟雾，降低火场温度及提高火场能见度。

③ 迅速撤离险区，采取自救或者互救手段疏散到地面、避难间、防烟室及其他安全地区。

④ 灭火与逃生相结合。严格按防火分区或防烟分区，关闭防火门，避免火势蔓延或封闭窒息火灾。把初起之火控制在最小范围内，并且采取一切可行的措施将其扑灭。

⑤ 在火灾初起时，地下建筑内有关人员应及时引导疏散，并且在转弯及出口处安排人员指示方向，在疏散过程中要注意检查，防止有人未撤出。逃生人员要坚决服从工作人员的疏导，绝不能盲目乱窜，已逃离地下建筑的人员不得再返回至地下。

⑥ 逃生时，尽量低姿势前进，不要做深呼吸，可能的情况下用湿衣服或者毛巾捂住口和鼻子，防止烟雾进入呼吸道。

⑦ 万一疏散通道被大火阻断，应尽量想尽办法延长生存时间，等待消防队员前来救援。

问333： 商场（集贸市场）火灾如何逃生？

商场（集贸市场）是指向社会供应生产及生活所需的各类商品的交易场所，主要是室内百货商场（店）、商业大楼、购物中心、贸易中心、商城及大型集贸批发市场。为满足消费者的心理，吸引成千上万的顾客，经营决策者十分注重形象，商场装饰豪华（易燃材料多），商品高档（种类繁杂），顾客络绎不绝（密度大），一旦发生火灾，就会导致混乱，造成人员伤亡。

（1）建筑基本特点。商场及其他建筑物相比有其自己的特点。

① 建筑形式多样，结构复杂。通常有"一"字形、拐角形、

丁字形、竖井形、带状以及大片商业建筑群等，其结构多为混合结构与框架结构，有的还设有地下营业厅，营业厅面积有的达数千平方米，并且无防火分隔。耐火等级分为一、二级。厅内承重梁柱多，通道弯曲狭小。疏散通道一般有内楼梯、螺旋敞开式楼梯、电梯、自动扶梯以及疏散楼梯等。

② 内部装饰豪华。绝大多数商场都进行过装修，装饰材料大均采用木材和高分子可燃物，安装了大量照明设备，有的还设有中央空调，工作时间大多在 12h 左右，耗电量大。

③ 功能复杂。现代商场都朝着高、大、全的方向发展，室内除设有售货柜台之外，还设有餐饮、影院、酒吧、游乐场以及顾客休息室等，有的办公室、旅店和居民住宅在同一幢建筑内。

④ 人员密集。商场（集贸市场）内人员流动性大、密度高，这一点在节假日表现得非常突出，高峰时可达 $5\sim6$ 人/m^2。人员成分中，妇女和儿童所占比重大，大约在 60% 以上。

⑤ 摊位拥挤。这是新时期商场（集贸市场）的一个比较明显的特点，绝大多数单位，往往是一个摊位连一个摊位，一个柜台挨一个柜台，有的甚至占用安全通道，遮掩了消火栓。而且所经营的商品种类复杂，易燃物品多。

（2）火灾特点。商场（集贸市场）火灾危险性大，一旦失火不仅会烧毁大批货物，建筑物遭到损坏，也会导致人员伤亡。其火灾特点见表 6-7。

（3）逃生方法。商场（集贸市场）火灾与其他火灾不同，其逃生方法也有其自身特点。

① 利用疏散通道逃生。每个商场都按规定设有室内楼梯和室外楼梯，有的还设有自动扶梯、消防电梯等，发生火灾后，特别是在初起火灾阶段，这都是逃生的良好通道。在下楼梯时应抓住扶手，以免跌倒或被人群撞倒。不要乘坐普通电梯逃生，由于发生火灾时，停电也时有发生，无法保证电梯正常运行。

② 自制器材逃生。商场（集贸市场）是物资高度集中的场所，商品种类繁多，发生火灾之后，可利用逃生的物资是比较多的，如把毛巾、口罩浸湿后捂住口、鼻子，可制成防烟工具；利用绳索、布匹、床单、地毯以及窗帘来开辟逃生通道。如果商场（集贸市场）

还经营五金商品，则可以利用各种机用皮带、消防水带以及电缆线来开辟逃生通道，穿戴商场（集贸市场）经营的各种劳动保护用品，如安全帽、摩托车头盔以及工作服等，以避免烧伤和坠落物资砸伤。

表 6-7　商场（集贸市场）的火灾特点

特点	具体内容
火势迅猛，蔓延迅速，易形成立体燃烧	① 起火楼层易燃烧。楼层起火后，火向水平方向迅速蔓延，由于货物沿柜台和货架立体堆积或陈列，再加上各种横幅、吊挂商品、吊顶等形成了立体组合，火势会迅速扩大形成立体燃烧，并上下波及，高处着火物落下后又形成新的火点 ② 垂直蔓延迅速。起火楼层烟火会沿楼梯口、自动扶梯、电梯竖井等垂直通道向上蔓延，将上层商品引燃，形成立体火场。起火层的火势沿楼梯间内装修可燃材料或堆积物品逐渐烧向上层。起火层燃烧物碎片从楼梯开口处落入下层后引燃下层可燃物
烟雾浓，毒气重	① 由于建筑体比较封闭，起火后产生大量烟雾能迅速充满楼层空间，并顺着通道瞬间笼罩整个楼房，使楼房内能见度降低 ② 商品品种繁多，大量可燃物（如棉、毛、化纤织物及橡胶制品、塑料制品等）及高分子装修材料等起火后，不仅产生大量烟雾，而且释放出有毒气体，会使在场人员中毒、窒息，抢救不及时还会有生命危险
易向毗邻建筑蔓延	商场（集贸市场）多分布在商业街道或居民区，建筑物密度大，起火后火势蔓延迅速，加上建筑毗连，易形成火烧连营之势，形成大面积火灾
疏散困难	商场（集贸市场）若在营业时间起火，初起火灾一旦失控，密集的人员来自四面八方，互不相识，妇孺又多，在火灾发生时，人们惊慌混乱，加上出入口少，通道狭窄，容易出现拥挤造成踩死踩伤事故

③ 利用建筑物设施逃生。发生火灾时，如以上两种方法都无法逃生，可利用落水管、房屋内外的突出部位、各种门以及建筑物的避雷网（线）进行逃生或者转移到安全区域再寻找机会逃生。这种逃生方法在利用时既要大胆又要细心，尤其是老、弱、病、残，妇、幼等人员，切不可盲目行事，否则容易出现意外。

④ 寻找避难处所逃生。在无路可逃的情况下，应积极寻找避难处所，比如到室外阳台、楼层屋顶等待救援；选择火势、烟雾难以蔓延的房间，将门窗关好，堵塞间隙，房间如有水源，要立刻将门、窗和各种可燃物浇湿，以阻止或减缓火势和烟雾的蔓延时间。无论白天或者夜晚被困者都应大声呼救，不断发出各种呼救信号，引起救援人员的注意，以帮助自己脱离困境。

问334： 影剧院火灾如何逃生？

影剧院（包括礼堂、文化宫、俱乐部以及录像厅等）是供人们开展文化娱乐活动和进行大型集会的场所。其建筑高、空间大、电器设备多、结构复杂以及有相当数量的可燃物，常常处于人员高度集中的状态。发生火灾后，火势猛烈，蔓延迅速，容易导致人员伤亡。

（1）建筑特点。影剧院的主体建筑通常由舞台、观众厅、放映厅三大部分组成，其形状一般为长方形，也有圆形、扇形以及星形的。其建筑特点大致有以下几点。

① 建筑高，跨距大。舞台是影剧院的最高部位，通常高 11～20m，有的高达 27m，宽 22～30m。观众厅低于舞台，但空间高大，通常高 9～14m，宽 22～29m，长 25～36m。

② 可燃物质多。在影剧院内，许多物质都是可燃的。尤其是舞台和观众厅里的可燃物质多，如吊顶、吊杆、舞台台面以及门窗等；轻型隔音吊顶所用的纤维板、胶合板、刨花板和钙塑板等；观众厅的坐席，舞台的棚顶、绳缆、吊杆、工作渡桥、幕布、布景以及服装、道具等。

③ 电器设备和线路多。影剧院电器设备主要有各种灯光、空调、音响、放映以及发电、变电等设备。一般中小型剧场的灯光线路近百条，大型剧场多达 200 余条，各种电器线路非常复杂。

④ 各部分相互连通。舞台和观众厅除舞台口与两侧的侧门连通外，闷顶也是相互连通的。观众厅与放映厅主要是放映口、观察口与门窗、楼梯连通。

⑤ 在演出和集会时，人员高度集中。

（2）火灾特点。影剧院最容易发生火灾的部位是舞台，其次是观众厅，最后为放映厅。因为影剧院有大量可燃构件及可燃设备，有的处于垂直和悬吊状态，加之空间巨大，空气流通，各部位相连，起火时，火势发展速度相当快，燃烧十分猛烈。当屋面或吊顶烧穿后，会很快形成上下燃烧的立体火灾，屋架（特别是钢屋架）的机械强度受到严重破坏，在比较短时间内发生倒塌。带有闷顶的木质屋面房屋，在屋面吊顶被烧穿之后，20～30min 内即可能坍

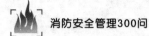

塌。影剧院的火灾特点见表6-8。

表6-8　影剧院的火灾特点

项目	内　容
舞台着火	火势首先沿着幕布、布景绳缆垂直烧向棚顶或吊顶,接着火势向四周房间主要是向观众厅发展。当舞台塌落时,强大的烟火和热气流,会通过舞台口扑向观众厅
观众厅着火	观众厅起火大多发生在上部闷顶内,其他部位着火的概率较小。着火时火势发展的主要方向是舞台,蔓延的途径是连通的闷顶和舞台口。观众厅着火的另一发展方向是放映室,蔓延途径主要是连通的闷顶,也有可能沿放映口和观察口蔓延
放映厅着火	放映厅着火时,火势通过连通的闷顶向观众厅发展,产生的高温烟气直接威胁前厅。多数放映厅是不燃建筑,着火后,对其他部位威胁较小
扑救困难	影剧院建筑高大,环境复杂,可供灭火的有利途径少,灭火行动受到客观条件的限制,特别是观众厅轻型吊顶与保温层之间的火势蔓延很难阻止
容易出现人员伤亡	当火灾发生在影剧院人员集中的时候,因人们没有精神准备,加上受影剧院疏散通道少客观条件的限制,人们在求生的心理作用下,会显得惊慌失措,行动不能自控,从而发生互相拥挤和践踏,造成人员伤亡。火场断电后,一片漆黑,加重人们的恐惧心理,更加造成人员行为失当,影响疏散而造成更大伤亡

（3）逃生方法。影剧院着火时,人多,疏散通道少,这就给人员逃生带来了非常大的困难。影剧院的逃生方法见表6-9。

表6-9　影剧院的逃生方法

项目	内　容
选择安全出口逃生	影剧院里都设有消防疏散通道,并装有门灯、壁灯、脚灯等应急照明设备,标有"太平门""出口处"或"安全出口""紧急出口"等指示标志。发生火灾后,观众应按照这些应急照明指示设施所指引的方向迅速选择人流量较小的疏散通道撤离 ①当舞台发生火灾时,火灾蔓延的主要方向是观众厅,厅内不能及时疏散的人员,要尽量靠近放映厅的一端掌握时机进行逃生 ②当观众厅发生火灾时,火灾蔓延的主要方向是舞台,其次是放映厅。逃生人员可利用舞台、放映厅和观众厅的各个出口迅速疏散 ③当放映厅发生火灾时,由于火势对观众厅的威胁不大,逃生人员可以利用舞台和观众厅的各个出口进行疏散 ④发生火灾时,楼上的观众,可从疏散门由楼梯向外疏散。楼梯如果被烟雾阻隔,在火势不大时,可以从火中冲出去,虽然人可能会受点伤,但可避免生命危险。此外,还可就地取材,利用窗帘等自制救生器材,开辟疏散通道

项目	内　　容
注意事项	①疏散人员要听从影剧院工作人员的指挥,切忌互相拥挤、乱跑乱窜,堵塞疏散通道,影响疏散速度 ②疏散时,人员要尽量靠近承重墙或承重构件部位行走,以防被坠物砸伤。特别是在观众厅发生火灾时,人员不要在剧场中央停留 ③若烟气较大时,宜弯腰行走或匍匐前进,因为靠近地面的空气较为清洁

 问335：歌舞厅火灾如何逃生？

　　歌舞厅是人们集中娱乐活动的公共场所,主要由舞池、乐池、观众厅以及休息大厅等组成。随着人们物质文化生活水平的提高,娱乐活动形式也越来越多样化。唱歌和跳舞已成了一种大众化的娱乐方式,歌舞厅也就成了人们进行娱乐活动十分重要的公共场所,但这些地方也是极易引起火灾导致人员伤亡的场所。

　　(1) 建筑特点

　　① 一般附属于其他建筑内。有的设置在建筑物的顶部,有的设置在建筑物的中间层,有的则设置在地下,离地面都有一定的距离。

　　② 内部空间大,安全出口少。歌舞厅由使用性质所决定,必须提供比较大的场地供人们进行唱歌、跳舞等娱乐活动,所以内部空间大,闷顶内空间也大,而安全出口相对较少。

　　③ 可燃物多。歌舞厅大多装饰豪华,并且采用易燃物品作装饰材料,发生火灾时,会迅速达到猛烈燃烧的程度。

　　④ 电器、音响设备多。歌舞厅的主要电器设备是灯具、音响装置以及配电线路,布线错综复杂。如管理不善因导线年久失修或超负荷工作,都可能导致电线短路而发生火灾。

　　(2) 火灾特点

　　① 燃烧猛烈,蔓延迅速。着火后,由于可燃物多空间大,火灾在初起阶段燃烧就十分猛烈,火势蔓延发展迅速。

　　② 建筑物易倒塌。由于歌舞厅通常采用钢屋架,跨度大,发生火灾时,在火焰和热辐射作用下,可燃构件很快被烧毁,使很难

着火或者不会燃烧的构件受到破坏，从而失去承载能力而倒塌。

③ 烟雾浓。歌舞厅发生火灾，大量的可燃构件在燃烧时会产生很浓的烟雾，在蔓延时随气流很快充满整个舞厅。

④ 容易造成人员伤亡。因为歌舞厅内聚集着大量人员，火灾发生时，人们惊慌混乱，争相逃难，拥挤践踏，导致人员伤亡。

（3）逃生方法

① 逃生时必须冷静。因为进出歌舞厅的顾客随意性大，密度很高，且一般都在晚上营业，加上灯光暗淡，失火时容易造成人员拥挤，在混乱中发生挤伤踩伤事故。所以，只有保持清醒的头脑，明辨安全出口方向和采取一些紧急避难措施，才能够掌握主动，减少人员伤亡。

② 积极寻找多种途径逃生。在发生火灾时，首先应该想到利用安全出口迅速逃生。特别要提醒的是：由于歌舞厅等场所大多人员密集，一旦人们蜂拥而出，极易导致安全出口的堵塞，使人员无法顺利撤离而滞留火场，这时就要克服盲目从众心理，果断放弃从安全出口逃生的想法，选择破窗而出的逃生措施。对设在楼层底层的歌舞厅可以直接从窗口跳出，对于设在二至三层的歌舞厅，可从高往下滑，以尽量缩小高度，并且让双脚着地。设在多层楼房的歌舞厅发生火灾时，首先应选择疏散通道和疏散楼梯、屋顶以及阳台逃生。一旦上述逃生之路被火焰和浓烟封住，应该选择落水管道和窗户进行逃生。利用窗户逃生时，需用窗帘或地毯等卷成长条，制成安全绳、滑绳自救，绝对不能急于跳楼，防止发生不必要的伤亡。

③ 在高层场所逃生。设在高屋建筑中的歌舞厅发生火灾，并且逃生通道被大火和浓烟堵截，又一时找不到辅助救生设施时，被困人员只有暂时逃向火势比较轻的地方，向窗外发出求援信号，等待消防人员营救。具体可以参考高层建筑火灾的逃生方法。

④ 在地下场所逃生。地下歌舞厅发生火灾时，可以参考地下建筑火灾的逃生方法。

⑤ 互相救助逃生。在歌舞厅进行娱乐活动的年轻人较多，身体素质好，可以互相救助脱离火场，特别应帮助年长者逃生。

⑥ 在逃生过程中要防止中毒。因为歌舞厅四壁和顶部有大量

的塑料、纤维等装饰物，一旦发生火灾，将会产生有毒气体。所以在逃生过程中，应尽量避免大声呼喊，防止烟气进入口腔和呼吸道；用水打湿衣服捂住口腔和鼻孔，一时找不到水时，可用饮料来打湿衣服代替，并且采用低姿行走或匍匐爬行，以减少烟气对人体的危害。

 问336： **单元式居民住宅火灾如何逃生？**

单元式居民住宅是人们稳定生活及安逸休息的重要场所。单元式居民住宅主要由客厅、卧室、卫生间、厨房以及阳台等部分组成，按楼层分平房式单元居民住宅和楼层式单元居民住宅。其中楼层式单元居民住宅按高度分为高层单元式居民住宅与一般居民住宅。其建筑多数为钢筋混凝土结构的二级防火建筑，也有少数砖混结构的三级防火建筑。建筑内人员居住集中，电器密集，易燃、可燃物质多，疏散通道狭窄，火灾负荷大，发生火灾的可能性大，且发生火灾后，人员逃生较为困难。

（1）建筑结构概况。这里主要就单元式居民住宅的疏散通道、门窗以及阳台做介绍。

① 疏散通道。一些 10 层以上的单元式居民住宅均设有疏散通道，疏散通道由安全出口、疏散走道、楼梯及消防电梯组成。建筑中每个防火分区均必须有两个安全出口，安全出口的净宽不可小于 1.3m。

② 门建筑内疏散通道出口。目前，我国单元式居民住宅中大多使用木质门与金属门两种，其中木质门占 95％以上，并且以平开式为主。

③ 窗。目前，我国单元式住宅以木质窗和金属及塑钢窗为主，其材料大多与门相配套，开启方式多为平开式，也有固定式与百叶式的。

（2）建筑特点

① 墙体耐火能力低。楼层式单元住宅中竖井及管道多。墙有黏土砖墙和煤渣砖墙，房间内间隔墙有胶合板、塑料板、木竹以及玻璃墙等，耐火能力较低。一些楼层式单元住宅楼中，由于功能的

需要，设有各种竖井和管道，使楼层上下相通，左右贯穿。比较常见的竖井有电梯井、电线井、楼梯井以及垃圾井等。常见的管道有水管、电线管。

② 用电设备多。随着现代居民生活水平的提高，单元式居民住宅用电设备不断增多，除各种照明灯具外，许多家庭电脑、电视机、音响设备、电烤箱、电冰箱以及空调等一应俱全。用电设备多，耗电量大，使用时间长。

③ 可燃物质多，火灾荷载大。许多居民住户室内装修时使用了大量的可燃材料，而这类材料多数为高分子合成材料，在燃烧过程中可放出大量的热、可燃气体以及带有毒气的烟。室内陈设及生活用品，如床、沙发、衣柜、桌椅、衣物以及挂画等，都为可燃物质，按上述陈设估算：一般住宅着火后，火灾温度上升快，火灾荷载密度是 $36\sim60\mathrm{kg/m^2}$。

（3）火灾特点

① 火灾温度高，空气压力大。局部空间内火势猛烈，蔓延快。在单元式住宅中，因房间内可燃物多、荷载大，建筑又是自成系统、自为一组的密闭型，因此燃烧热极难扩散，易使火灾温度急剧升高，同时使燃烧单位系统内的压力增大。烟气高温，热气流利用门窗等各种途径向外扩散，形成一种抽拔力，使火势蔓延加快。在一定条件之下（如风等），促使火势沿窗口、门口及各种管道向上、向下或左右蔓延，形成大面积立体火灾。

② 受困人员复杂，疏散速度慢，自救能力弱。单元式住宅居民以家庭为单位，遭受火灾后受困人员成分复杂，自救能力弱。在被困者中有妇、老、病、残、幼及弱智或者精神失常者，他们在受困后群体性强，极易发生群体性伤亡事故。同时，因为他们受生理或身体条件限制，自救力弱。一般来说，住宅中某一层发生火灾时，烟会扩散至本单元内的疏散通道，人需要从起火层通过疏散通道往下跑，这样势必给疏散速度带来影响；同时因为单元式居民住宅中的受困物品为私有财产，一些居民拼死保护而不愿离开受困区，即使离开被困区也可能会携带一些贵重物品，而且由于单元式住宅的通道不宽，仅有 $1.3\sim1.4\mathrm{m}$，疏散楼梯宽度只有 $1.0\mathrm{m}$，这样就给疏散带来一些人为的障碍，使疏散速度减慢或者无法疏散。

（4）火场中受困人员的心理特点。单元式居民住宅中人是以家庭为单位组合起来的，在居民中大多是直系亲属关系，比如夫妻关系、父子关系、母子关系或者祖孙关系，在火场受困时通常都不会单个逃离，而是彼此相互关照，或者跟随某一个逃生群体；同时，由于火灾所威胁和侵吞的是个人多年来的劳动所得，他们在火场中受困时的心理过程通常都要经过紧张、恐惧以及急切三个阶段。

① 紧张阶段。通常都处于火灾的初起或发展阶段，在这个阶段中，小孩和妇女大多惊慌失措，一段时间之后才进行灭火自救。而成年男人在此阶段中一般比较镇静，直接进入紧张阶段，他们一边扑救火灾，一边责骂或者埋怨旁人及火灾肇事者。大多数居民住宅火灾在这个阶段被扑灭。

② 恐惧阶段。通常处于火灾的发展阶段，在此阶段中，除与火灾起因有直接或间接关系者在奋力扑救外，其他人员认为已经无能为力或者精疲力竭而进入恐惧阶段，他们除极力劝止与火灾起因有关系者之外，主要尽力携带贵重物品或老、弱、病、残者逃生。

③ 急切阶段。通常处于火灾的发展或猛烈阶段。在此阶段，人员大都会丧失理智，具体表现为急声呼救或盲目逃生，严重者会产生跳楼或者冲入火海等不当行为，给救人灭火带来阻碍。

（5）逃生方法。具体逃生方法和注意事项见表6-10。

表6-10 单元式住宅火灾具体逃生方法及注意事项

项目	具体内容
逃生方法	①利用门窗逃生。在火场受困时，大多数人采用这个办法。利用门窗逃生的前提条件是火势不大，还没有蔓延到整个单元住宅，同时，是在受困者较熟悉燃烧区内通道情况下进行的。具体做法是：把被子、毛毯或褥子用水淋湿裹住身体，低身冲出受困区。或者将绳索一端系于窗户横框（或室内其他固定构件上，无绳索可用床单或窗帘撕成布条代替），另一端系于小孩或老人的两腋和腹部，将其沿窗放到地面或下层的窗口，然后破窗出室从通道疏散，其他人可沿绳索滑下 ②利用阳台逃生。在火场中由于火势较大，无法利用门窗逃生时可利用阳台逃生。高层单元式住宅建筑从第10层开始每层相邻单元是连通阳台或凹廊的，在此类楼层中受困，可破拆阳台间的分隔物，从阳台进入另一单元，再进入疏散通道逃生。建筑中无连通阳台但阳台相距较近时，可将室内的床板或门板置于阳台之间，搭桥通过。如果楼道走廊已被浓烟充满无法通过时，可紧闭与阳台相通的门窗，站在阳台上避难

续表

项目	具体内容
逃生方法	③利用空间逃生。在室内空间较大而火灾荷载不大时可利用这个方法,其具体做法是:将室内(卫生间、厨房都可以,室内有水源最佳)的可燃物清除干净,同时清除与此室相连室内的可燃物,消除明火对门窗的威胁,然后紧闭与燃烧区相通的门窗,防止烟和有毒气体的进入,等待火势熄灭或消防人员的救援 ④利用时间差逃生。在火势封闭了通道时,可利用时间差逃生。由于一般单元式住宅楼为一、二级防火建筑,只要不是建筑整体受火势的威胁,局部火势一般很难致使住房倒塌。利用时间差逃生的具体方法是:人员先疏散至离火势最远的房间内,在室内准备被子、毛毯等,将其淋湿,采取利用门窗逃生的方法,逃出起火房间 ⑤管道逃生。房间外墙壁上有落水或供水管道时,有能力的人,可以利用管道逃生,这种方法一般不适用于妇女、老人和小孩
注意事项	①在火场中或有烟的室内行走,尽量低身弯腰,以降低高度,防止窒息 ②在逃生途中尽量减少所携带物品的体积和重量 ③正确估计火势发展和蔓延势态,不得盲目采取行动 ④防止产生侥幸心理,先要考虑安全及可行性后方可采取行动 ⑤逃生、报警、呼救要结合进行,防止只顾逃生而不顾报警与呼救

 问337：棚户区火灾如何逃生？

棚户区也称为简易建筑区，是指用草、木竹、油毡等易燃材料搭建的简易房屋群。这类建筑区通常建筑密集，往往一户接着一户，连成一片，区内道路狭窄，障碍物多，水源缺乏，且布局极不合理。尤其是旧有的棚户区布局，有的将工厂、仓库、居民住宅混在一起。这类地区一旦发生火灾，燃烧十分猛烈，火势蔓延很快。极易产生飞火形成多个火点，在很短时间内，就会达到相当大的燃烧面积。对群众的生命及财产造成极大威胁。

（1）火灾特点

① 容易起火，燃烧猛烈。这类房屋不但建筑材料容易起火，而且一旦失火，燃烧发展迅速，火焰很快就窜出屋顶，由室内火灾发展至室外露天火灾。它的发展过程是：火灾初起时，由窗缝、板壁缝、瓦缝首先冒出白烟，继而是浓浓的黑烟，在黑色烟雾逐渐减少之后窜出的，就是火焰。当室内承重墙或房柱等烧毁后，顷刻间

房屋就会倒塌。因为简易房屋矮小，火焰很容易烧向屋外。根据试验，木板房内起火成灾一般只需 20～60s，发展到外部通常为 30s～2min30s。

② 火势蔓延快，燃烧面积大。这类房屋从起火发展至外部燃烧后，火焰外露，在热辐射及风力的影响下极易向毗邻的简易房屋蔓延，若不能及时控制火势，扑灭火灾，就很容易形成"火烧连营"式大面积燃烧。有的地区，简易建筑为四合院型，火灾发生时，因为风力的影响，易出现飞火引燃相邻的建筑物，形成第二、第三燃烧区，导致火势蔓延扩大。

③ 风助火势发展。火因风向变化，风的作用不仅能助长燃烧，导致火势蔓延，而且助火势蔓延的方向和速度在很大程度上取决于风向和风速。风力越大，火势蔓延的速度就越快，如某地发生的一起恶性火灾，当时风速为 18m/s（八级风），起火之后不到 3h，火灾蔓延距离达到 6km，后由于风向的转变，火势随风向蔓延，最后燃烧面积竟达到 4.5hm^2。实践表明，火场上的风向时常变化，这是由于燃烧区四周因温度出现差异，引起气压的变化，致使气流的改变而出现反方向的强风，形成火的旋涡，甚至出现火焰沿地面飞奔的火流。通常来说，火势逆风发展的速度，略慢于顺风。因为辐射不受气流的影响，火能逆风方向蔓延引起上风方向的易燃建筑物燃烧，但蔓延的速度要慢于顺风的蔓延速度。

（2）人的行为特点。棚户区大多是一些私人住宅，家庭财物几乎均放在里面。当发生火灾时，人们往往最先想到的是抢救财物，包括一些笨重的物品，这势必花费相当的时间，所以会失去逃生机会。如火灾发生在夜间，浓烈的烟雾影响了视力，加之人们的惊慌、恐惧以及强烈的求生本能，产生焦急的心理，致使行为的失当，辨不清门窗的方向，不知道逃生的出路。当看到四周是烟，到处是火，更是不知所措。一些年老体弱的人会就近寻找可隐蔽的地方，如床下，一些小孩则可能躲到房角或柜内。

对于处在比较大面积火场中的人，逃生时不能分辨火场边缘的最近距离，盲目朝一个方向奔跑，如果这个方向和风向一致，即正是火势蔓延的方向，则可能来不及逃出火场便已被火烧死或被毒烟窒息而死。

棚户区是人员比较集中的地方，发生火灾时，有的看到自己的财产被烧光而万分悲痛，不听劝阻，不愿离开火场；有的甚至冲入火场抢救亲人及财物，加上一些老人、小孩以及病人极易影响火场上的疏散秩序，导致疏散困难，贻误逃生的时机。

（3）逃生方法。由于棚户区建筑较矮，火焰烟雾在风及热气流的影响下，向四周扩散迅速，在离地面一定高度内烟雾较少，烧穿了屋顶的房间内烟雾较少，但这并不意味着没有被烟威胁的危险。因为室内一些化纤品、橡胶以及塑料制品在燃烧过程中会产生有毒气体，人只要吸入几口这些有毒气体就会感到头昏。所以，火场上应采取一些必要的防烟措施，如用湿毛巾、湿布等捂住口鼻，以减少有毒气体的侵害，便于逃生行动。在火焰离地面比较近时，辐射热较大，很容易灼伤或烧伤人。处于火势包围的人可以将被子及麻布浸湿后裹在身上，迅速冲出火场。

通常来说，棚户区房间面积小，发生火灾后要果断地抓住时机逃离房间，退到较为安全的地区，切不可因抢救物品而延误时机。当火势窜出屋顶及房屋出现倒塌迹象时，最好沿承重墙逃出房间。住在阁楼上的人在逃生时，应采取前脚虚、后脚实的方法行走，避免由于阁楼烧坏，脚踏空而坠楼摔伤。

当身上着火时，切不可带火奔跑，应设法脱掉衣服。如果一时脱不掉，可卧倒在地上打滚，把身上的火苗压灭或者淋湿衣服或就近跳入水池。

对于大面积燃烧火场，虽然逃出了房间，但是仍处在火势的包围之中，这时千万不能惊慌，应退到较为安全的空地，迅速观察周围的情况，观察风向，选择逃生路线。通常来说，风向就是火势蔓延的方向。在上风方向火势蔓延比较慢一些，则应向上风方向逃跑。在奔跑的过程中，应尽量减少呼吸，由于呼吸时烟雾和热气会进入呼吸道，造成烟呛和灼伤呼吸器官，同时应防止周围房屋倒塌砸伤自己。

棚户区发生火灾，蔓延十分迅猛，逃生的机会稍纵即逝，因此，火场逃生时必须冷静、果断，以先保全生命为原则，在保全生命的前提之下抢救财物。

　问338： 旅客列车火灾如何逃生？

　　旅客列车是地上运送中长途旅客的重要交通工具。随着科学技术的进步和经济建设的发展，旅客列车逐渐向全封闭、超豪华高速的空调列车方向发展。旅客列车一旦发生火灾，扑救较为困难，极易造成人员伤亡。1988 年 1 月 7 日 23 时 25 分，京广线上行驶的某次直快列车途经湖南省永兴县境内时，第六节车厢发生火灾，导致 34 人死亡、30 人烧伤的惨痛后果。所以，掌握旅客列车火灾基本特点和火场中被困人员行为特点对选择火场基本逃生方法是有很大帮助的。

　　（1）火灾特点

　　① 易造成人员伤亡。旅客列车车厢内有大量旅客，发生火灾之后，燃烧产生的烟雾和热辐射在风的影响下会在车厢内迅速蔓延。因为车厢内通道狭窄，车门少，再加上列车在行驶途中不易发现失火，无法及时停车，旅客难能疏散，极易导致人员伤亡。

　　② 易形成一条火龙。高速行驶的旅客列车一旦发生火灾，因为列车行驶过程中通过窗户等途径造成正压通风使处于正压通风前端的火势迅速向后端蔓延，瞬间整个车厢就会燃烧起来。有时由于空气压力的作用，火势还会以跳跃状的蔓延方式燃烧至与着火车厢相连的后端车厢形成一条火龙。

　　③ 易造成前后左右迅速蔓延。夜间行驶的列车，由于车厢门窗紧闭，不受外界风流影响，火灾初起时，火势并不是向某一方向发展，而是向前后左右迅速蔓延。

　　④ 易产生有毒气体。旅客列车的车厢除厢体和座位的支架为非燃烧物或者难燃烧物外，其他附件均为可燃烧物体，有些旅客列车的座位装饰材料为橡胶制品及聚氯乙烯泡沫，一旦燃烧会产生大量有毒气体。旅客列车如果是在夜间行驶时发生火灾，因为车厢的窗户时常紧闭，氧气供应不足，不能充分燃烧，以致燃烧时释放出大量的一氧化碳及一些有毒气体。

（2）火灾中被困人员行为特点。旅客列车一旦失火，被困人员受到烟气、高温及火势威胁后时常会表现出下列行为特点。

① 惊慌失措。尤其是夜间行驶的旅客列车发生火灾，当火灾初起之际，酣睡的旅客毫无觉察，待火势瞬间扩大后，突然被惊醒，当发现自己受到火势威胁时，青壮年旅客常常争先恐后朝车厢的两头逃生，而老、弱、病、残者就会显得惊慌，有的甚至会呆呆地站在原地。

② 失去理智，争相逃命。被火势围困的人员急于撤离火灾现场，纷纷向前后车厢门涌去。慌乱中年老和病残者往往易被拥挤人群推倒，就会出现踩在倒下的人身上逃命的现象。

③ 急于破窗逃生。一般的旅客列车每节车厢的两边分别设有10余个车窗，被火势围困的旅客，往往会用坚硬的物体把车窗玻璃砸破后逃生。

④ 急于寻找亲人及贵重物品。乘坐火车的旅客中有些是和亲人一起旅行，或是与同事结伴出差，大都带有现金及一些贵重物品。火灾发生时，大多数的人在逃生前往往要先拿现金及贵重物品，还有的呼喊着自己的亲人或同行的伙伴，以致造成车厢内秩序混乱。

（3）逃生方法。旅客列车的车厢常处在密封状态，车厢内的可燃物在不完全燃烧时产生的一氧化碳等有毒所体，容易使人中毒窒息。被困旅客的惊慌失措，互相拥挤会造成疏散通道的堵塞。所以，选择正确的逃生方法是减少旅客列车火灾人员伤亡的重要保证。旅客列车火灾的逃生方法见表6-11。

（4）注意事项

① 当起火车厢内的火势不大时，列车乘务人员应告诉乘客不要将车厢门窗开启，以免大量的新鲜空气进入后，加速火势的扩大蔓延。同时，组织乘客借助列车上灭火器材扑救火灾，还要有秩序地引导被困人员从车厢的前后门疏散至相邻的车厢。

② 当车厢内浓烟弥漫时，要告诉被困人员采取低姿行走的方式逃离至车厢外或相邻的车厢。

③ 当车厢内火势比较大时，应尽量破窗逃生。

④ 采用摘挂钩的方法疏散车厢时，应选在平坦的路段进行。

对有可能发生溜车的路段，可用硬物塞垫车轮，避免溜车。

表 6-11　旅客列车火灾的逃生方法

项目	具体内容
尽可能利用旅客列车内的设施逃生	①利用车厢前后门逃生。旅客列车每节车厢内都有一条长约 20m、宽约 80cm 的人行通道，车厢两头有通往相邻车厢的手动门或自动门，当某一节车厢内发生火灾时，这些通道是被困人员利用的主要逃生通道。火灾时，被困人员应尽快利用车厢两头的通道，有秩序地逃离火灾现场 ②利用车厢窗户逃生。旅客列车车厢内的窗户一般为 70cm×60cm，装有双层玻璃。在发生火灾情况下，被困人员可用坚硬的物品将窗户的玻璃砸破，通过窗户逃离现场
不同情况下逃生技术	① 疏散人员。运行中的旅客列车发生火灾，列车乘务人员在引导被困人员通过各车厢相互连通的走道逃离火场的同时，还应迅速扳下紧急制动闸，使列车停下来，并组织人力迅速将车门和车窗全部打开，帮助未逃离着火车厢的被困人员向外疏散 ② 疏散车厢。旅客列车在行驶途中或停车时发生火灾，威胁相邻车厢时，应采取摘钩的方法疏散未起火的车厢。具体方法如下。前部或中部车厢着火时，先停车摘掉起火车厢后部与未起火车厢之间的连接挂钩，机车牵引向前行驶一段距离后再停下，摘掉起火车厢与前面车厢之间的挂钩，再将其余车厢牵引到安全地带。尾部车厢起火时，停车后先将起火车厢与未起火车厢之间连接的挂钩摘掉，然后用机车将未起火的车厢牵引到安全地带

 问339： **客船火灾如何逃生？**

　　客船指的是水上用于运载旅客的船舶，是水面漂浮建筑，具有吨位高、载客量大、续航时间长等特点。由于客船机舱内电力及动力设备集中，储油柜及输油管内存有大量油料，客房内装修和船员们日常生活用具多采用木材、化纤以及塑料等可燃、易燃材料，使客船上潜伏着较大的火灾危险性。客船在航行、停泊以及检修等作业中，稍有不慎，极易发生火灾，造成人员伤亡。

　　（1）基本特点。客船的基本特点见表 6-12。

　　（2）火灾的特点

　　① 蔓延速度快，潜伏着爆炸危险。火灾一旦发生在机舱，火势会沿着机器设备、电缆线以及油管线向四周和上部蔓延。通常在起火 10min 内就能延烧到整个机舱，舱内的储油柜由于受到火焰的烘烤容易发生爆炸。

表 6-12　客轮的基本特点

项目	内　　　容
结构特点	客船结构高大，造型美观大方。客船上有较多的甲板层，中型客船5~6层，大型客船多达8~10层。内河客船在主甲板上设舷伸甲板，超越了主体两舷的宽度，载客量较海洋客船大，一般可载800~1000人。客船在结构和装饰材料上，大多选用不燃和难燃材料，但在客舱和船员工作室内，其舱壁、衬板、天花板等，仍在采用胶合板、聚氯乙烯板、聚氨酯泡沫塑料、化学纤维等可燃物质作装饰材料。室内的床铺、家具、地毯、窗帘等也都是可燃物品。船体的主体结构虽用钢板制造，但是，钢板的导热性能很好，起火后5min，温度就能上升到500~900℃，能使紧挨着船体的可燃物着火燃烧
舱室布置特点	客船的舱室按使用性质分为起居所、服务处所、公共处所、装货处所、机器处所和控制处所六大类。各类处所包含有不同舱室，这些舱室的布置特点如下 　　①客船的机舱大都设在船体中部，只有小型客船的机舱设置在船体尾部 　　②小卖部、理发室、厕所、浴室、贮藏室等设在各层中部机舱口周围 　　③船员工作、居住的舱室设置在船首主甲板或驾驶甲板上 　　④乘客居住舱室多设置在主甲板以上、驾驶甲板以下各层。货舱的船员室一般设置在主甲板下，开口设在主甲板上 　　⑤各类燃油舱或载水舱多布置在机舱下面的底舱内
通道布置特点	①通道（又称走廊）。客船上凡有旅客或人员活动的一切场所均设有通道。根据《国际海上人员安全公约》的规定，凡通道长度超过3m，必须有一端可以通行。露天甲板两舷通道的宽度，海洋客船为1~1.2m，长江上客船为0.7~1.0m。客舱通往露天甲板的通道，海洋客船和长江上客船均为1m，少于50人的客舱内通道，均为0.8m 　　②梯道。客船的梯道分为内梯道、外梯道和舷梯道。内梯道一般布置在客舱中部各层甲板上机舱围壁处两端，有的是直梯，有的成人字形。主梯道宽，分梯道窄。梯道上设有围壁或扶手，梯道斜度与地板夹角一般在40°~45°，梯步高约0.20~0.25m。内梯道的宽度和扶梯具数根据每层甲板的乘客人数而定，200人以上的内梯道宽度大于1.5m，扶梯3具以上。梯道一般设在上层建筑道尾两端，由起点可直达救生艇甲板。客船的两舷各设有一副舷梯，梯步上设有防滑装置，两侧设有栏杆，空档处有绳网保护 　　③出入口。客船上的舱室，额定载客量超过12人时，设有两个出口，通向露天甲板的出入口有的设在上层建筑的内通道外，也有的设置在船首直接通向露天甲板。客船出入口门的宽度在0.6m以上，公共场所的门的宽度0.8m以上。有的门上还设有应急出口，大小为350mm×450mm左右，紧急时可用脚踢开。通常情况下，客船围壁处所的门向外开，也有能双向开门的，而通往露天甲板的门均向外开。船上所有公共走廊、梯道和出入口处通往救生甲板的方向均设有明显的指示标志，夜间有灯光显示
客船上消防设施	为防止客船起火，船上都配置有自动报警和灭火设施，如温感报警装置、卤代烷、二氧化碳、1121灭火系统及干粉灭火器等；还备有消防水泵、消火栓、消防水带、铁斧等灭火工具 　　客船的消防泵一般设于机舱，消火栓设在左右舷上，机舱底部主机后面有一个通往尾舷的疏散口，尾舱直接通向甲板

② 易形成立体火灾。因为可燃物较多，舱内顶板、底板以及侧板都可燃烧。梯道由底向上贯通，通风管道上下连接，火势能得以较快的发展，并利用各相连处的空间蔓延及整个船，造成多层、多舱室火灾。

③ 易产生有毒气体。客舱内部装饰材料多为木材及泡沫塑料，此类材料均为可燃性物质，燃烧时会产生大量的热和多种有害气体，如一氧化碳、二氧化碳以及氯化氢等，危及在场人员的生命安全。

④ 旅客难以疏散。客船一旦起火，旅客受惊争相逃命，容易导致楼梯和通道阻塞，来不及疏散的人被火势和烟雾围困在危险区域内，随时可能造成伤亡。

（3）逃生方法。客船发生火灾时，盲目地跟着已失去控制的人乱跑乱撞是不行的，而一味等待他人救援也会贻误逃生时间，积极的办法是尽快自救或者互救逃生。客船的逃生方法见表 6-13。

表 6-13　客船的逃生方法

项目	内　　容
利用客船内部设施逃生	① 利用内梯道、外梯道和舷梯逃生 ② 利用逃生孔逃生 ③ 利用救生艇和其他救生器材逃生 ④ 利用缆绳逃生
不同部位，不同情况下人员逃生	① 当客船在航行时机舱起火，轮机人员可利用尾舱通向上甲板的出入孔逃生。船上工作人员应引导船上乘客向客船的前部、尾部和露天甲板疏散，必要时可利用救生绳、救生梯向水中或来救援的船只上逃生，也可穿上救生衣跳进水中逃生。如果火势蔓延，封住走道时，来不及逃生者可关闭房门，不让烟气、火焰侵入。情况紧急时，也可跳入水中 ② 当客船前部某一楼层着火，还未延烧到机舱时，应采取紧急靠岸或自行搁浅措施，让船体处于相对稳定状态。被火围困人员应迅速往主甲板、露天甲板疏散，然后借助救生器材向水中和来救援的船只上及岸上逃生 ③ 当客船上某一客舱着火时，舱内人员在逃出后应随手将舱门关上，以防火势蔓延，并提醒相邻客舱内的旅客赶快疏散。若火势已窜出房间封住内走道时，相邻房间的旅客应关闭靠内走道门，从通向左右船舷的舱门逃生 ④ 当船上大火将直通露天的梯道封锁致使火层以上楼层的人员无法向下疏散时，被困人员可以疏散到顶层，然后向下施放缆绳，沿缆绳向下逃生

总而言之，客船火灾中的逃生不同于陆地火场上逃生，具体的逃生方法应根据当时客观条件而定，这样才能避免及减少不必要的伤亡。

问340：公共汽车火灾如何逃生？

公共汽车是我国城市里应用十分广泛的交通运输工具，常见的公共汽车通常分为小型、中型以及大型三种。

公共汽车在驾驶员违章驾驶、修理工违章操作、旅客违章携带危险物品上车的情况下，或者发生撞车、翻车事故时，如果是使用燃料的公共汽车，油箱里的油溢流出来，一旦遇到火星，瞬间即能酿成火灾，导致人员伤亡。

（1）基本特点

① 易燃液体多。每辆汽车燃油箱的容量是 50～200L 左右。燃油箱用铁皮制造，被火烧烤后很容易发生破裂和爆炸，导致燃料油遍地流淌，造成火势蔓延。

② 车门数量少。大型铰接式公共汽车、普通大客车，其车门数通常为 2～4 个，中、小型客车的车门数一般为 1～2 个。大多数汽车的车门，由驾驶员与售票员控制操纵。

③ 载客数量大。大型铰接式公共汽车可以装载乘客 80 余人；普通公共汽车可装载乘客 40 余人。车内超员时人数成倍增加，这时就会显得十分拥挤。

（2）火灾特点

① 火势蔓延迅猛。车上的火灾荷载大，如车内装饰材料、轮胎、木质车厢板以及座椅等，燃烧后产生的温度较高，很容易导致车上的燃油箱破裂或者爆炸，使液体油遍地流淌，烈焰升腾。

② 人员疏散困难。当发生火灾后，往往会由于火势猛烈，车内人员心慌意乱，争相逃生造成混乱，使汽车门窗阻塞，甚至打不开，车内人员很难撤出车外，从而导致惨重伤亡。

（3）逃生技术。公共汽车着火应灭火和逃生疏散并重。公共汽车火灾的逃生方法见表6-14。

表 6-14　公共汽车火灾的逃生方法

项目	内　容
当发动机着火后	当发动机着火后,驾驶员应开启车门,令乘客从车门下车,组织乘务员用随车灭火器扑灭火焰
如果着火部位在汽车中间	如果着火部位在汽车中间,驾驶员应打开车门,让乘客从两头车门有秩序地下车。在扑救火灾时,有重点地保护驾驶室和油箱部位
如果火焰一旦封住了车门	如果火焰一旦封住了车门,乘客们可用衣物蒙住头部,从车冲下
如果车门线路被火烧坏	如果车门线路被火烧坏,开启不了,乘客应砸开就近的车窗翻下车
开展自救、互救方法逃生	在火灾中,如果乘车人员的衣服被火烧着了,不要惊慌,应沉着冷静地采取以下措施 ① 如果来得及脱下衣服,可以迅速脱下衣服,用脚将火踩灭 ② 如果来不及脱下衣服,可以就地打滚,将火滚灭 ③ 如果发现他人身上的衣服着火时,可以脱下自己的衣服或其他布物,将他人身上的火捂灭,切忌让着火人乱跑,或用灭火器向着火人身上喷射

　　火场的情况是千变万化的,逃生也要根据实际情况而行,了解了以上的方法,也不能说明你在任何情况下都能保住自己的生命,但是有一点是千万不能忘记的,那就是要时刻注意防火,身边不发生火灾才是最安全的。

6.6　火灾事故现场的保护

 问341:　如何保护火灾事故现场?

　　火灾现场是查证火灾原因提取痕迹物证的重要场所。保护好火灾现场能够为公安机关消防机构做好火灾调查工作奠定良好基础。

　　《消防法》第51条规定:火灾扑灭后,发生火灾的单位和相关人员应当按照公安机关消防机构的要求保护现场,接受事故调查,如实提供与火灾有关的情况。

　　(1) 人人都有保护火灾现场的义务。火灾现场保护工作应当由发现起火时开始,不要等消防队或火灾调查人员到达后才开始。因此,能够最早到达火场和发现起火的人员、专职消防队员、治保人员以及单位负责人等都有责任保护现场,广大的干部群众都有义务及权利协助保护好火灾现场。

(2) 火灾扑救中应注意保护火灾现场。应将扑救火灾的过程也视为火灾现场保护的重要组成部分。无论是单位自救时还是公安消防队到场后，火场指挥人员在灭火行动中都应充分注意这一点。在火势被控制后扑灭残火时或者对火场实行检查时，不宜用直流水直射重点保护区，以尽量避免破坏现场或者移动物证。在检查火灾现场时，应尽量不移动室内物品及电器（开关、电闸）、机器设备，防止踩踏破坏物品，对可能盛有危险品的容器不宜随便触摸和挪动，以免破坏上面可能留有的指纹痕迹。当灭火过程中所使用的动力设备（如链锯、便携式发动机以及手抬机动泵等）需要加油时应在火场以外的地点进行，防止溢出的汽油污染作为物证的危险品。例如，在公安机关消防机构的火灾调查人员还未到达火场之前火已被扑灭，失火单位应当积极安排人员把火灾现场保护起来，待公安机关消防机构的火灾调查人员到场后，应将了解的情况向他们介绍，并把火灾现场保护工作移交给他们。

(3) 正确划定火灾现场保护范围。火灾现场保护范围的划定，应依据着火物质的性质和燃烧的特点等不同情况来决定。在确保能够查清火灾原因的条件上，应尽量把保护范围缩小到最小的限度，如在建筑群中起火的建筑物只有一幢，那么需要保护的现场通常也只限于起火的那一幢。如果着火的部位只是一个房间，则需要保护的火灾现场也应限定在起火的房间内。在一般情况之下，建筑物火灾在被烧建筑物墙外 1m 之内，露天火灾在被烧物质范围外 1m 之内均应划为现场保护区。但是，当起火部位不明显，对起火位置看法有分歧或者初步认定的起火点与火场遗留痕迹不一致时，其保护范围还应根据现场条件及勘查工作需要扩大。当起火原因被怀疑是电气设备故障所致时，凡属与火场用电设备有关的线路、电器（总配电盘、开关、灯座以及插座）、设备（电机、机动设备）及其通过和安装的场所都应划入被保护范围。若起火点与故障点不一致时，甚至相距很远时，其保护范围还应扩大到发生故障的那个场所。对于爆炸火灾现场，除应将抛出物的着地点列入保护范围外，同时还应把爆炸破坏或者影响波及的建筑物也列入保护范围。

火灾现场保护时间应从发现起火到失去保护价值时止。火灾现场保护的撤销，应由公安机关消防机构或者立案机关决定。

6.7 火灾应急预案的制订与演练

 问342：制订应急疏散预案的前期准备有哪些？

灭火疏散预案的制订是一项复杂而细致的工作。除了对场所及内容等需要做大量的调查研究外还要科学预测、综合分析一旦发生火灾之后可能出现的各种情况，研究制订相应的战术对策，正确部署灭火疏散人员和相关力量。实地调研的主要内容如下。

（1）了解单位的基本情况

① 单位的地理位置、毗邻单位，与火灾相关的环境、道路以及水源等。

② 单位的建筑设施情况、主要设备特点、生产工艺流程以及火灾特点，一旦发生火灾火势的蔓延条件、蔓延方向、可能导致的后果，以及气候、气象情况对灭火行动可能造成的影响。

③ 草绘单位总平面图、建筑平面图、重点部位详图以及有关图纸资料，并且对照实地情况予以确认或修改。

（2）火灾情况假设。假设火灾情况就是指对单位的要害部位可能发生的火灾做出有根据、符合客观规律的设想，是反映单位火灾情况，部署灭火疏散力量，实施灭火疏散指挥的重要依据。其主要内容如下。

① 单位的要害部位。为使预想的火灾情况更复杂一些，有时可多确定几个起火点。

② 重点部位可能发生火灾的物品、发展蔓延的条件、燃烧面积以及主要蔓延的方向。

③ 一旦发生火灾后造成的危害和影响（如爆炸、倒塌、人员伤亡以及人员被困等情况），以及火势发展变化可能导致的严重后果等。

 问343：灭火、应急疏散预案如何制订？

灭火疏散预案，是通过对火灾情况的正确分析及判断，公安部所形成的灭火战术和疏散手段的总体构思，是灭火及应急疏散预案的核心部分。公安部《机关、团体、企业、事业单位消防安全管理规定》第三十九条规定：消防安全重点单位制订的灭火和应急疏散预案应当包括以下内容。

（1）组织机构。组织包括：灭火行动组、通信联络组、疏散引导组、安全防护救护组。

① 灭火行动组。由单位所属消防、保卫以及重点部位人员等参加。主要任务就是具体组织指挥灭火救援相关的工作。

② 通信联络组。由办公室通信人员组成，主要任务是及时汇集了解、分析以及通报事态信息，及时向上级报告情况。联络应急救援专业组织及现场指挥机构与上下之间的通信联络。

③ 疏散引导组。由单位重点部位、场所的人员组成。主要是负责紧急情况下现场人员及物资的疏散引导等任务。

④ 安全防护救护组。由单位后勤、工程以及医疗等部门人员组成。主要负责组织医务人员、救护车辆及时救护治疗受伤人员，负责紧急情况下现场断（供）电、供（排）水、通信、断气、破拆、清障、抢运任务，负责现场安全监督检查及看守巡逻任务。

（2）报警和接警处置程序。单位的某个部位发生火灾时，应立即向"119"火警调度指挥中心报告，在报警时应说清楚着火的单位、着火部位、着火的物质及有无人员被困，并说清楚单位在哪条道路、报警电话号码、报警人姓名；同时还要报告本单位值班领导及有关部门。单位领导接警后，立即根据预案调动各方面人员赶赴火场进行灭火。

（3）应急疏散的组织程序和措施。发生火灾之后，首先要了解火场有无被困人员及其所在的地点和抢救通道，以便安全疏散。当遇有居民住宅、集体宿舍以及人员密集的公共场所起火，人员安全受到威胁时，或由于发生爆炸燃烧，在建筑物倒塌的现场或浓烟弥漫、充满毒气的房间里人员受伤、被困时，指挥人员必须采取稳妥可靠的措施，积极组织抢救及疏散。

① 人员聚集场所组织程序和措施。歌舞厅、影剧院、医院、学校以及商场、集贸市场等人员聚集场所一旦发生火灾，在场人员有烟气中毒、窒息以及被热辐射、热气流烧伤的危险，如果组织疏

散不力，就会造成重大伤亡事故。所以，人员疏散是头等任务，在制订安全疏散方案时，要按照人员的分布情况，制订发生火灾情况下的安全疏散路线，并绘制平面图，用醒目的箭头表示出口和疏散路线。

② 物资的疏散组织程序和措施。火场上的物资疏散应有组织地进行，避免火势蔓延和扩大，其疏散程序是：疏散那些可能扩大火势及有爆炸危险的物资，如起火点附近的汽油、柴油桶，充装有气体的钢瓶以及其他易燃易爆和有毒的物品；疏散性质重要、价值昂贵的物资，比如档案资料、高级仪器、珍贵文物以及经济价值大的产品、原料、设备等；疏散影响灭火战斗的物资，如妨碍灭火行动的物资及怕水的物资（糖、电石）等。

组织疏散要求把参加疏散的职工或群众编成组，指定负责人，使整个疏散有序地进行。先疏散受水、火、烟威胁最大的物资；疏散出来的物资应堆放于上风向的安全地点，不得堵塞通道，且指派专人看护；尽量利用各类搬运机械进行疏散，如企业单位的起重机、输送机、汽车以及装卸机等；怕水的物资应用苫布保护。

（4）扑救初期火灾的程序和措施。扑救初期火灾应及时、快速。发现火灾时，指挥员利用火情侦查，迅速对火场做出正确的分析及判断，合理分配灭火力量和部署灭火任务。措施主要是使用消防设施、器材的调集；进攻的途径、水枪阵地的选择以及供水的组织；救人、通信以及疏散物资的方法等。预案在表达灭火部署及措施时要详细具体，叙述任务要按照：先主要，后次要；先义务消防队，后专业消防队；先灭火战斗，后协调保障的顺序进行。

扑救初期火灾的程序和措施除有文字表达之外，还应由灭火疏散图来直观反映。灭火疏散图是根据单位基本情况，假设火灾情况及灭火部署的顺序标绘。其内容和顺序是：绘制地图；标绘单位基本情况；按照假设火灾情况标画火情态势；按照灭火战斗部署标画各单位位置、运用的战术手段以及协同保障措施等。

（5）通信联络、安全防护的程序和措施。通信联络首先要确保应急救援专业组织与应急指挥机构之间、各相关专业之间、现场指挥机构与上级之间的通信联络的畅通。在必要时，还可指明重要的信息规定及重要标志的样式。安全防护预案重点明确不同区域的人员应分别采取的最低防护等级、防护手段和防护时机；在某些特定的化学物品的火灾事故中，还必须要采取特殊的安全防护措施。负责安全救护的人员应熟悉应急物资器材的储备量及储存位置、储存的品种，尤其要注意标明急救药品和生活必需品的储存状况及供给渠道。

 问344： 灭火、应急疏散预案如何演练？

（1）演习目的。纵观国内外一些重大和特别重大火灾事故，其发生的重要原因之一，就是单位缺乏应急方案，员工防火意识薄弱，不懂初期火灾的扑救方法，临警惊慌失措，处置不力。因此要通过演习，使员工掌握初期火灾扑救的基本方法及步骤，提高临警应变和自防自救的能力，随时准备应付火灾事故。

（2）火情假设。三层以上楼房建筑，设有室内消防给水系统，并配备灭火器。楼房二层、三层分别有 10 人以上，处于正常情况。起火部位确定在二层（KTV 包间或者仓库等人员集中场所），火灾处于初起阶段，其中起火部位有 2 名被困人员（女性），室内充满烟雾，并正向窗外及内走道蔓延（有条件的可以在外墙开窗放烟雾）。

（3）力量组织。由单位领导、保卫部门以及有关部门负责人等组成自救指挥组；被困人员应由不同年龄人员组成，其中女性不应少于 1/3；灭火人员数名，引导疏散人员数名，总人数不少于 35 名。

（4）演习步骤

① 发现火灾。火灾的发现可分为以下几种：

a. 安全巡逻人员发现；

b. 现场人员发现；

c. 过路人员发现；

d. 火灾自动报警系统报警，消防值班人员发现。

② 火灾报警

a. 发现起火人应大声呼喊："着火了，快来救火啊"，并迅速通过电话、消防报警装置或奔跑向值班领导及消防控制中心报警，同时向"119"消防中心报警。

b. 单位值班人员接到报警后，迅速召集有关人员在起火点附近观察及指挥，并在安全的地方设立自救指挥组。

③ 灭火操作

a. 用灭火器灭火。灭火人员接到灭火指令之后，立即提起附近灭火器具奔向起火地点，进行灭火。

b. 利用室内消火栓灭火。未见火势减弱，继续燃烧，灭火人员分别由起火房间的两侧使用消火栓，敷设水带，拿出水枪，进行灭火（不出水）。同时按水泵启动按钮或者派人到水泵房或者消防监控中心启动消防泵。

④ 组织疏散

a. 人员疏散

ⅰ. 遵循救人第一的原则。在灭火战斗展开的同时，应当立即组织数名引导疏散人员，带上毛巾，分成若干组（2人一组）分别奔向二、三层楼面，将内走道两侧的外窗开启，进行自然排烟，为灭火、救人创造条件。

ⅱ. 组织及引导被困人员沿楼梯向下疏散到户外安全处。如有两部以上楼梯，应分散疏散，疏散人员应用毛巾捂住口鼻。也可选择用绳索（床单等）系在牢固构件上的应急方法，使被困人员从二楼起火房间的隔壁窗户下滑到地面，但必须采用安全保护措施，避免发生伤人事故。

b. 物资疏散

ⅰ. 将室内危险化学品搬移现场，贵重物品转移至安全处，并落实专人看管。

ⅱ. 假设若干只纸箱，标出危险品及贵重物品标志，从窗户吊下，下面布置人员接应。

⑤ 减少水渍损失，做好现场保护。灭火扑救过程中，遵循不见明火不出水的原则，力争使水渍损失减少。如出水火灭后，消防泵应及时停止供水，组织员工将起火房间周围流淌的水排出，防止加重水渍损失，并注意保护火灾现场，以便于火灾原因的调查。

（5）演习要求

① 各单位要依据本单位的实际情况，假设火情，制订具体的

演习方案，严密组织，精心安排，保证演习的顺利进行。

② 演习人员要一切行动听指挥，要将演习当作一次实战的机会，各项步骤的实施要迅速、紧张而且有序，操作动作要到位。

③ 要做好演习的安全工作。演习场所、路线以及器材的选择要合理、可靠，演习前要对参演人员进行安全教育，保卫部门要对环境进行检查，尤其对疏散用的梯子、绳索等用具进行检查，确保安全可靠。

④ 要通过演习及时总结和完善各单位的火灾应急方案，使演习真正起到检验应急方案及提高扑救初期火灾能力的作用。

6.8　火灾事故原因调查

　问345：**火灾事故原因调查的原则和基本任务分别是什么？**

火灾事故调查应当坚持及时、客观、公正以及合法的原则，任何单位和个人不得妨碍和非法干预火灾事故调查。根据《消防法》第 51 条的规定，公安机关消防机构负责调查火灾原因，统计火灾损失，并根据火灾现场勘验、调查情况和有关的检验、鉴定意见，依法对火灾事故做出火灾责任认定，作为处理火灾事故的证据，总结火灾事故教训。

（1）调查火灾原因。火灾原因包括起火原因与致灾原因两个方面。起火原因是指直接导致起火燃烧的原因；致灾原因是指直接造成火灾危害后果的原因。火灾原因调查就是要查清起火原因及致灾原因，确定火灾事故的性质，为消防安全工作积累正、反两方面的经验与资料，从中找出问题的症结所在，采取针对性的改进措施和对策，避免类似事故的再次发生，并为改进火灾扑救工作，调整灭火作战计划，增加新的灭火设备或器材，研究新的灭火战术及技术对策提供经验和素材。

（2）做出技术鉴定，为依法追究火灾责任者提供事实根据，导致火灾的肇事者受到应有的惩罚，使职工群众从中受到启发教育，从而提高人们的防火警惕性。

（3）根据火灾事故的性质、情节以及后果，对有关责任者提出处理意见，分别由有关部门进行处理，及时有力地打击放火犯罪，维护社会治安，保护人民群众的利益及国家的利益。

（4）统计火灾经济损失和人员伤亡情况，为国家提供准确的时效性强的火灾情报与统计资料，为制订消防工作对策提供决策依据。

（5）及时发现消防安全工作中的难题，为消防科研部门提供研究课题，为单位的消防安全解决实际问题，使消防科学研究更好地为经济发展服务。

问346：火灾事故原因调查的主体有哪些？

根据公安部火灾事故原因调查规定的有关规定，火灾事故调查由县级以上公安机关主管，并由本级公安机关消防机构实施；尚未设立县级公安机关消防机构的，由县级公安机关实施。公安机关消防机构接到火灾报警，应当及时派员赶赴现场，开展火灾事故调查工作。

公安派出所应当协助公安机关火灾事故调查部门维护火灾现场秩序，保护现场，进行现场调查，根据需要搜集、保全与火灾事故有关的证据，控制火灾肇事嫌疑人。

问347：公安机关消防机构火灾事故原因调查如何分工？

火灾事故调查由火灾发生地公安消防机构按照下列分工进行。

（1）一次火灾死亡 10 人以上的，重伤 20 人以上或者死亡、重伤 20 人以上的，受灾 50 户以上的，由省、自治区人民政府公安机关消防机构负责组织调查。

（2）一次火灾死亡 1 人以上的，重伤 10 人以上的，受灾 30 户以上的，由设区的市或者相当于同级的人民政府公安机关消防机构负责组织调查。

（3）一次火灾重伤 10 人以下或者受灾 30 户以下的，由县级人民政府公安机关消防机构负责调查。

直辖市人民政府公安机关消防机构负责组织调查一次火灾死亡

3人以上的，重伤20人以上或者死亡、重伤20人以上的，受灾50户以上的火灾事故，直辖市的区、县级人民政府公安机关消防机构负责调查其他火灾事故。

（4）仅有财产损失的火灾事故调查，由省级人民政府公安机关结合本地实际做出管辖规定，报公安部备案。

（5）跨行政区域的火灾，由最先起火地的公安机关消防机构负责调查，相关行政区域的公安机关消防机构予以协助。

对管辖权发生争议的，报请共同的上一级公安机关消防机构指定管辖。县级人民政府公安机关负责实施的火灾事故调查管辖权发生争议的，由共同的上一级主管公安机关指定。

（6）上级公安机关消防机构应当对下级公安机关消防机构火灾事故调查工作进行监督和指导。

上级公安机关消防机构认为必要时，可以调查下级公安机关消防机构管辖的火灾。

（7）公安机关消防机构接到火灾报警，应当及时派员赶赴现场，并指派火灾事故调查人员开展火灾事故调查工作。

 问348： 需要公安机关刑侦机构参与调查或立案侦查的火灾有哪些？

具有下列情形之一的，公安机关消防机构应当立即报告主管公安机关通知具有管辖权的公安机关刑侦部门，公安机关刑侦部门接到通知后应当立即派员赶赴现场参加调查；涉嫌放火罪的，公安机关刑侦部门应当依法立案侦查，公安机关消防机构予以协助。

（1）有人员死亡的火灾。

（2）国家机关、广播电台、电视台、学校、医院、养老院、托儿所、幼儿园、文物保护单位、邮政和通信、交通枢纽等部门和单位发生的社会影响大的火灾。

（3）具有放火嫌疑的火灾。

军事设施发生火灾需要公安机关消防机构协助调查的，由省级人民政府公安机关消防机构或者公安部消防局调派火灾事故调查专家协助。

 问349： **火灾事故原因调查的简易程序是怎样的？**

同时具有下列情形的火灾，可以适用简易调查程序。

（1）没有人员伤亡的。

（2）直接财产损失轻微的。

（3）当事人对火灾事故事实没有异议的。

（4）没有放火嫌疑的。

其中（2）的具体标准由省级人民政府公安机关确定，报公安部备案。

适用简易调查程序的，可以由一名火灾事故调查人员调查，并按照下列程序实施。

（1）表明执法身份，说明调查依据。

（2）调查走访当事人、证人，了解火灾发生过程、火灾烧损的主要物品及建筑物受损等与火灾有关的情况。

（3）查看火灾现场并进行照相或者录像。

（4）告知当事人调查的火灾事故事实，听取当事人的意见，当事人提出的事实、理由或者证据成立的，应当采纳。

（5）当场制作火灾事故简易调查认定书，由火灾事故调查人员、当事人签字或者按指印后交付当事人。

火灾事故调查人员应当在2日内将火灾事故简易调查认定书报所属公安机关消防机构备案。

 问350： **火灾事故原因调查的一般规定是怎样的？**

（1）除依照本规定适用简易调查程序的外，公安机关消防机构对火灾进行调查时，火灾事故调查人员不得少于两人。必要时，可以聘请专家或者专业人员协助调查。

（2）公安部和省级人民政府公安机关应当成立火灾事故调查专家组，协助调查复杂、疑难的火灾。专家组的专家协助调查火灾的，应当出具专家意见。

（3）火灾发生地的县级公安机关消防机构应当根据火灾现场情况，排除现场险情，保障现场调查人员的安全，并初步划定现场封闭范围，设置警戒标志，禁止无关人员进入现场，控制火灾肇事嫌疑人。

公安机关消防机构应当根据火灾事故调查需要，及时调整现场封闭范围，并在现场勘验结束后及时解除现场封闭。

（4）封闭火灾现场的，公安机关消防机构应当在火灾现场对封闭的范围、时间和要求等予以公告。

（5）公安机关消防机构应当自接到火灾报警之日起30日内做出火灾事故认定；情况复杂、疑难的，经上一级公安机关消防机构批准，可以延长30日。

火灾事故调查中需要进行检验、鉴定的，检验、鉴定时间不计入调查期限。

问351：火灾事故原因调查如何实施？

公安机关消防机构应当根据调查需要，适时对现场勘验和调查询问收集到的证据、线索进行审查和分析，确定火灾事故的主要事实、调查工作重点和方向。

（1）调查询问

① 火灾事故调查人员应当根据调查需要，对发现、扑救火灾人员，熟悉起火场所、部位和生产工艺人员，火灾肇事嫌疑人和被侵害人等知情人员进行询问。对火灾肇事嫌疑人可以依法传唤。必要时，可以要求被询问人到火灾现场进行指认。

② 询问应当制作笔录，由火灾事故调查人员和被询问人签名或者按指印。被询问人拒绝签名和按指印的，应当在笔录中注明。

③ 勘验火灾现场应当遵循火灾现场勘验规则，采取现场照相或者录像、录音，制作现场勘验笔录和绘制现场图等方法记录现场情况。

对有人员死亡的火灾现场进行勘验的，火灾事故调查人员应当对尸体表面进行观察并记录，对尸体在火灾现场的位置进行调查。

现场勘验笔录应当由火灾事故调查人员、证人或者当事人签字。证人、当事人拒绝签字或者无法签字的，应当在现场勘验笔录上注明。现场图应当由制图人、审核人签字。

（2）物证提取。现场提取痕迹、物品，应按照下列方法和步骤进行。

① 量取痕迹、物品的位置、尺寸，并进行照相或者录像。

② 填写火灾痕迹、物品提取清单，由提取人、证人或者当事人签字；证人、当事人拒绝签字或者无法签字的，应当在清单上注明。

③ 封装痕迹、物品，粘贴标签，标明火灾名称和封装痕迹、物品的名称、编号及其提取时间，由封装人、证人或者当事人签字；证人、当事人拒绝签字或者无法签字的，应当在标签上注明。

提取的痕迹、物品，应当妥善保管。

（3）现场试验。公安机关消防机构可以根据调查需要进行现场试验。现场试验应照相或者录像，制作现场试验报告，并由试验人员及见证人员签字。现场试验报告的内容包括试验的目的、时间、环境、地点，使用仪器或者物品、过程以及试验结果等。

（4）火灾检验与鉴定。现场提取的痕迹、物品需要进行专门性技术鉴定的，公安机关消防机构应当委托依法设立的鉴定机构进行，并与鉴定机构约定鉴定期限和鉴定检材的保管期限。

公安机关消防机构可以根据需要委托依法设立的价格鉴证机构对火灾直接财产损失进行鉴定。

有人员死亡的火灾，为了确定死因，公安机关消防机构应当立即通知本级公安机关刑事科学技术部门进行尸体检验。公安机关刑事科学技术部门应当出具尸体检验鉴定文书，确定死亡原因。

卫生行政主管部门许可的医疗机构具有执业资格的医生出具的诊断证明，可以作为公安机关消防机构认定人身伤害程度的依据。但是具有下列情形之一的，应当由法医进行伤情鉴定：

① 受伤程度较重，可能构成重伤的；

② 火灾受伤人员要求作鉴定的；

③ 当事人对伤害程度有争议的；

④ 其他应当进行鉴定的情形。

对受损单位和个人提供的由价格鉴证机构出具的鉴定意见，公安机关消防机构应当审查下列事项：

①　鉴证机构、鉴证人是否具有资质、资格；

②　鉴证机构、鉴证人是否盖章签名；

③　鉴定意见依据是否充分；

④　鉴定是否存在其他影响鉴定意见正确性的情形。

对符合规定的，可以作为证据使用；对不符合规定的，不予采信。

（5）火灾损失统计。受损单位和个人应当于火灾扑灭之日起7日内向火灾发生地的县级公安机关消防机构如实申报火灾直接财产损失，并附有效证明材料。

公安机关消防机构应当根据受损单位和个人的申报、依法设立的价格鉴证机构出具的火灾直接财产损失鉴定意见以及调查核实情况，按照有关规定，对火灾直接经济损失和人员伤亡如实进行统计。

 问352：　火灾事故原因的认定如何进行？

（1）公安机关消防机构应当根据现场勘验、调查询问和有关检验、鉴定意见等调查情况，及时做出起火原因的认定。

（2）对起火原因已经查清的，应当认定起火时间、起火部位、起火点和起火原因；对起火原因无法查清的，应当认定起火时间、起火点或者起火部位以及有证据能够排除和不能排除的起火原因。

（3）公安机关消防机构在做出火灾事故认定前，应当召集当事人到场，说明拟认定的起火原因，听取当事人意见；当事人不到场的，应当记录在案。

（4）公安机关消防机构应当制作火灾事故认定书，自做出之日起7日内送达当事人，并告知当事人申请复核的权利。无法送达的，可以在做出火灾事故认定之日起7日内公告送达。公告期为20日，公告期满即视为送达。

（5）对较大以上的火灾事故或者特殊的火灾事故，公安机关消防机构应当开展消防技术调查，形成消防技术调查报告，逐级上报至省级人民政府公安机关消防机构，重大以上的火灾事故调查报告报公安部消防局备案。调查报告应当包括下列内容：

①　起火场所概况；

②　起火经过和火灾扑救情况；

③　火灾造成的人员伤亡、直接经济损失统计情况；

④　起火原因和灾害成因分析；

⑤　防范措施。

火灾事故等级的确定标准按照公安部的有关规定执行。

（6）公安机关消防机构做出火灾事故认定后，当事人可以申请查阅、复制、摘录火灾事故认定书、现场勘验笔录和检验、鉴定意见，公安机关消防机构应当自接到申请之日起 7 日内提供，但涉及国家秘密、商业秘密、个人隐私或者移交公安机关其他部门处理的依法不予提供，并说明理由。

 问353： **火灾事故原因的复核如何进行？**

（1）当事人对火灾事故认定有异议的，可以自火灾事故认定书送达之日起 15 日内，向上一级公安机关消防机构提出书面复核申请；对省级人民政府公安机关消防机构做出的火灾事故认定有异议的，向省级人民政府公安机关提出书面复核申请。

（2）复核申请应当载明申请人的基本情况，被申请人的名称，复核请求，申请复核的主要事实、理由和证据，申请人的签名或者盖章，申请复核的日期。

（3）复核机构应当自收到复核申请之日起 7 日内做出是否受理的决定并书面通知申请人。有下列情形之一的，不予受理：

①　非火灾当事人提出复核申请的；

②　超过复核申请期限的；

③　复核机构维持原火灾事故认定或者直接做出火灾事故复核认定的；

④　适用简易调查程序做出火灾事故认定的。

公安机关消防机构受理复核申请的，应当书面通知其他当事人，同时通知原认定机构。

（4）原认定机构应当自接到通知之日起 10 日内，向复核机构做出书面说明，并提交火灾事故调查案卷。

（5）复核机构应当对复核申请和原火灾事故认定进行书面审查，必要时，可以向有关人员进行调查；火灾现场尚存且未被破坏的，可以进行复核勘验。

复核审查期间，复核申请人撤回复核申请的，公安机关消防机构应当终止复核。

（6）复核机构应当自受理复核申请之日起30日内，做出复核决定，并按照《火灾事故调查规定》第三十二条规定的时限送达申请人、其他当事人和原认定机构。对需要向有关人员进行调查或者火灾现场复核勘验的，经复核机构负责人批准，复核期限可以延长30日。

原火灾事故认定主要事实清楚、证据确实充分、程序合法，起火原因认定正确的，复核机构应当维持原火灾事故认定。

原火灾事故认定具有下列情形之一的，复核机构应当直接做出火灾事故复核认定或者责令原认定机构重新做出火灾事故认定，并撤销原认定机构做出的火灾事故认定：

① 主要事实不清，或者证据不确实充分的；

② 违反法定程序，影响结果公正的；

③ 认定行为存在明显不当，或者起火原因认定错误的；

④ 超越或者滥用职权的。

（7）原认定机构接到重新做出火灾事故认定的复核决定后，应当重新调查，在15日内重新做出火灾事故认定。

复核机构直接做出火灾事故认定和原认定机构重新做出火灾事故认定前，应当向申请人、其他当事人说明重新认定情况；原认定机构重新作出的火灾事故认定书，应当按照《火灾事故调查规定》第三十二条规定的时限送达当事人，并报复核机构备案。

复核以一次为限。当事人对原认定机构重新做出的火灾事故认定，可以按照《火灾事故调查规定》第三十五条的规定申请复核。

问354： 火灾事故调查的责任处理如何进行？

（1）公安机关消防机构在火灾事故调查过程中，应当根据下列情况分别做出处理。

① 涉嫌失火罪、消防责任事故罪的，按照《公安机关办理刑事案件程序规定》立案侦查；涉嫌其他犯罪的，及时移送有关主管部门办理。

② 涉嫌消防安全违法行为的，按照《公安机关办理行政案件程序规定》调查处理；涉嫌其他违法行为的，及时移送有关主管部门调查处理。

③ 依照有关规定应当给予处分的，移交有关主管部门处理。

对经过调查不属于火灾事故的，公安机关消防机构应当告知当事人处理途径并记录在案。

（2）公安机关消防机构向有关主管部门移送案件的，应当在本级公安机关消防机构负责人批准后的 24h 内移送，并根据案件需要附下列材料：

① 案件移送通知书；

② 案件调查情况；

③ 涉案物品清单；

④ 询问笔录，现场勘验笔录，检验、鉴定意见以及照相、录像、录音等资料；

⑤ 其他相关材料。

构成放火罪需要移送公安机关刑侦部门处理的，火灾现场应当一并移交。

（3）公安机关其他部门应当自接受公安机关消防机构移送的涉嫌犯罪案件之日起 10 日内，进行审查并做出决定。依法决定立案的，应当书面通知移送案件的公安机关消防机构；依法不予立案的，应当说明理由，并书面通知移送案件的公安机关消防机构，退回案卷材料。

（4）公安机关消防机构及其工作人员有下列行为之一的，依照有关规定给予责任人员处分；构成犯罪的，依法追究刑事责任：

① 指使他人错误认定或者故意错误认定起火原因的；

② 瞒报火灾、火灾直接经济损失、人员伤亡情况的；

③ 利用职务上的便利，索取或者非法收受他人财物的；

④ 其他滥用职权、玩忽职守、徇私舞弊的行为。

问355： 火灾事故调查中失火单位应当做的工作有哪些？

发生火灾事故后，失火单位应当积极协助公安机关消防机构调查火灾原因，并努力做好以下几项工作。

（1）保护好火灾现场。火灾现场是提取查证火灾原因痕迹物证的重要场所。保护火灾现场的目的，是为发现起火物及引火物，根据着火物质的燃烧特性、火势蔓延情况，研究火灾发展蔓延的过程，为确定起火点、搜集物证创造条件。所以，火灾现场一旦遭到破坏，就会直接影响现场勘查工作的顺利进行，影响获取火灾现场诸因素的客观资料，影响勘查工作的质量，同时也影响火灾调查人员的准确判断。因此，保护好火灾现场是做好火灾调查工作的前提。根据《消防法》第51条的规定，公安机关消防机构有权根据需要封闭火灾现场。火灾扑灭之后，发生火灾的单位及相关人员应当根据公安机关消防机构的要求保护现场，接受事故调查，如实提供与火灾有关的情况。

① 人人都有保护火灾现场的义务。火灾现场的保护工作应从发现起火时开始，不要等公安消防队或火灾调查人员到达后才开始。因此，能够最早到达火场和发现起火的义务消防员、专职消防队员、治保人员以及单位负责人等均有责任保护现场，广大的干部群众都有义务及权利协助保护好火灾现场。

火灾发生之后，受灾单位应保护火灾现场。火灾现场保护范围应当依据公安消防机构划定的警戒范围。尚未划定警戒范围时，应把火灾过火范围以及与发生火灾有关的部位划定为火灾现场保护的范围。未经公安消防机构允许，任何人不得擅自进入火灾现场保护范围内，不得擅自移动火场中的任何物品。未经公安消防机构同意，任何人不得擅自清理火灾现场。

② 火灾扑救中应注意保护火灾现场。扑火救灾的过程也应视为火灾现场保护的重要组成部分。无论是在单位自救时还是公安消防队到场之后，火场指挥人员在灭火行动中均应充分注意这一点。在火势被控制后扑灭残火时或者对火场进行检查时，不宜用直流水直射重点保护区，尽量防止破坏现场或移动物证。在检查火灾现场时，应尽量不移动室内物品和电器（开关及电闸）、机器设备，避

免踩踏或破坏物品。对可能盛有危险品的容器不宜随便触摸和挪动，防止破坏上面可能留有的指纹痕迹。当灭火过程中所使用的动力设备（如链锯、便携式发动机以及手抬机动泵等）需要加油时，应当在火场以外的地点进行，以免溢出的汽油污染作为物证的危险品。如在公安机关消防机构的火灾调查人员还未到达火场前火已被扑灭，失火单位应积极安排人员，将火灾场现场保护起来，待公安机关消防机构的火灾调查人员到场后，应将了解的情况向他们介绍，并将火灾现场保护工作移交给火灾调查组。

③ 正确划定火灾现场保护范围。火灾现场保护范围的划定，应依据着火物质的性质和燃烧特点等不同情况来决定。在确保能够查清火灾原因的条件下，应尽量将保护范围缩小到最小限度。如在建筑群中起火的建筑物只有一幢，那么需要保护的现场通常也只限于起火的那一幢。若着火的部位只是一个房间，则需要保护的火灾现场也应限定在起火的这个房间内。在通常情况下，建筑物火灾在被烧建筑物墙外 1m 内，露天火灾在被烧物质范围外 1m 之内都应划为现场保护区。但是，当起火部位不明显，对于起火点位置看法有分歧或初步认定的起火点与火场遗留痕迹不一致时，其保护范围还应当根据现场条件和勘查工作的需要扩大。当起火原因怀疑为电气设备故障所致时，凡属与火场用电设备有关的线路、电器（总配电盘、开关、插座、灯座）、设备（电机、机动设备）及其通过和安装的场所都应划入被保护的范围，若起火点与故障点不一致时，甚至相距很远时，其保护范围还应当扩大到发生故障的那个场所。对于爆炸火灾的现场，除应将抛出物的着地点列入保护范围外，同时还应将爆炸破坏或影响波及的建筑物也列入保护的范围。

火灾现场保护的时间应从发现起火时起到失去保护价值时止。火灾现场保护的撤销，应由公安机关消防机构或者立案机关决定。

（2）组织安排好调查访问对象。火灾事故调查访问是通过和那些掌握有关起火原因、起火点以及火灾蔓延等第一手情况的人员交谈，尽可能准确地再现火灾过程，获得相关人员亲眼目睹的火灾情况，为查明起火原因搜集证据材料。

① 调查访问的重要性

a. 能为火灾事故调查人员提供采取紧急措施的依据。在刚发生火灾不久之后及时进行调查访问，当事人及群众记忆犹新，提供的情况比较详细、准确，这些情况往往是采取急救、灭火、排险或者消除障碍等紧急措施的重要依据。

b. 通过调查访问最早发现起火的人，可以准确地判断起火点提供有价值的情况，使勘查范围缩小，加快火灾调查的进程。

c. 通过调查访问可使实地勘验到的情况与调查了解到的情况互相印证，使火场勘查工作进一步深入细致。

d. 通过调查访问所获得的材料，能够配合实地勘验，认定火灾痕迹、物证和火灾的因果关系。通过调查访问还可帮助判断有关物证是否为原来现场所有，某物证是否变动了位置等。

e. 通过向当事人、有关的群众调查了解现场物品的种类、性质、数量以及位置情况，了解火场的生产设备、工艺条件及生产中的故障情况，了解火源、电源的使用和其他情况等，可以帮助发现哪些地方有哪些痕迹和物证，对分析火灾形成的原因十分有帮助。

f. 可帮助查找火灾肇事者和放火犯罪分子。借助调查访问，可以了解现场的人、物、事以及相互关系的详细情况，了解火灾发生时群众的所见所闻，同时还可找到火灾肇事者和放火犯罪分子直接的见证人，并可以更清楚地说明事情的原委。

② 需调查访问的主要人员。应接受访问的人员主要有：最先发现起火的人；起火前最后离开现场的人；最先到达火场和扑救的人；报火警或报案的人；起火时就在火灾现场的人；熟悉现场原有物资情况或生产工艺情况的人；受灾单位的有关领导或受灾户主、家人；熟悉起火部位周围或火场周围情况的人；火场上救出来的受伤人员及其他人员等。这些人员都是与调查火灾事故原因有关的人员，在火灾事故原因调查期间不应当安排出差和远离单位的工作。如特别需要安排不太远的出差或者离开本单位工作时，应安排好通信联络，做到随叫随到，随时接受询问，以确保火灾原因调查访问的顺利进行。

（3）协助统计好火灾损失和伤亡情况。火灾发生之后，受灾单位还要协助公安机关消防机构统计好火灾造成的经济损失及人员伤亡情况。

① 火灾损失的统计范围。火灾损失的统计范围主要包括直接损失与间接损失。

a. 火灾直接经济损失指被烧毁、烧损、烟熏以及灭火中破拆、水渍以及因火灾引起的污染所造成的损失。如房屋、机器设备、运输工具、产畜以及役畜等固定资产，古建筑及文物，商品、购入货物等流动资产，生活用品、工艺品和农副产品等因火灾烧毁、烧损、烟熏以及灭火中破拆、水渍等所导致的损失都属于火灾直接经济损失统计的范围。

b. 火间间接损失。指由于火灾而停工、停产以及停业所造成的损失，以及现场施救、善后处理的费用。

ⅰ. 因火灾导致的"三停"损失。主要包括：火灾发生单位的"三停"损失；由于使用火灾发生单位所供的能源、原材料以及中间产品等所造成的相关单位的"三停"损失；为扑救火灾所采取的停水、停电、停汽（气）及其他所必要的紧急措施而直接导致的有关单位的"三停"损失；其他相关原因所造成的"三停"损失。

ⅱ. 因火灾致人伤亡导致的经济损失。主要包括：因人员伤亡所支付的医疗费，死者生前的住院费、抢救费，死亡者直系亲属的抚恤金，死者家属的奔丧费、丧葬费以及其他相关费用等处置费，养伤期间的歇工工资（含护理人员），伤亡者伤亡之前从事的创造性劳动的间断或者终止工作所造成的经济损失（含护理人员），接替死亡者生前工作岗位的职工的培训费用等工作损失费。

ⅲ. 火灾现场施救及清理现场的费用。主要包括：各种消防车、船以及泵等消防器材及装备的损耗费用以及燃料费用（含非消防部门）；各种类型的灭火剂与物资的损耗费用；清理火灾现场所需的全部人力、财力以及物力的损耗费用等施救和清理费用。

② 人员伤亡的统计范围。对在火灾发生后和扑救过程中因烧、摔、炸、砸、窒息、中毒、触电以及高温辐射等原因所致的人员伤亡，都应列为火灾伤亡的统计范围。

以上所列的各项经济损失及人员伤亡的统计，不论是直接的还是间接的，失火单位都应当按照要求认真清理，如实上报，绝不能由于怕追究责任而少报，也不能为求保险公司的赔偿而多报。

（4）全面分析事故的原因，研究制订改进对策。火灾事故发生之后，火灾发生单位应对事故发生的相关因素进行全面分析，找出问题的症结所在，研究制订出改进对策，以避免类似事故的再次发生。

① 全面分析火灾事故的意义。人的不安全行为可引起物的不安全状态，物的不安全状态也会导致人的不安全行为，二者是互相关联的。企业消防安全管理得好，可以使减少不安全行为和不安全状态、消除，反之，则可增加不安全行为和不安全状态。可见，火灾事故调查只简单地查出直接起火原因及直接肇事者或责任者还是不够的，这只是火灾事故调查的一个重要方面。许多火灾事故原因分析表明，若火灾原因调查只限于这一目的，那么造成事故的潜在危险因素——管理上的、安全设计方面的、物质本性上的以及设备缺陷方面的等因素，就会被"埋没"而不被重视，再次发生事故的危险因素也就不能消除。因此，应本着对事故"三不放过"的原则，既调查人的行为，又要调查物的状态（厂房建筑、装置、设备、物质性质等），还要调查安全管理方面的原因，这样才能将已发生事故的有关信息反馈到各个方面，以不断改进和完善安全系统，提高消防安全管理的质量，切实确保职工的人身安全和企业财产的安全。

所以，火灾事故原因调查的目的主要在于发现再次发生同类事故的那种更加隐蔽的不安全行为与不安全状态，包括防火安全管理在内，以进一步对它们进行分析研究，从而能够建立起相应的事故防范对策。

② 全面分析构成火灾事故的原因及方法。全面分析火灾事故原因的工作，应由主管消防安全工作的领导负责，组织有关人员参加。若直接原因同生产工艺有关，还应吸收设计、生产技术部门的有关工程技术人员参加，以便于能够科学地查明构成火灾事故直接原因的诱导因素——间接原因和基础原因。

a. 基础原因。是构成火灾事故最基本的原因，通常包括消防安全教育差、安全标准不明确、消防安全制度不落实以及劳动纪律不严格等，这些都是管理原因，从消防安全角度看，这是构成基础原因的主要部分。

b. 间接原因。是导致火灾事故的主要原因，主要有技术原因、教育原因、身体原因以及精神原因等几种。技术原因主要有机械装置设计不良、检查保全不充分、构造材质不适当、缺少能控制事故行为的措施等，教育原因主要包括不懂消防安全知识、轻视或不明白消防安全要求以及不能熟练地运用安全措施等，身体原因主要是有病、睡眠不足、身体条件不适合工作要求等，精神原因主要是态度不认真、工作马虎以及操作时注意力不集中等。

c. 直接原因。可分为物的原因与人的原因两种。物的原因主要有环境条件差、设备不良、安全装置有故障、设备不完善以及报警设备失灵等，人的原因主要有违反安全操作规程、操作准备不足、误操作、麻痹大意以及玩忽职守等。

对上述各种原因可以采用单个原因分析法和统计综合分析法进行认真的分析。单个原因分析法就是对造成火灾事故的每一个原因从微观上去分析，以提高对策的针对性与有效性，便于实施；统计综合分析法就是通过统计的方法对火灾原因进行综合的分析，对火灾原因进行宏观探索，进行多方面的对策研究。

③ 研究制订改进对策。在对发生火灾的原因进行分析后，应当从中找出导致火灾的主要原因，从而有针对性地研究制订出今后的改进措施与对策。

a. 关于设备原因的对策。要在设计、生产、技术以及科研等方面研究开发新技术，改善环境和防火、灭火设施。

b. 关于人的不安全行为的对策。要在安全操作规程、作业程序、监督控制以及教育训练等方面重新评定原有的规程要求，对其中不合理的部分进行修改，加强对操作工人的技术培训。

c. 管理方面原因的对策。在消防安全管理方面，应切实引起单位领导的重视，确保各项规章制度落实，建立健全消防安全组织，使各种火险隐患得到彻底整改。

总之，对分析出来的各种引起火灾的原因，都要逐条逐项研究，采取相应的对策和改进措施，切实避免类似火灾事故的再次发生。

（5）对需要单位处理的火灾责任者及时做出处理。在火灾原因查清后，为了教育火灾肇事者本人和职工群众，应根据公安机关消防机构出具的《火灾原因认定书》与《火灾事故责任书》对有关责任者进行追查处理。

对构成犯罪的和违反消防安全管理的，分别通过司法机关和公安机关消防机构依据有关法律进行处理。对那些尚不够追究刑事责任及消防管理处罚的责任者，应分别由监察机关、单位的上级主管部门和单位，按照干部与职工的管理权限，酌情给予警告、记过、记大过、降级、降职、撤职以及留用查看或开除处分。

（6）对认定不服的处理办法。火灾事故当事人对公安机关消防机构作出的火灾事故认定不服的，可以自收到火灾事故认定书之日起 15 日内向上一级公安机关消防机构申请复核，也可以依法向人民法院提起行政诉讼。

参考文献

［1］ 建筑灭火器配置设计规范（GB 50140—2005）［S］. 北京：中国计划出版社，2005.

［2］ 建筑防雷设计规范（GB 50057—2010）［S］. 北京：中国计划出版社，2011.

［3］ 建筑设计防火规范（GB 50016—2014）［S］. 北京：中国计划出版社，2015.

［4］ 黄郑华，李健华. 消防安全知识［M］. 第 2 版. 北京：中国劳动社会保障出版社，2013.

［5］ 郭海涛. 消防安全管理技术［M］. 北京：化学工业出版社，2016.

［6］ 《岗位安全操作守则图解丛书》编委会. 消防安全必知 30 条［M］. 北京：中国劳动社会保障出版社，2015.

［7］ 张媛（编译）. 消防安全与应急救援［M］. 北京：经济日报出版社，2014.

［8］ 国家安监总局信息院. 消防安全常识［M］. 徐州：煤炭工业出版社，2015.